大数据创新人才培养系列

大数据素质读本

夏道勋◉编著

BIG DATA
Quality Reader

人民邮电出版社
北京

图书在版编目（C I P）数据

大数据素质读本 / 夏道勋编著. -- 北京 : 人民邮电出版社, 2019.5
（大数据创新人才培养系列）
ISBN 978-7-115-50975-8

Ⅰ. ①大… Ⅱ. ①夏… Ⅲ. ①数据处理－基本知识 Ⅳ. ①TP274

中国版本图书馆CIP数据核字(2019)第047384号

内 容 提 要

本书以“认识大数据技术，理解大数据案例；提升大数据素养，服务大数据战略”为编写目标，全面系统地讲述了大数据涉及的国家政策、经济、产业链和技术发展，主要包括信息技术发展现状、大数据时代到来的成因、大数据的发展现状、大数据技术概况、典型案例解析、贵州省大数据产业发展概况、大数据的其他重要话题等内容。为了方便读者学习和教师授课，本书还提供了 PPT 电子讲稿，编者会不定期更新内容。

本书作为科普读物，用通俗易懂的语言把复杂的事情解释清楚。全书内容丰富、案例新颖易懂、行文流畅、幽默风趣，是一本零基础的大数据素质读本。

本书可作为高等院校大数据相关专业“大数据导论”等课程的教材，也可作为公务员、管理干部、非计算机专业人员等的科普读物。通过对本书的学习，读者将了解丰富多彩的大数据领域知识，感受大数据的魅力。

◆ 编　著　夏道勋
责任编辑　邹文波
责任印制　陈　犇

◆ 人民邮电出版社出版发行　北京市丰台区成寿寺路 11 号
邮编　100164　电子邮件　315@ptpress.com.cn
网址　http://www.ptpress.com.cn
涿州市京南印刷厂印刷

◆ 开本：787×1092　1/16
印张：13　2019 年 5 月第 1 版
字数：317 千字　2019 年 5 月河北第 1 次印刷

定价：49.80 元

读者服务热线：(010)81055256　印装质量热线：(010)81055316
反盗版热线：(010)81055315
广告经营许可证：京东工商广登字 20170147 号

编委会名单

序　言

大数据根源于各行各业信息化建设过程中沉淀的历史数据，其蕴涵的价值正逐步被释放出来，众多国家相继将大数据上升到国家战略高度。对大数据的开发、利用与保护的争夺日趋激烈，制信（数）权成为继制陆权、制海权、制空权之后的新制权，大数据处理能力成为区分强国与弱国的又一重要指标。

在大数据时代，整个社会逐步以大数据应用为牵引，不断挖掘大数据在“政用、民用、商用”的价值，逐步构建大数据全产业链、全治理链、全服务链；整个社会逐步以数据驱动为核心，形成用数据说话、用数据决策、用数据管理、用数据创新的思维方式，让无处不在的需求，变成无处不在的价值。

当前，我国正在实施“十三五”规划，协调推进“四个全面”战略布局。我们应以数据为驱动，做出更加科学的决策和行动导向。我们必须强化大数据思维意识，养成利用大数据工作的习惯，具备大数据的基本素养。因此，我们需要弄清楚大数据的三个核心问题：大数据是什么？大数据从哪里来？大数据要到哪里去？

本读本作为科普读物，以高校学生、公务员、管理干部、非计算机专业人员等为对象，从大数据的产生、发展现状、技术概况、政策和发展趋势等方面进行了解读，并结合众多实际应用案例，用通俗易懂的语言把复杂的事情解释清楚。全书内容丰富、行文流畅、幽默风趣，是一本零基础的大数据知识读本，将带领读者进入丰富多彩的大数据领域。

2019 年 2 月 20 日

前　言

人类步入信息化社会，得益于计算机技术、网络技术、通信技术和传感技术等的飞速发展，信息化建设已经渗透到各个行业。在信息化建设过程中，人们利用应用系统、移动 App 和传感器设备等积累了越来越多的行业数据，形成了大量结构化数据、半结构化数据和非结构化数据，记载了生产、分配、交换和消费的历史足迹，每一条数据都清晰地记录了某人或某物，在某一时刻，某一地方涉及的相关内容或产生的金额。

随着时间的不断推移，历史业务数据积累到了 TB、PB 甚至更高的量级，人们也逐渐意识到这些数据蕴藏着潜在的关联关系。与此同时，海量数据也给信息技术提出了前所未有的挑战，需要解决计算、存储、数据库和网络通信这 4 个瓶颈问题，使人们在可承受的时间范围内，利用新的处理模式对所有数据进行分析和处理，以适应海量、高增长和多样化的信息资产。由此，大数据便孕育而生，人们归纳提炼出大数据应具备的 4 个特征，它们分别是数据体量巨大（Volume）、数据类型繁多（Variety）、处理速度快（Velocity）和价值密度低（Value）。

当前，新的处理模式如 Hadoop 生态圈和 Spark 生态圈等开源软件已助大数据技术日趋成熟，降低了大数据产业化门槛。进入产业化阶段，大数据成为培育和带动经济及新产业的重要力量，从商业角度和技术角度厘清大数据的核心产业链尤为重要。从商业角度上看，大数据产业链由大数据提供者、大数据产品提供者和大数据服务提供者等角色构成；而从技术角度上看，大数据产业链由大数据采集、大数据存储管理和处理、大数据分析和挖掘，以及大数据呈现和应用等 4 个环节构成。在大数据产业具体实施过程中，产业链上的 4 个环节涉及 6 个关键技术，它们分别是大数据采集、大数据预处理、大数据存储、大数据处理、大数据分析和大数据可视化。这些内容，本读本都有详细阐述。

本读本是一本不受专业限定的科普性通识读物，编写的目的是让人们了解和认识大数据，并吸引人们积极参与到大数据产业发展中来，为国家大数据战略做出贡献。本读本较为全面地介绍了大数据涉及的国家政策、经济、产业和技术发展等内容，主要包括信息技术发展现状、大数据时代到来的成因、大数据的发展现状、大数据技术概况、典型事例解析、贵州省大数据产业发展概况、大数据的其他重要话题等内容。如果你想零基础入门大数据，相信此读本一定能够给你提供很多帮助。

夏道勋

贵州师范大学

贵州省教育大数据应用技术工程实验室

2019年2月10日

目　录

▶▶▶ 第一讲

信息技术发展现状

人类经历了原始社会、农业社会、工业社会，现已步入信息化社会。信息化社会是以电子信息技术为基础，以信息资源为基本发展资源，以信息服务性产业为基本的社会产业，以数字化和网络化为基本社会交往方式的新型社会，相应的信息技术在各个行业领域给我们的生活带来了巨大的变化。信息技术是大数据技术的基础，理解了信息技术，对理解大数据技术大有裨益，进而可以弄清楚大数据产生的缘由。信息技术包含现代计算机、网络、通信等信息领域的技术，具体包括计算机技术、网络技术、通信技术和传感技术。本讲主要阐述这些技术的发展历程、现状和趋势，为读者进一步理解大数据打下基础。

第一节　计算机技术的发展概况

正身处信息化社会的你，一定对美国硅谷（Silicon Valley）早有耳闻。它位于美国加利福尼亚州北部、旧金山湾区南部，是高科技产业云集的美国加州圣塔克拉拉谷（Santa Clara Valley）的别称。它最早是研究和生产以硅为基础的半导体芯片的地方，因此而得名。硅谷是当今电子工业和计算机业的王国，尽管美国和世界其他高新技术区都在不断发展壮大，但硅谷仍然是高科技创新和发展的开创者。硅谷以高新技术的中小公司群为基础，同时还汇聚了谷歌、Facebook、惠普、英特尔、苹果、思科、英伟达、甲骨文和特斯拉等大型公司，融科学、技术、生产为一体。类似地，中国的硅谷在深圳，印度的硅谷在班加罗尔。硅谷为什么要以元素周期表中原子序数为14的“硅”元素命名，读完本节的内容，你便可知晓缘由。

一、电子管诞生，第一代通用计算机问世

世界上第一台通用计算机“ENIAC（电子数字积分计算机）”于1946年2月14日在美国宾夕法尼亚大学诞生，美国国防部用它来进行弹道计算，如图1-1（a）所示。它是一个庞然大物，用了约18000个电子管，占地约170平方米，重约30吨，耗电功率约150千瓦，每秒钟可进行5000次加法运算，这种数量级的运算速度在现在看来微不足道，但在当时是破天荒的。ENIAC以电子管作为元器件，所以又被称为电子管计算机，是通用计算机的第一代。

电子数字积分计算机采用的逻辑元件[1]是电子管[见图 1-1（b），于 1904 年问世]。一个电子管的高度约 7 厘米，寿命一般为 1000～3000 小时。电子管的总体特点是体积大、耗电量大、易发热，不能长时间工作。它的特性直接导致电子数字积分计算机具有体积大、耗电量大、寿命短、可靠性低和成本高等缺点，因此，人们转而寻找性能更好的逻辑元件进行替换。

（a） （b）

图 1-1 电子数字积分计算机（ENIAC）实景图和电子管样例

二、晶体管诞生，第二代电子计算机问世

在电子管问世 43 年后（1947 年），新的逻辑元件——晶体管诞生。晶体管不仅能实现电子管的功能，还具有尺寸小、重量轻、寿命长、效率高、发热少和功耗低等优点。晶体管按使用的半导体材料分为硅材料晶体管和锗材料晶体管。1954 年，美国贝尔实验室成功研制第一台使用晶体管作为逻辑元件的计算机，取名“催迪克”（TRADIC，见图 1-2），它使用了约

图 1-2 晶体管计算机（TRADIC）

① 逻辑元件或逻辑电路是具有逻辑功能的元件（电路），也称门电路。常见的有“与”门、“或”门、“非”门、“与非”门及“或非”门等，利用这些门就可以组成电子计算机所需的各种逻辑功能电路。引自百度百科。

800 个晶体管。使用晶体管后，电子线路的结构大大改观，计算机体积减小，寿命大大延长，价格降低。晶体管计算机还增加了浮点运算功能，计算机的计算能力实现了一次质的飞跃，为计算机的广泛应用创造了条件，并且制造高速电子计算机更为容易。至此，人类进入第二代电子计算机时代。

三、集成电路高速发展

显然，占用面积大、无法移动是以上电子计算机最直观和突出的问题，如何把这些电子元件和连线集成在一小块载体上是研究者们面临的新问题。在 1958 年，集成电路技术（Integrated Circuit Technology）出现，利用这种技术可以制作微型化的电子器件或部件（见图 1-3）。集成电路是采用一定的工艺，把一个电路中所需的晶体管、电阻、电容、电感等元件及布线互连在一起，集成在一小块或几小块半导体芯片或介质基片上，然后封装在一个管壳内，成为具有所需电路功能的微型结构，所有元器件在结构上已组成一个整体。集成电路技术的出现，使电子元器件向着微小型化、低功耗、智能化和高可靠性方面迈进了一大步。

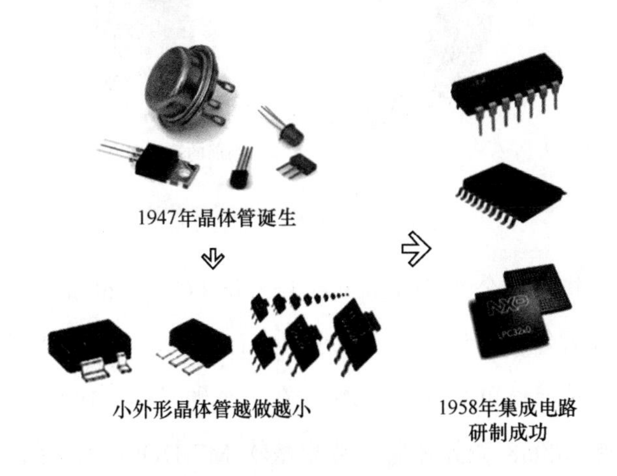

图 1-3 集成电路发展示意图

目前，集成电路已经在各行各业中发挥着非常重要的作用，是现代信息化社会的基石。集成电路的含义也已经远远超过其刚诞生时的定义范围。硅集成电路是主流，就是把实现某种功能的电路所需的各种元器件都组织在一块硅片上，这也是高科技产业云集的美国加州圣塔克拉拉谷别称“硅谷”的由来。在集成电路技术发展历程中，英特尔（Intel）创始人之一戈登·摩尔（Gordon Moore）提出了经典的摩尔定律。定律内容为：当价格不变时，集成电路上可容纳的元器件数目，每隔 18～24 个月就会增加一倍，性能也将提升一倍。换言之，每一美元所能买到的计算机性能，将每隔 18～24 个月翻一倍以上。这一定律揭示了信息技术进步的速度。

四、计算机硬件飞速发展

随着技术的发展，计算机硬件每时每刻都在发生着变革，每年硬件行业都会有一些新的产品出现或一些无用的产品被淘汰，而计算性能和存储性能都在不断增强。

1. 个人计算机硬件

个人计算机（Personal Computer，PC）由硬件系统和软件系统组成，是一种能独立运行，完成特定功能的设备。这里只阐述硬件的变革，如图 1-4 所示。

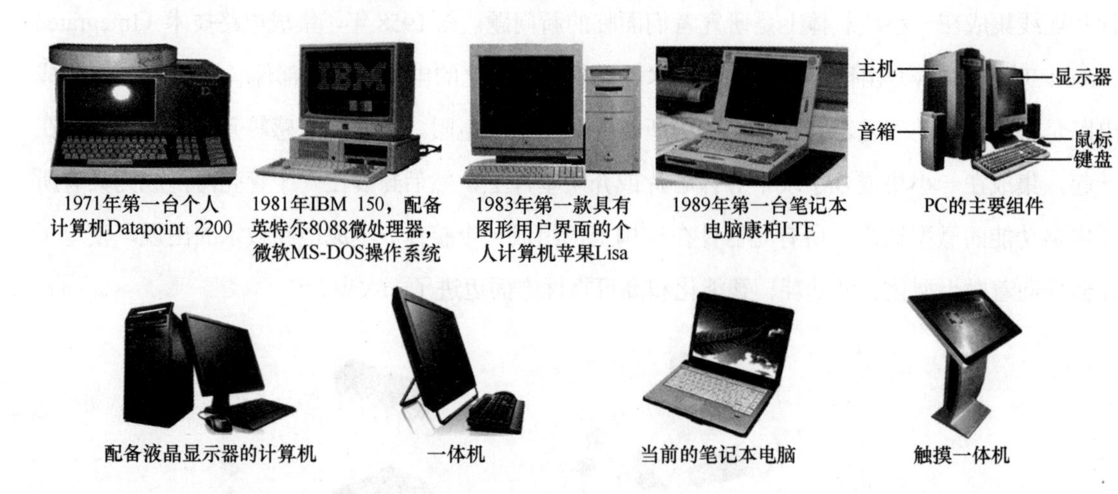

图 1-4　个人计算机整机的变迁

1971 年，美国计算机终端公司（Computer Terminal Corporation，CTC）推出的 Datapoint 2200 个人计算机，将庞大体积的计算机变成了桌上计算机，是最早期的个人计算机之一，它的所有组件（如键盘、显示器和主机①）都集成在一个硬壳里。1981 年，IBM 推出 IBM 150 个人计算机，配备英特尔8088 微处理器，装载微软 MS-DOS 操作系统，已将显示器和键盘从整机中独立出来，形成独立的配件，便于装卸和维护。1983 年，第一款具有图形用户界面的个人计算机苹果 Lisa 诞生。1989 年，第一台笔记本电脑康柏 LTE 上市。后来，个人计算机的输入/输出设备更加多样化，并且不断地推陈出新。常见的输入/输出设备有显示器、打印机、音箱、键盘、鼠标和扫描仪等。其中，显示器从阴极射线管显示器（CRT）发展到液晶显示器（LCD），变革最为深刻，它使个人计算机朝着一体机和触摸一体机迅速发展。一体机整合度高，它把主机、音箱、摄像头、麦克风等整合到显示器后，只需外接键盘、鼠标、

---

① 主机指计算机除去输入/输出设备以外的主要机体部分，通常包括 CPU、内存、硬盘、光驱、电源及其他输入/输出控制器和接口。

电源和网络线，具有空间小和接线较少等优点。触摸一体机是将触摸屏、液晶显示器、主机及一体机外壳进行完美的组合，最终通过一根电源线就可以实现触控操作的机器。如今，在机场、高铁站、酒店、银行、学校等一些人群密集的地方，我们都不难看到触摸一体机，它不但能帮助企业提升企业形象和弘扬企业文化，更能给人们带来便利，满足公众需求。

2. 服务器硬件

当人们使用微信聊天时，远方的微信平台需要提供计算服务，提供这样的计算服务或者存储服务的设备就是服务器（Server）。服务器需要响应服务请求，并进行处理。因此，一般来说，服务器应具备承担服务和保障服务的能力。服务器的构成和个人计算机架构类似，但是由于需要提供高可靠的服务，在处理能力、稳定性、可靠性、安全性、可扩展性、可管理性等方面要求较高，制作工艺的要求也较高，如图 1-5 所示。在网络环境下，按照提供的服务类型不同，服务器分为文件服务器、数据库服务器、应用程序服务器和 Web 服务器等。

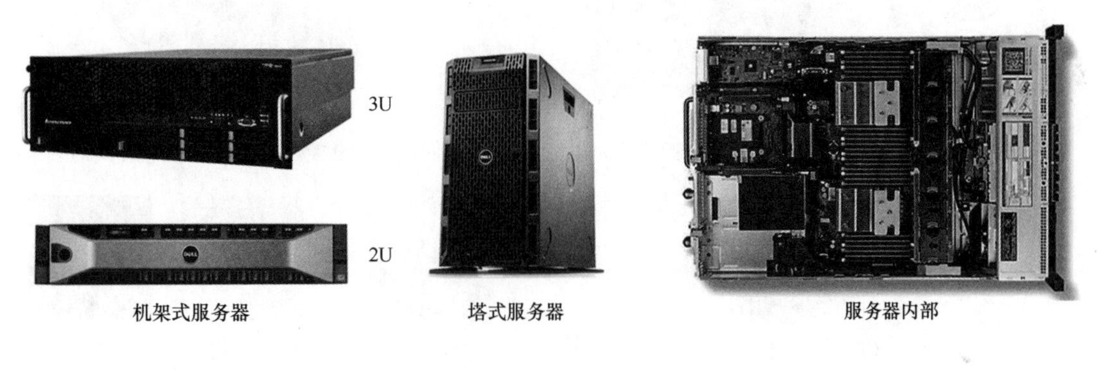

图 1-5 服务器

按照外观和安装方式的不同，服务器分为机架式、塔式、刀片式等。机架式服务器可以安装在 19 英寸宽的工业标准机柜上，将其设计为机架式的目的是在有限的空间内可以安装更多的服务器。机架式服务器有 1U、2U、4U、6U、8U 等多种规格，其机箱宽度都是相同的，U 代表机架式服务器的机箱高度（1U=1.75 英寸）。

3. 中央处理器

中央处理器（Central Processing Unit，CPU）是个人计算机或者服务器的核心部件，被人们称为计算机的心脏，是一块超大规模的集成电路，位于主机内。它的功能主要是解释计算机指令及处理计算机软件中的数据。世界顶级的中央处理器生产公司有美国的英特尔（Intel）、AMD，以及中国台湾的威盛（VIA），它们的代表性芯片样例如图 1-6（a）所示。英特尔公司是世界上最大的 CPU 及相关芯片制造商，80%左右的计算机都使用了英特尔公司生产的 CPU。除了英特尔公司外，最有挑战性的就是 AMD 公司，它打破了英特尔公司一支独秀的局面。现阶段，英特尔公司具有代表性的一款处理器是 Intel 酷睿 i9 7980XE，拥有 18 个核心，主频为 2.6GHz。处理器主频的提升，意味着单位时间内处理数据能力的增强，核心数量越多，单位时间内处理器所能处理的数据和任务数就越多。

自 2006 年国务院实施“核高基”①规划以来，我国相继诞生一系列具有代表性的处理器芯片，它们分别是中国科学院计算所自主研发的龙芯系列、江南计算机研究所自主研发的申威系列和中国国防科技大学自主研制的飞腾系列，如图 1-6（b）所示。2016 年 6 月 20 日，在法兰克福世界超算大会上，国际 TOP 500 组织发布的榜单显示，我国“神威・太湖之光”超级计算机系统安装有 40960 个中国自主研发的“申威 26010”众核处理器，该众核处理器采用 64 位自主申威指令系统，峰值性能为 12.5 亿亿次/秒，持续性能为 9.3 亿亿次/秒，荣登榜单之首，不仅速度比第二名“天河二号”快出近两倍，其效率也提高了 3 倍。

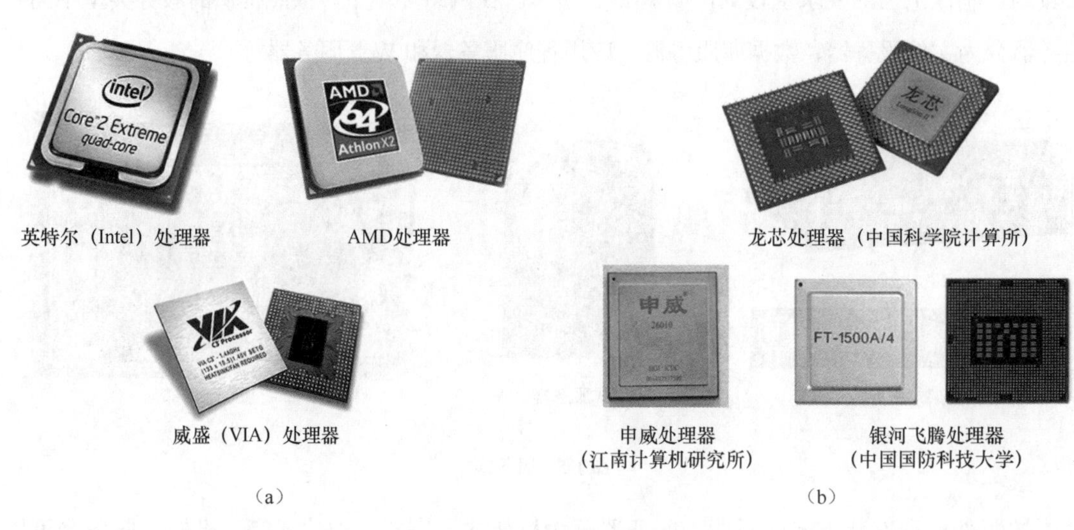

英特尔（Intel）处理器　AMD处理器　龙芯处理器（中国科学院计算所）
威盛（VIA）处理器　申威处理器（江南计算机研究所）　银河飞腾处理器（中国国防科技大学）
（a）　（b）

图 1-6　中央处理器实体样例

处理器是信息化社会最为核心的组件，是计算机的心脏，是各强国必争的战略高地之一（之二便是后续阐述的操作系统，没有之三）。从总体上来看，我国的处理器技术取得了一定的成就，但是要研发出世界级的处理器，还有很长的路要走。

4. 内存储器

内存储器也被称为内存，是计算机中重要的部件之一，它是 CPU 与外部设备进行沟通的

① “核高基”是对核心电子器件、高端通用芯片及基础软件产品的简称，是 2006 年国务院发布的《国家中长期科学和技术发展规划纲要（2006—2020 年）》中与载人航天、探月工程并列的 16 个重大科技专项之一。

桥梁（见图 1-7），用于暂时存放 CPU 需要的运算数据，以及与硬盘等外部存储器交换数据。计算机在运行过程中，CPU 会把需要运算的数据调到内存中进行运算，当运算完成后，CPU 再将结果传送到内存。

图 1-7 展示了内存的发展历程。最早的内存被集成在主机内的主板[①]之上，内存容量大小为 256KB。为了提升内存的性能，后来将内存从主板上独立出来，形成独立的实体，俗称内存条，容量大小为 512KB。现阶段主流的单条内存容量大小为 4GB/8GB/16GB，服务器版的单条内存容量高达 32GB/64GB/128GB，但是价格较为昂贵。

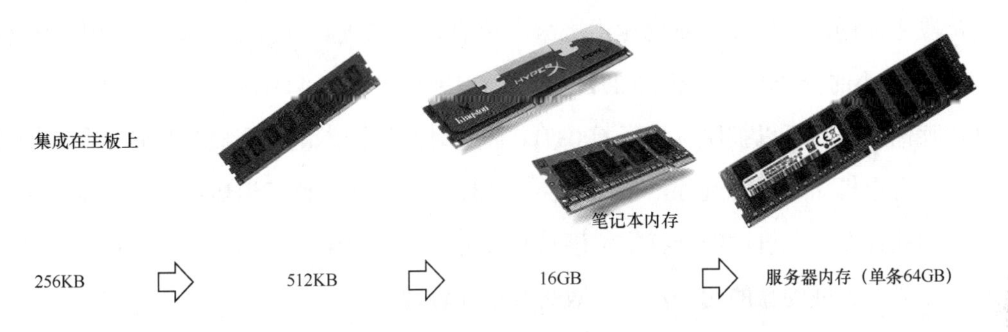

图 1-7 个人计算机/笔记本电脑/服务器内存实体样例及发展历程

计算机中所有正在运行的程序和数据都从外存调入内存，因此内存的性能对计算机的影响非常大，一个重要的性能参数就是容量大小。内存容量越大，存储程序或数据的空间就越大，便于大文件或者大批量数据的处理，减少了内存和外存的交换次数，提高了计算效率。

5. 外存储器

外存储器是除计算机内存及 CPU 缓存以外的存储器，此类存储器一般在断电后仍然能保存数据。外存储器有磁带、软盘、硬盘、光盘和 U 盘（USB 闪存盘）等，它们的实体样例如图 1-8 所示。

早期的外存储器是磁带和软盘。磁带通常是在塑料薄膜带基上涂覆一层颗粒状磁性材料，或蒸发沉积一层磁性氧化物或合金薄膜制作而成。软盘也采用了类似磁带的装置，将圆形的磁性盘片装在一个方形的密封盒子里，这样做的目的是防止磁盘表面划伤，导致数据丢失。软盘大小为 3.5 英寸，存储容量仅为 1.44MB。有了软盘之后，人们使用计算机就方便多了，不但可以把数据处理结果存放在软盘中，还可以把很多输入到计算机中的数据存储到软盘中，

---

① 主板一般为矩形电路板，上面安装了组成计算机的主要电路系统，一般有 BIOS 芯片、I/O 控制芯片、键和面板控制开关接口、指示灯插接件、扩充插槽、主板及插卡的直流电源供电接插件等零件。

这样数据就可以反复使用，避免了重复劳动。但是人们慢慢发现，要存储到软盘上的数据内容越来越多时，众多的数据内容存储在一起，很不方便。直到 2000 年左右，中国朗科公司发明了第一个 U 盘，软盘才渐渐地淡出了人们的视线。早期 PC 为软盘装配的两个软盘驱动器（盘符分别是“A:”和“B:”）也随之消失，为了保留历史痕迹，DOS、Windows 等操作系统为硬盘分配的盘符始终从“C:”开始。U 盘是一种使用 USB 接口，无须物理驱动器的微型高容量移动存储产品，通过 USB 接口与计算机连接，实现即插即用。它小巧便于携带、存储容量大、价格便宜、性能可靠，已成为可移动外存储器的主流设备。

现阶段主流的外存储器容量已相当庞大，单块硬盘已做到 12TB，单块移动硬盘已做到 5TB，大拇指大小的一个 U 盘已做到 2TB，单块固态硬盘已做到 4TB，一张光盘已做到 100GB，一款硬盘存储服务器可以扩展容量至 600TB。固态硬盘用固态电子存储芯片阵列制作而成，启动快，没有电机加速旋转过程，不用磁头，快速随机读取，读延迟极小。但是固态硬盘价格昂贵，因此计算机主机中的外存常将硬盘和固态硬盘组合起来使用。存储数据用得最多的还是机械硬盘，机械硬盘的两个重要参数是容量和转速。

图 1-8　个人计算机/笔记本电脑/服务器外存储器实体样例

6. 计算机其他硬件设备

就单台计算机而言，计算机主机中的核心组件就是上面阐述的 CPU、内存和外存。除此之外，计算机还有显卡、声卡、网卡及输入/输出设备（I/O 设备），它们也会直接影响计算机的整体性能。

说到显卡，就不得不提及装载在显卡上的图形处理器 GPU，它是显卡的“心脏”（与 CPU

类似），是专门为执行复杂的数学和几何计算而设计、做图形图像运算工作的微处理器，最快速 GPU 集成的晶体管数甚至超过普通 CPU。现在，英伟达（NVIDIA）是世界上最大的独立显卡芯片生产销售商。针对网卡，以太网可选择的速率已有 10Mbit/s、100Mbit/s 和 1000Mbit/s，甚至 10Gbit/s 等多种传输速率。

在输入/输出设备（如键盘、鼠标、打印机、扫描仪、音箱、摄像头等）中，除了显示器数据接口以外，大部分输入/输出设备的数据接口采用 USB 接口，即插即用，方便用户的连接使用。

7. 计算机硬件朝巨型化和微型化方向发展

巨型化的代表是超级计算机，能够执行一般个人计算机无法处理的大批量资料与高速计算。其基本组成组件与个人计算机无太大差异，但规格与性能则强大许多，是一种超大型电子计算机。它具有很强的计算和数据处理能力，主要特点表现为计算速度快和存储容量大，配有多种外部和外围设备，以及丰富的、高性能的软件系统，多用于国家高科技领域和尖端技术研究，如天气预报、演算核弹爆炸过程等，是一个国家科研实力的体现，对国家安全、经济和社会发展具有举足轻重的意义。中国“天河二号”超级计算机在全球超级计算机 500 强榜单上实现“五连冠”，2016 年、2017 年被中国的“神威·太湖之光”超级计算机所取代。“神威·太湖之光”超级计算机的速度比第二名“天河二号”快出近两倍。神威·太湖之光超级计算机安装了 40960 块中国自主研发的“申威 26010”众核处理器，该众核处理器采用 64 位自主申威指令系统，峰值性能为 12.5 亿亿次/秒，持续性能为 9.3 亿亿次/秒，其外观如图 1-9 所示。2018 年，英伟达和 IBM 公司共同设计的超级计算机 Summit 的运算速度是我国“神威·太湖之光”的近 2 倍，并且还加入了人工智能技术，让美国重新夺回了“世界最强大超算”的桂冠。

神威·太湖之光超级计算机是由国家并行计算机工程技术研究中心研制、安装在国家超级计算无锡中心的超级计算机

图 1-9 神威·太湖之光超级计算机

在微型化方面，代表设备有树莓派——只有信用卡大小的微型计算机，其系统基于 Linux，如图 1-10 所示。随着 Windows 10 IoT 的发布，树莓派也可以安装 Windows 操作系统。其外

表“娇小”，内“芯”却很强大，视频、音频等功能通通皆有，可谓是“麻雀虽小，五脏俱全”。若将微型计算机装载在汽车上，它不但可以控制汽车内的各种设备（如音箱等），还可以与GPS连接，使汽车越来越智能。

整机仅有银行卡大小的树莓派

嵌入式系统

图1-10　微型计算机

五、计算机软件层出不穷

计算机软件是计算机系统中的程序及其文档。程序是计算任务的处理对象和处理规则的描述，文档是为了便于人们了解程序所需的阐明性资料。程序必须装入计算机内部才能工作，文档一般是给人看的，不一定装入计算机。计算机软件总体分为系统软件和应用软件两大类：系统软件是各类操作系统，如Windows、Linux和UNIX等，还包括操作系统的补丁程序及硬件驱动程序；应用软件种类较多，如工具软件、游戏软件和管理软件等。

1. 系统软件

操作系统（Operating System，OS）是管理、控制计算机硬件与软件资源的计算机程序，是直接运行在“裸机”[①]上的最基本的系统软件，任何其他软件都必须在操作系统的支持下

① 裸机是没有装配操作系统和其他软件的电子计算机。

才能运行。按照应用领域的不同，操作系统分为桌面操作系统、服务器操作系统、嵌入式操作系统。嵌入式操作系统（Embedded Operating System）是用在嵌入式系统的操作系统。这里重点介绍桌面操作系统、服务器操作系统。

（1）桌面操作系统

桌面操作系统主要用于个人计算机，主要分为三大阵营——Windows、Mac OS 与 Linux。其中，Windows 和 Mac OS 分别为微软公司和苹果公司开发的操作系统。而 Linux 为类 UNIX 操作系统，其发行版有 Ubuntu、Fedora、Red Hat 和 CentOS 等。

美国微软公司的视窗（Windows）操作系统发展历程如图 1-11 所示，Windows 操作系统在亚洲是最为流行的系列操作系统。微软公司最早期的操作系统是 MS-DOS（磁盘操作系统），是个人计算机上的一类操作系统。从 1981 年到 1995 年的 15 年间，MS-DOS 系统在 IBM PC 兼容机市场中都占有举足轻重的地位。微软公司从 1983 年宣布开始研制 Windows，1985 年和 1987 年分别推出 Windows 1.03 版和 Windows 2.0 版，直到 1995 年推出轰动业界的 Windows 95，其各个版本的发展历程如图 1-11 所示。纵观 Windows 操作系统的发展史，Windows XP 是最为经典的一套操作系统，从 2001 年 10 月 25 日推出，到 2014 年 4 月 8 日正式宣布“退休”，整整服役 13 年，这在 IT 行业极为少见。现阶段，微软公司的主打产品是 Windows 10（于 2015 年 7 月 29 日正式发布，共 7 个版本）。它有两个显著的特点：一是用户使用免费；二是能兼容世界上所有的智能设备。

MS-DOS 1.0操作系统（1981）的界面　Windows 95（1995）　Windows 98（1998）　Windows Me（2000）

Windows XP（2001—2014）　Windows Vista（2008）　Windows 7（2009）　Windows 10（2015）

图 1-11　微软公司操作系统发展历程

（2）服务器操作系统

服务器操作系统一般指安装在大型计算机上的操作系统，如 Web 服务器、应用服务器和数据库服务器等，但也可以安装在个人计算机中。相比桌面操作系统，服务器操作系统具有性能稳定、文件和网络管理效率高、安全性及可协调性高等优点。服务器操作系统主要分为四大流派——Windows Server、Netware、UNIX、Linux，常见的版本如图 1-12 所示。

Linux系列　Linux系列（Red Hat）　Linux系列　Linux系列

Linux系列　Windows Server系列　Windows Server系列

solaris　IBM AIX　Novell NetWare 6.5

UNIX系列　UNIX系列　Netware系列

图 1-12　常见服务器操作系统产品

在服务器操作系统的四大系列中，由于 UNIX 系统结构不合理、NetWare 系统不够人性化，大部分企业往往在 Windows Server 系统、Linux 系统两种服务器系统中做取舍。通常建议中小型企业使用 Windows Server 系统，其简单易用，对操作和维护人员要求门槛很低，市面上有很多很好的教材；建议专业人士或是大型企业、对服务器有特殊要求的使用者使用 Linux 系统，其系统内核稳定，不过对操作和维护人员的要求高。

国产操作系统多为以 Linux 为基础二次开发的操作系统，代表有红旗 Linux、深度 Linux 和中标麒麟等。从 2014 年 4 月 8 日起，美国微软公司停止对 Windows XP SP3 操作系统提供服务支持，这引起了社会、广大用户的广泛关注和对信息安全的担忧。我国工业和信息化部（以下简称工信部）对此表示，将继续加大力度，支持国产操作系统的研发和应用，并希望用户使用国产操作系统。但是，和国产处理器一样，国产操作系统也有很长的路要走。

2. 应用软件

应用软件（Application Software）是专门为实现某一应用目的而编制的软件系统，常用的应用软件有字处理软件、表处理软件、统计分析软件、数据库管理系统、计算机辅助软件、实时控制与处理软件，以及其他应用于国民经济各行业的应用程序。应用软件又可分为专用软件与通用软件。

（1）专用软件指专为某些单位和行业开发的软件，是用户为解决特定的具体问题而开发的，其使用范围限定在某些特定的单位和行业。例如，火车站或汽车站的票务管理系统、人事管理部门的人力资源管理系统、财务部门的财务管理系统和高校的教务管理系统等。图 1-13 所示为专用软件示例。

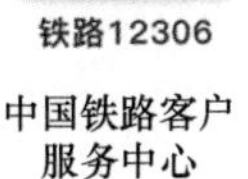
中国铁路客户服务中心

人力资源管理系统（用友）

财务管理系统（金蝶）

高校教务管理系统（青果软件）

图 1-13 专用软件示例

票务管理系统“铁路 12306”是中国铁路客户服务中心的重要窗口，集成全路客货运输信息，为社会和铁路客户提供客货运输业务和公共信息查询服务，可供用户查询列车时刻表、票价、列车正晚点、车票余票、售票代售点、货物运价、车辆技术参数及有关客货运规章。用友人力资源管理系统致力于为企业提供优秀和最适用的战略人力资本管理解决方案，覆盖信息化服务、咨询、人力资本云服务等业务功能。金蝶财务管理系统集供应链管理、财务管理、人力资源管理、客户关系管理、办公自动化、商业分析、移动商务、集成接口及行业插件等业务管理组件为一体，建立企业人、财、物、产、供、销等科学完整的管理体系。青果高校教务管理系统是集师资管理、学籍管理、教学计划管理、排课管理、选课管理、考试管理、成绩管理和评教管理等为一体的教务管理平台。

（2）通用软件是为实现某种特殊功能而经过精心设计的、结构严密的独立系统，是一套满足同类通用的许多用户需要的软件。通用软件适应信息社会各个领域的应用需求，每一领域的应用具有许多共同的属性和要求，具有普遍性。例如，办公软件、社交软件、电商软件和支付软件等，如图 1-14 所示。图中所列举的每类软件已经成为人们工作和生活的一个部分，并且悄然地改变着人们的工作、学习和生活方式。当然，应用软件还有很多，这里不再一一列举。

综上所述，第一代电子计算机的逻辑元件——电子管被晶体管替代后，集成电路得到迅猛发展，计算机的硬件性能以每隔 18～24 个月就提升一倍的速度增长。计算机的软件性能也日新月异，频繁更新换代。计算机软硬件性能的迅速提高，为人们迫切需要的高性能并发计算和海量数据的存储打下了坚实的基础。应用软件的出色表现，从本质上改变了我们的工作、学习和生活方式，让社会变得更为高效。

图 1-14　通用软件示例

第二节　网络技术的发展概况

《贵州省数字经济发展规划（2017—2020 年）》（黔数据领办〔2017〕2 号）指导性文件第四大点（重大工程）的第二小点（信息基础设施提升工程）明确指出：“提升骨干网络支撑能力。重视信息基础设施的流动通道作用，建设贵阳・贵安国家级互联网骨干直联点，加快提升网络骨干传输和交换能力，拓宽互联网出省带宽。”贵州省的这一大举措寓意为何，读者将在下面的阐述中可以找到答案。

一、网络技术的发展史

网络技术是从 20 世纪 90 年代中期迅速发展起来的新技术，它把互联网上分散的资源融为有机整体，实现资源的全面共享和有机协作，使人们能够透明地使用资源的整体能力并按需获取信息。资源包括高性能计算机、存储资源、数据资源和传感器等。网络的根本特征并不一定是它的规模大，而是资源共享，消除资源孤岛。

在计算机网络还未出现之前，若想共享数据，只能将要共享的数据从一台计算机复制到软盘，再将软盘的数据复制到另外一台计算机里，如图 1-15 所示。直到 1969 年，美国国防部高级研究计划管理局（DARPA）造出了计算机网络的原型——为军事实验使用而建立的网络，取名为 ARPANET，初期只有 4 台主机，分别位于美国西部的加州大学洛杉矶分校、加州大学圣巴巴拉分校、斯坦福大学、犹他州大学。1977 年，ARPANET 已经连入了 100 多台主机。1983 年，ARPANET 网络转为民用，原有的协议[①]NCP 被替换为 TCP/IP，高速通信线路把分布在美国各地的部分超级计算机连接起来，名称也由 ARPANET 变为 NFSNET，诞生了真正的 Internet（互联网）。此后三十多年，计算机网络得到了飞速的发展，已从最初的教育科研网络逐步发展成为商业网络，并已成为仅次于全球通信网的世界第二大网络。现在，互联网正在改变着我们工作和生活的各个方面，它已经给很多国家带来了巨大的好处，并加速了全球信息革命的进程。互联网是人类自印刷术发明以来在通信方面最伟大的发明，人们的生活、工作、学习和交往都已离不开它。

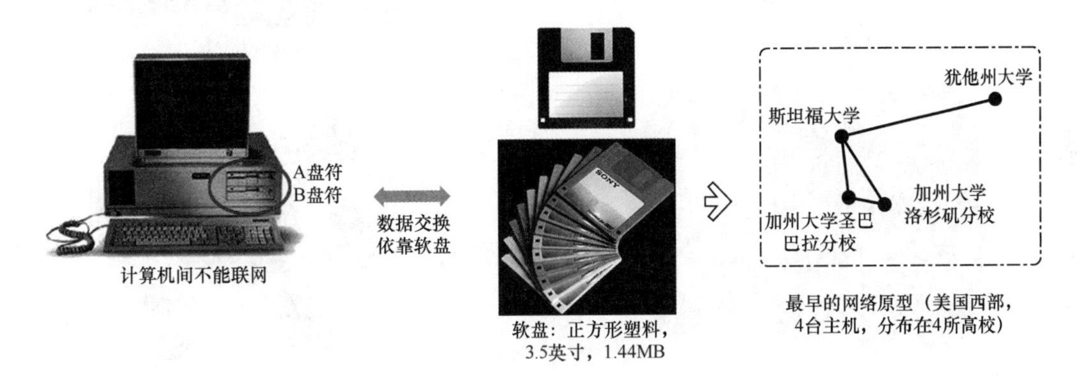

图 1-15 计算机网络原型的出现

二、计算机网络类型的划分

计算机网络的类型有很多，而且有不同的分类依据：按拓扑结构分为总线型、星形、环形、树形、全网状和部分网状网络；按传输介质分为同轴电缆、双绞线、光纤或卫星等所连成的网络。这里主要讲述的是根据地理范围和网络规模来划分的网络，即局域网、城域网和广域网，如图 1-16 所示。

局域网（Local Area Network，LAN）是最常见、应用最广的一种网络。局域网是在局部地区范围内的网络，它所覆盖的地区范围较小，在计算机数量配置上没有太多限制，少的可以只有两台，多的可达几百台，网络所涉及的地理距离一般来说可以是几米至 10 千米。局域

① 协议是指计算机网络中进行数据交换而建立的规则、标准或约定的集合。

网一般位于一栋建筑物或一个单位内，不存在寻径问题，不包括网络层的应用。局域网的特点包括：连接范围窄、用户数少、配置容易、连接速率高。电气和电子工程师协会（IEEE）的 802 标准委员会定义了多种主要的局域网，包含以太网（Ethernet）、令牌环网（Token Ring）、光纤分布式接口网（FDDI）、异步传输模式网（ATM）及最新的无线局域网（WLAN）。目前，数据传输速率最快的局域网是 10Gbit/s 以太网。

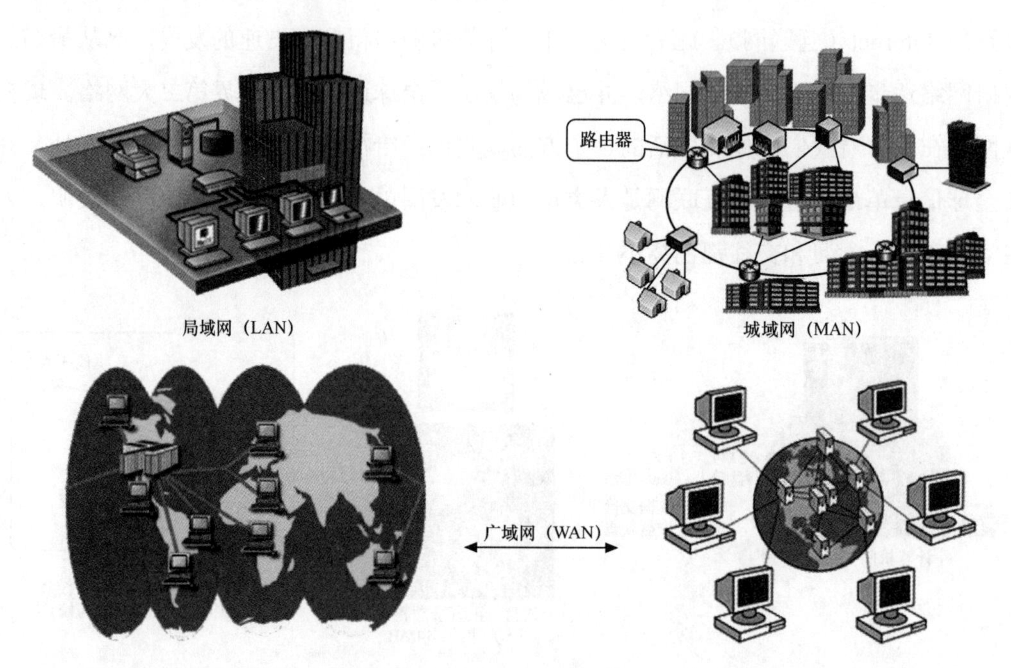

图 1-16 计算机网络类型

城域网（Metropolitan Area Network，MAN）是在一座城市（如一个大型城市或都市地区）但不在同一地理小区范围内的计算机互联，网络的连接距离可以在 10～100 千米范围内，采用的是电气和电子工程师协会（IEEE）802.6 标准。与 LAN 相比，MAN 扩展的距离更长、连接的计算机数量更多，在地理范围上可以说是 LAN 网络的延伸。一个 MAN 通常连接着多个 LAN，如连接政府机构的 LAN、医院的 LAN、各企业的 LAN 等。城域网多采用异步传输模式技术（ATM）作为骨干网，提供可伸缩的主干基础设施，以便能够适应不同规模、速度及寻址技术的网络，用于数字、语音、视频及多媒体应用程序的高速网络传输。ATM 的最大缺点是成本太高，所以一般在政府城域网中应用，如邮政、银行、医院等。

广域网（Wide Area Network，WAN）是在不同城市之间的 LAN 或者 MAN 互联，地理范围可从几百千米到几千千米，所覆盖的范围比城域网（MAN）更广。因为网络传输距离较远，信息衰减比较严重，所以这种网络一般要租用专线，通过接口信息处理（IMP）协议和线路连接起来，构成网状结构，需要解决寻径问题。广域网的特点是连接的用户数多、总出口带宽有限，用户的终端连接速率一般较低，通常为 9.6kbit/s～45Mbit/s，如 CHINANET、CHINAPAC 和 CHINADDN。

在上述 3 类网络中，局域网的规模可大可小，无论是在单位还是在家庭，实现起来都比较容易，是应用最为广泛的一种网络。

三、互联网面临的问题

正是由于 Internet 丰富多彩，才会吸引越来越多的人加入其中。对用户而言，Internet 正逐步渗透到我们工作、生活的各个方面，极大地改变了我们长久以来形成的传统思维和生活方式。对 Internet 而言，用户的积极参与使这一全球通行的网络在迅速发展起来的同时，也带来了带宽短缺、IP 地址资源匮乏和网络安全等严峻考验。

我们可以在相关资料上查找到 IP 地址的格式和分类，这里所指的是 IPv4（第四代版本）。IP 地址是一个 32 位二进制数，总地址容量为 2^{32}，即全世界仅拥有数亿个 IP 地址。按照 TCP/IP 的规定，在相互连接的网络中，每一个节点都必须有自己独一无二的地址来作为标识（如同每个人的身份证 ID 号一样）。很显然，面对日益增长的用户数，现有的 IP 地址资源已十分匮乏。解决 IP 地址缺乏的办法之一是想办法延缓资源耗尽的时间，人们曾广泛使用网络地址翻译（Network Address Translation，NAT）技术来延缓 IP 地址资源耗尽的时间。但是，用 NAT 技术做转换的同时也增加了网络的复杂性，而且，这也不能有效地减缓可用地址的减少趋势。

四、基于 IPv6 的下一代互联网

为了解决 IPv4 面临的严峻问题，一种新的网络协议应运而生，它便是下一代互联网 IPv6。它是一个建立在 IP 技术之上的新型公共网络，能够容纳各种形式的信息。在统一的管理平台下，实现音频、视频、数据信号的传输和管理，提供各种宽带应用和传统电信业务，是一个真正实现宽带窄带一体化、有线无线一体化、有源无源一体化、传输接入一体化的综合业务网络。

下一代互联网不同于现在的互联网，使用 IPv6 地址协议，采用 128 位二进制编码方式，拥有 2^{128} 个 IP 地址。这就使互联网地址资源非常充足，任何一个智能电器都可能成为一个网络终端，或者世界上每一个人都可以拥有足够数目的 IP 地址，支持 IP 地址自动分配。它比现在的互联网快 1000 倍以上，上千路的高清会议系统变得非常稳定、非常安全。它还能对数据来源进行溯源，让网络的安全性更高。

中国下一代互联网示范工程（CNGI）项目由中华人民共和国发展和改革委员会（以下简称国家发展改革委）主导，中国工程院、科技部、教育部、中科院等 8 部委联合于 2003 年酝酿并启动。下一轮的互联网竞争，对中国来讲是一个绝佳的发展机会。在下一代互联网的建设中，中国应利用自己的优势，把技术开发放在第一位，并尽快实现相关产品的产业化。

无论是 IPv4 网络还是 IPv6 网络，我国都在部分城市建有国家级互联网骨干直联点，这类直联点如同高速公路收费站的出入口，需要转发的数据进入直联点后，数据的传输速率将成倍提高。2017 年 6 月，贵州省正式开通贵阳·贵安国家级互联网骨干直联点。贵阳市、贵安新区号称中国的数谷，该骨干直联点的建成可以加快提升网络骨干传输和交换能力，拓宽互联网出省带宽，是贵州省提升信息基础设施建设的重大举措。

五、无线网络

近年来，无线网络已经成为网络扩展的一种重要方式，人们对无线网络依赖的程度也越来越高。主流应用的无线网络分为通过公众移动通信网实现的无线网络（如 5G、4G、3G 或 GPRS）和无线局域网（Wi-Fi）两种方式。无线网络是采用无线通信技术实现的网络。无线网络既包括允许用户建立远距离无线连接的全球语音和数据网络，也包括为近距离无线连接进行优化的红外技术及射频技术。无线网络与有线网络的用途十分类似，最大的不同在于传输媒介的不同，利用无线电取代网线，可以和有线网络互为备份。图 1-17 所示分别为无线个人局域网（WPAN）、无线局域网（WLAN）和无线城域网（WMAN）。

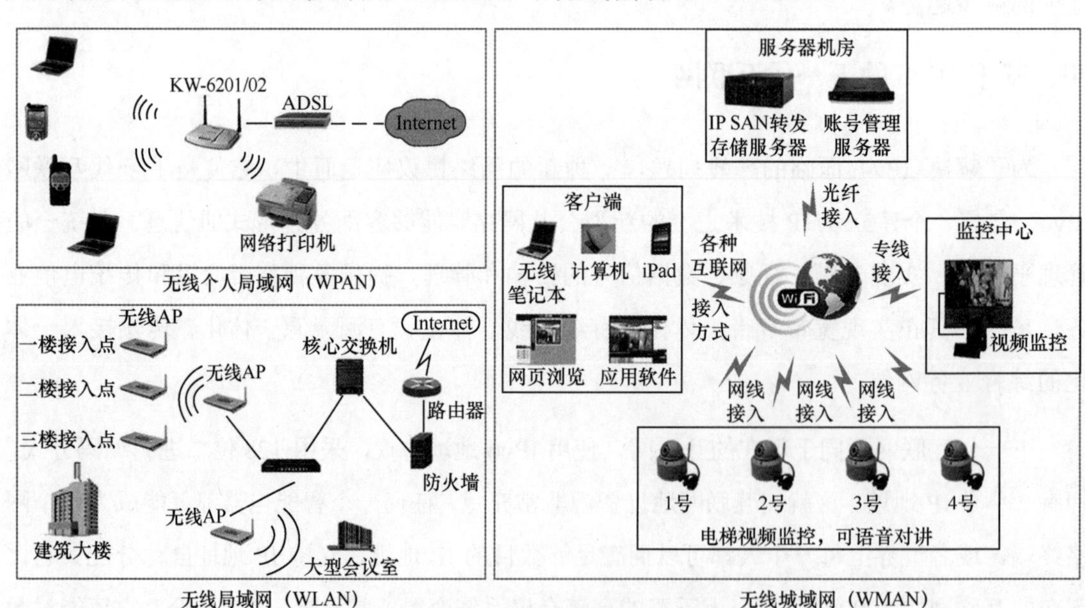

图 1-17　无线网络及分类

互联网在近 20 年里得到了前所未有的大发展，全球网络技术快速升级演进，重大技术变革取得突破性进展。光传送网、移动通信网、数据通信网、固定宽带接入等核心技术快速创新；新一代光网络、新一代移动通信、未来网络等新领域快速发展；高速宽带、智能融合、天地一体的新型网络通信基础设施加速构建；与实体经济深度融合，产生工业互联网、能源互联网和车联网等新型网络。一场以开放融合、代际跃迁为特征的网络技术革命正加速到来。

第三节 通信技术的发展概况

手机帝国诺基亚公司曾经创造了手机行业的辉煌，在功能手机时代一枝独秀。在 2008 年，诺基亚手机的全球市场份额高达 40%，这对任何手机厂商来说，都是遥不可及的数字。三星手机最巅峰时，最大份额才达到全球的 30%。最关键的是，诺基亚公司拥有其他企业所没有的口碑。在智能手机时代，诺基亚公司却从鼎盛走向覆灭，接下来就让我们在了解通信技术发展的同时，逐步揭秘手机帝国诺基亚公司为何轰然倒下。

通信技术主要以数字通信为发展方向。随着光纤通信的不断发展，有线通信将以光纤通信为发展方向，当前人们主要研究单模长波长光纤通信、大容量数字传输技术和相干光通信。卫星通信领域的研究则集中体现在调制/解调、纠错编码/译码、数字信号处理、通信专用超大规模集成电路、固态功放和低噪声接收、小口径低旁瓣天线等方面的多项新技术上。移动通信技术的发展方向是数字化、微型化和标准化。这里只偏重讲解与民生相关的技术。

一、信息传递方式的成长历程

通信是人或物之间通过某种媒体进行的信息交流与传递。从广义上说，无论采用何种方法、使用何种媒质，只要将信息从发送端（信源）传输到另外一个或多个接收端（信宿），就可称之为通信。信息传递方式的发展历程如图 1-18 所示。

在古代，人们通过烽火台、信鸽等进行远距离的信息传递，这些古老的信息传递方式在远距离方面十分低效。但是，这样的信息传递方式延续了几千年，直到 19 世纪 30 年代，美国画家莫尔斯研制出第一台电报机，从此电信时代的序幕被拉开，人类开始利用电来传递信息。中国于 1871 年在上海秘密开通电报，1879 年李鸿章在国内修建了第一条军用电报线路，接着又开通了津沪电报线路，并在天津设立电报总局。

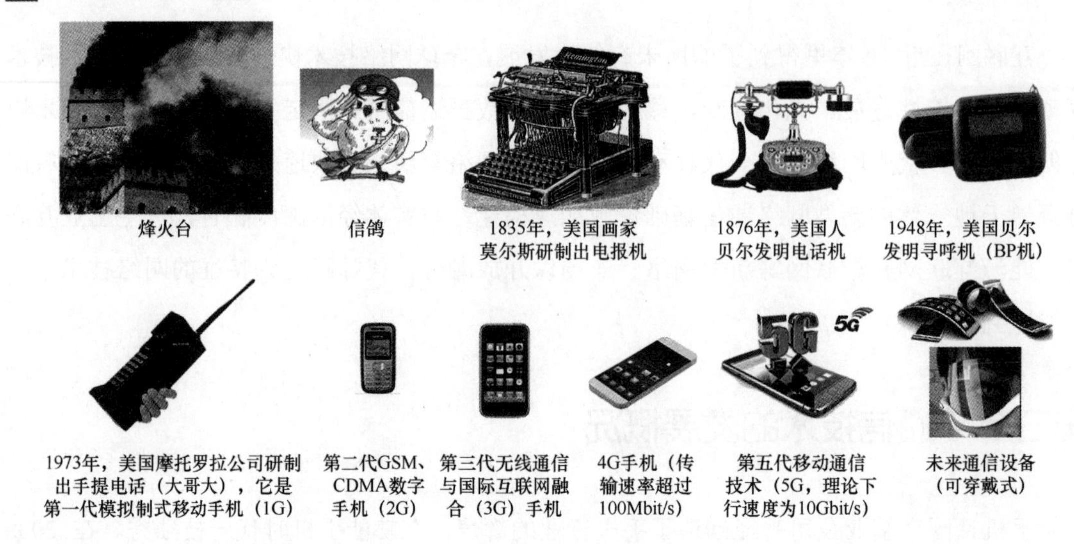

图 1-18　信息传递方式的发展历程

电报机主要用来传递文字信息、传送图片（传真），不能用于语音通信。1876 年，美国人贝尔发明电话机，通信双方可以方便地使用自然语言进行通话交流，但不能移动使用，仍属于有线通信。1948 年，美国贝尔实验室工程师研发出世界上第一台寻呼机（BP 机），可实现方便快捷地通信和联系，但只能接收无线电信号，如发送简短的文字信息或提示电话呼入信息，但不具备语音即时交流的功能。1973 年 4 月，美国著名的摩托罗拉公司工程技术员马丁·库帕发明世界上第一部民用手机，人类进入模拟制式移动通信技术时代（1G），马丁·库帕也被公认为现代“手机之父”。第二代移动通信技术（2G）的代表为全球移动通信系统（GSM），以数字语音传输技术为核心。

在中国，第二代移动通信系统只用了 10 年时间就发展了近 2.8 亿用户，超过了固定电话用户数。第二代移动通信系统替代第一代移动通信系统，完成了由模拟技术向数字技术的转变。但是，由于第二代移动通信系统采用不同的制式，移动通信标准不统一，用户只能在同一制式覆盖的范围内进行漫游，因而无法进行全球漫游。同时，第二代数字移动通信系统带宽有限，限制了数据业务的应用，也无法实现高速率的业务，如移动多媒体业务。

第三代移动通信技术（3G）是将无线通信与国际互联网等多媒体通信结合的新一代移动通信系统，采用较为成熟和成体系的通信协议。国际电信联盟（ITU）确定了 3 个无线接口标准，分别是美国的 CDMA2000、欧洲的 WCDMA 和中国的 TD-SCDMA。业界将 CDMA 技术作为 3G 的主流技术，TD-SCDMA 标准是由我国独自制定的 3G 标准，该标准将智能无线、同步 CDMA 和软件无线电等技术融于其中，在频谱利用率、对业务支持具有灵活性、频率灵活性及成本等方面的独特优势。3G 能支持处理图像、音乐、视频流等多种媒体，提供包括网页浏览、电话会议、电子商务和移动办公等在内的多种信息服务。为了提供这类服务，无线网络必须能够在不同的使用场景下支持不同的数据传输速率，也就是要在室内、室外和行车的环境中能够分别支持至少 2Mbit/s（兆比特/秒）、384kbit/s（千比特/秒）及 144kbit/s（千比特/秒）的传输速率。中国国内也支持国际电联确定的 3 个无线接口标准，分别是中国电信的 CDMA2000、中国联通的 WCDMA 和中国移动的 TD-SCDMA。

第四代移动通信技术（4G）集 3G 与 WLAN 于一体，并能够快速传输数据与高质量的音频、视频和图像等，适应移动数据、移动计算及移动多媒体运作的需求，包含 TD-LTE 和 FDD-LTE 两种制式。4G 的传输速率最高可达 100Mbit/s，几乎能够满足所有用户对无线服务的要求。此外，4G 可以部署在 DSL 和有线电视调制解调器没有覆盖的地方。很明显，4G 相对于前三代通信技术有着无可比拟的优势。4G 也因为其拥有的超高数据传输速率，被中国物联网校企联盟誉为机器之间当之无愧的“高速对话”。2013 年 12 月 4 日，工信部向中国移动、中国电信、中国联通正式发放了第四代移动通信业务牌照（即 4G 牌照），中国移动、中国电信、中国联通均获得 TD-LTE 牌照，此举标志着中国电信产业正式进入了 4G 时代。

5G 网络作为第五代移动通信网络，是下一代无线网络，也是 4G 网络的真正升级版，其理论峰值传输速率可达每秒数十 Gbit，这比 4G 网络的传输速率快数百倍，整部超高画质的电影可在 1 秒之内下载完成。5G 网络的主要目标是让用户的终端始终处于联网状态，其支持的设备远远不止智能手机，它还支持智能手表、健身腕带、智能家庭设备（如鸟巢式室内恒温器）等，满足人们用智能终端分享 3D 电影、游戏及超高画质（UHD）节目的要求。工信部发布的《信息通信行业发展规划（2016—2020 年）》明确提出，我国将于 2020 年正式启动 5G 商用服务。

全球移动通信技术经过 1G、2G、3G 和 4G 发展阶段，正从 4G 向 5G 演进，当前各国正在积极推进 5G 技术研究、测试和试运营。未来，5G 网络在移动互联网和物联网两大驱动力作用下，能实现真正意义上的“万物互联”。如图 1-19 所示，5G 网络将广泛应用在穿戴式设备、智能家居、移动终端，以及工业、农业、医疗、教育、交通、金融和环境等各行业领域。

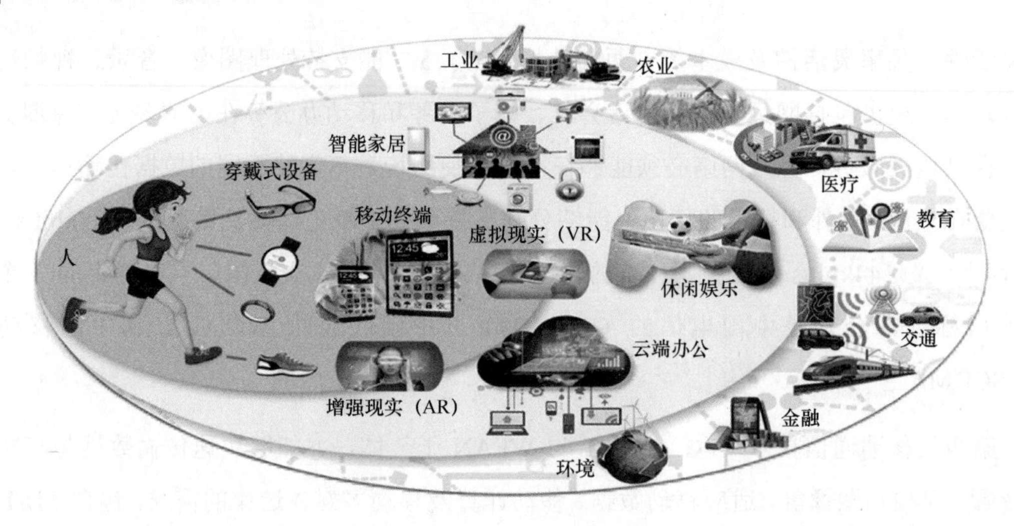

图 1-19　5G 网络的愿景

二、中国 5G 之花

2013 年 2 月，我国通信行业中出现了一个“神秘组织”——IMT-2020（5G）推进组，该组织由工信部、发展改革委和科技部共同成立。2015 年 10 月，在瑞士日内瓦召开的 2015 无线电通信全会上，国际电联无线电通信部门（ITU-R）正式批准了 3 项有利于推进未来 5G 研究进程的决议，并正式确定了 5G 的法定名称为“IMT-2020”。我国提出的“5G 之花（见图 1-20）”9 个技术指标中的 8 个也在这次大会上被 ITU 采纳。与以往任何时候不同的是，这一次，中国在全球移动通信舞台上首次扮演起领跑者的角色。

性能和效率需求共同定义了 5G 的关键能力，如图 1-20 所示，红花与绿叶相辅相成，其中花瓣代表了 5G 的六大性能指标，体现了 5G 支持未来多样化业务与满足各类场景需求的能力，而花瓣顶点代表了相应指标的最大值；绿叶则代表 3 个效率指标，是实现 5G 可持续发展的基本保障。在政府的积极组织协调下，上万科技人员历经 10 年的不懈努力，我国信息通信业突破重大核心技术，把国际通信标准话语权握于掌心，实现了从边缘到主流、从低端到高端、从跟随到领先的历史性转折。依托 TD-LTE 创新的坚实基础，我国 5G 技术研发试验取得了重大进展，进入全球第一阵营，走出了一条 1G 空白、2G 跟随、3G 突破、4G 同步、5G 领先的创新之路。

全球 5G 标准还未正式形成，中国企业正在苦苦探寻各自独特的路线。中国大唐电信集团发布了业界规模最大的 256 天线阵列、图样分割多址接入技术（PDMA）；由华为等中国公司主导推动的 Polar 码（极化码）被 3GPP 采纳为 5G eMBB 场景的控制信道编码；中兴通信创造性地提出的一套完整的用于 5G 的新物理层和多址的技术——MUSA（多用户共享接入）和 FB-OFDM（带滤 OFDM）。三大运营商计划在全国几十个城市进行 5G 试点。其中，中国联通将在北京、天津、青岛、杭州、南京、武汉、贵阳、成都、深圳、福州、郑州、沈阳等 16 个城市开展 5G 试点；中国移动将在杭州、上海、广州、苏州、武汉这 5 个城市开展 5G 外场测试；中国电信则将深圳、上海、苏州、成都等作为 5G 试点城市。

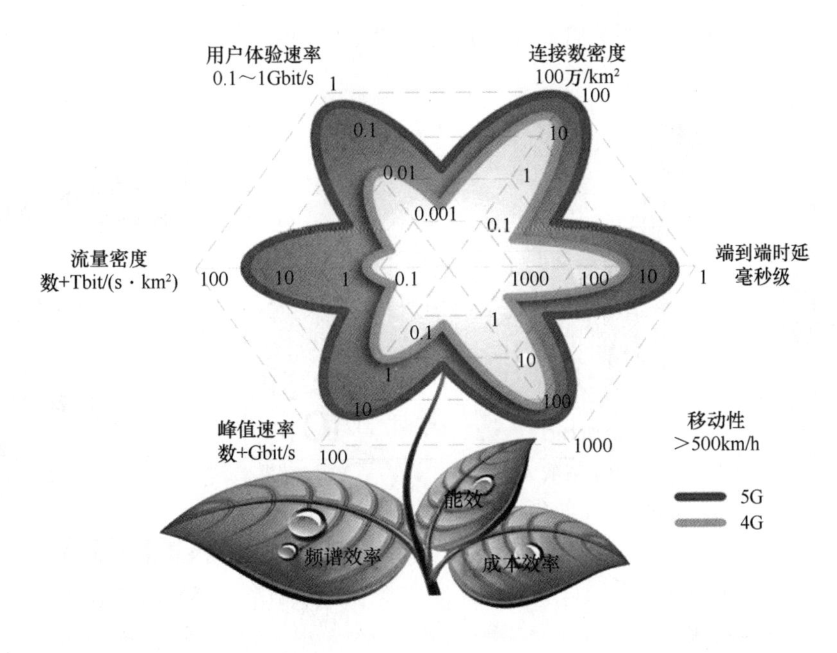

图 1-20 中国 5G 之花

三、智能手机操作系统

随着移动通信技术的飞速发展和移动多媒体时代的到来，手机作为人们必备的移动通信工具，已从简单的通话工具向智能化设备发展，演变成一个移动的个人信息收集和处理平台。实际上，智能手机是“掌上电脑+手机”的深度融合。借助操作系统和丰富的应用软件，智能手机成了一台移动终端。智能手机操作系统作为移动互联网整个产业链中最为关键的一环，对移动互联网产业链有着举足轻重的影响，因此，国内外学者纷纷将研究视角转移至智能手机操作系统。应用在手机上的操作系统主要有 Android（谷歌）、iOS（苹果）、Windows Phone（微软）、Symbian（诺基亚）、Black Berry OS（黑莓）、Windows Mobile（微软）等，如图 1-21 所示。主流的智能手机操作系统为谷歌公司的 Android 和苹果公司的 iOS。

1996 年，微软公司发布了 Windows CE 操作系统，微软公司开始进入手机操作系统领域。2001 年 6 月，塞班公司发布了 Symbian S60 操作系统，此后，塞班系统以其庞大的客户群和终端占有率称霸世界智能手机中低端市场。2007 年 6 月，苹果公司的 iOS 登上了历史的舞台，手指触控的概念开始进入人们的生活，iOS 将创新的移动电话、可触摸宽屏、网页浏览、手机游戏、手机地图等几种功能完美地融为一体。由于诺基亚公司的手机一直使用塞班系统，而塞班系统一直限制第三方应用软件的开发，因此无法兼容许多第三方应用软件，给用户在日常应用上带来了不便。直到苹果公司 iPhone 4 电容屏手机发布，诺基亚公司还在生产电阻屏手机，产品在用户体验上也落后他人，从而失去了用户。

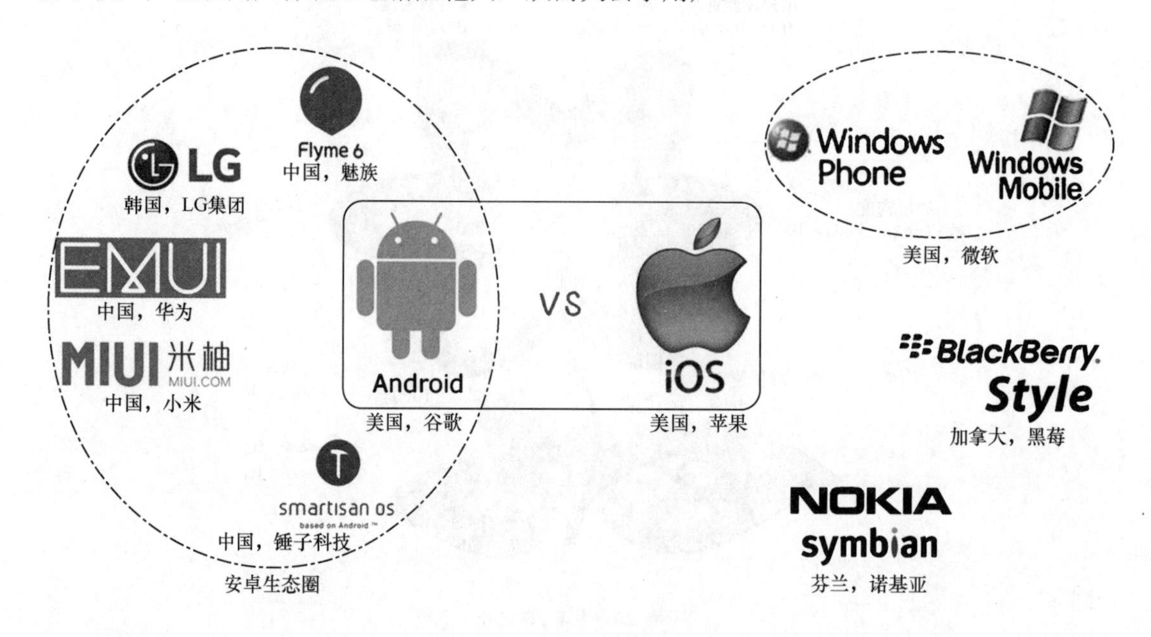

图 1-21　智能手机操作系统

2008 年 9 月，当苹果和诺基亚两个公司还沉溺于彼此的争斗之时，谷歌公司的 Android OS 悄然出现在世人面前，良好的用户体验和开放性的设计，让 Android OS 很快地打入了智能手机市场。由于 Android OS 具有良好的用户体验和开放性的设计，谷歌公司在短暂的时间内就建立了庞大的 Android 生态圈，成就了中国华为、小米、魅族及韩国 LG 等著名国际手机品牌。当诺基亚公司发现自己控制成本已经没有意义、塞班系统已经回天无力时，终于决定做出改变，开始尝试研制各种新款的智能手机，也曾想加入 Android 生态圈，但诺基亚公司开出的条件是：需要共享谷歌公司的地图导航、音乐等特殊待遇，但被谷歌公司拒绝。后来诺基亚公司选择了 Windows Phone 7 系统和 MeeGo 系统，然而这些都未能挽救诺基亚公司。2013 年 9 月，诺基亚公司最终决定放弃手机业务，以 54.4 亿欧元的价格，将整条生产线卖给微软公司。短短数年间，诺基亚手机就成为了“明日黄花”。

四、中国北斗卫星导航系统

导航系统具有全球精确定位、实现地图查询、短报文通信、智能路径规划和精密授时等功能。特别是随着卫星导航接收机的集成化、微型化，各种融通信设备、计算机、GPS 为一体的个人信息终端相继出现，使卫星导航技术从专业应用走向大众，成为继通信、互联网之后的信息产业第三个新的增长点，成为国家综合国力的重要组成部分。

中国北斗卫星导航系统（BeiDou Navigation Satellite System，BDS）是中国自行研制的全球卫星导航系统，是继美国全球定位系统（GPS[①]）、俄罗斯格洛纳斯卫星导航系统（GLONASS）之后第三个成熟的卫星导航系统，如图 1-22 所示。北斗卫星导航系统由空间段、地面段和用户段 3 个部分组成，可在全球范围内全天候、全天时为各类用户提供高精度、高可靠定位、导航、授时服务，并具有短报文通信能力，已经初步具备区域导航、定位和授时能力，定位精度为 10 米，测速精度为 0.2 米/秒，授时精度为 10 纳秒。2017 年 11 月 5 日，中国第三代导航卫星顺利升空，它标志着中国正式开始建造“北斗”全球卫星导航系统。

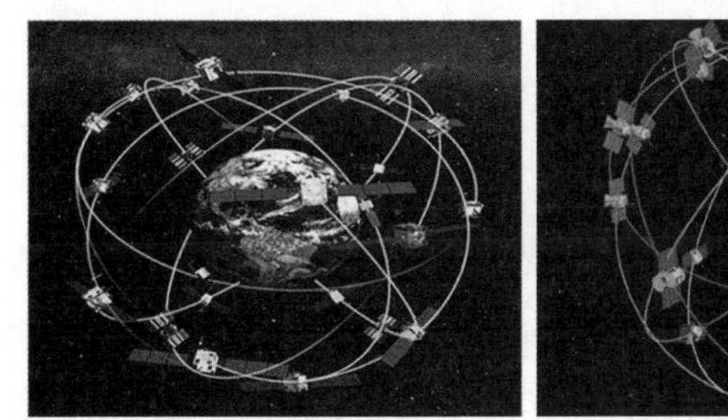

我国北斗卫星导航系统

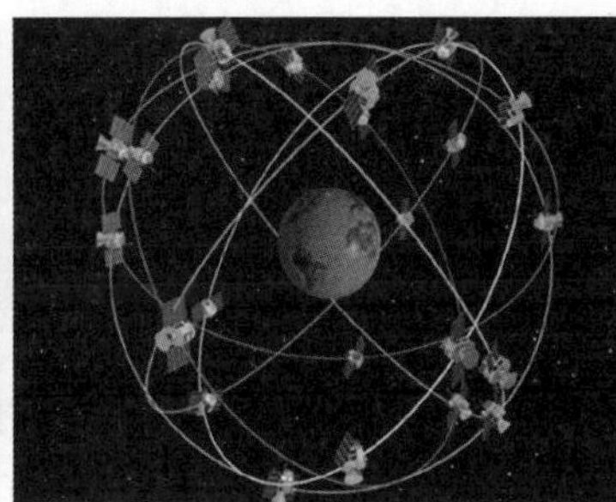

美国全球定位系统（GPS）

单颗通信卫星样例

图 1-22　全球卫星导航系统

五、移动 App

移动互联网的发展和智能手机的普及，带来了活跃的 App（Application）经济。移动应用服务是针对手机这种移动智能终端连接到互联网的业务或者无线网卡业务而开发的应用程序服务。更通俗地说，移动应用服务指的是智能手机的第三方应用程序。当前，随着移动互联网的兴起，越来越多的互联网企业、电商平台将应用作为销售的主战场之一，均拥有自己

① 美国的全球定位系统（Global Positioning System，GPS）由 24 颗卫星组成（分布在 6 个轨道平面），民用的定位精度可达 10 米内，历时 20 年、耗资 200 亿美元，于 1994 年建成。

的移动应用服务，这标志着移动应用服务的商业使用已经初步成熟。数据表明，移动应用服务给手机电商带来的流量远远超过传统互联网的流量，通过移动应用服务进行盈利也是各大电商平台的发展方向。比较著名的应用商店有苹果公司的 App Store、谷歌公司的 Google Play Store、黑莓公司的 BlackBerry App World、微软公司的 Marketplace，以及华为公司和小米公司的应用商店等。

事实表明，各大互联网企业向移动应用服务的倾斜也十分明显，原因不仅仅是每天增加的流量，更重要的是手机移动终端的便捷性，为企业积累了更多的用户，更有一些用户体验良好的应用使用户的忠诚度、活跃度都得到了很大程度的提升，从而在企业的创收和未来的发展方面发挥了关键性的作用。

国外媒体报道，美国加州移动互联网市场研究公司 App Annie 发布了 2018 年二季度 App 经济报告。数据显示，二季度 Google Play Store 和 App Store 实现了 284 亿次软件下载，同比增长 15%。在 2018 年俄罗斯世界杯等因素的刺激之下，全球 App 经济的下载量和收入再次创造了历史纪录。

第四节　传感技术的发展概况

在丰衣足食之后，人们对健康生活的渴求显得越来越强烈，健康将成为新世纪人们的基本目标，追求健康将成为所有人的时尚，相关的健康管理 App 便应运而生。微信运动每天都记录着手机用户走路的步数，并形成好友圈榜单，步数多的用户会收到好友的点赞，在好友圈中排名第一的用户，其照片将霸占排行榜封面。那么，用户每天所行走的步数，微信运动怎么准确地计算出来？接下来就让我们揭晓这个谜底。

感知是物联网的先行技术，要确保物联网的稳定运行，离不开众多传感技术的支持，也离不开传感器的支持。传感器是一类检测装置，能接收到被测量的信息，并能将接收到的信息按一定规律转变为电信号或其他所需形式的信息进行输出，以满足信息的处理、存储、显示、记录、传输和控制等要求。作为物联网的“触手”，智能传感器、无线传感器网络对当今信息时代有着至关重要的作用，它们已经渗透到工业生产、环境保护、生物工程、医疗检测、家庭自动化和智能交通等众多民用领域之中，并日益趋于智能化、微型化、数字化。作为信息获取的重要手段，传感技术与网络通信技术、计算机技术共同构成信息技术的三大支柱。

一、传感器的分类

传感器的功能与人类五大感觉器官相似：光敏传感器对应视觉，声敏传感器对应听觉，气敏传感器对应嗅觉，化学传感器对应味觉，压敏、温敏、流体传感器对应触觉。传感器按基本效应的不同可分为物理类、化学类和生物类；按基本感知功能的不同又分为热敏元件、光敏元件、气敏元件、力敏元件、磁敏元件、湿敏元件、声敏元件、放射线敏感元件、色敏元件和味敏元件等十大类。目前最常用的传感器有温度传感器、红外线传感器等，如图 1-23 所示。

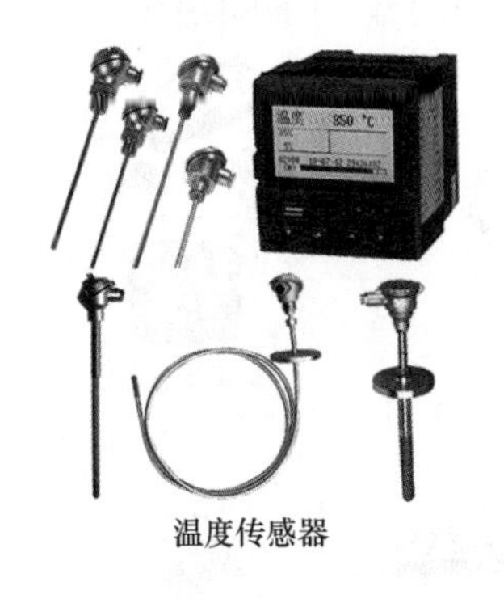
温度传感器

红外线传感器

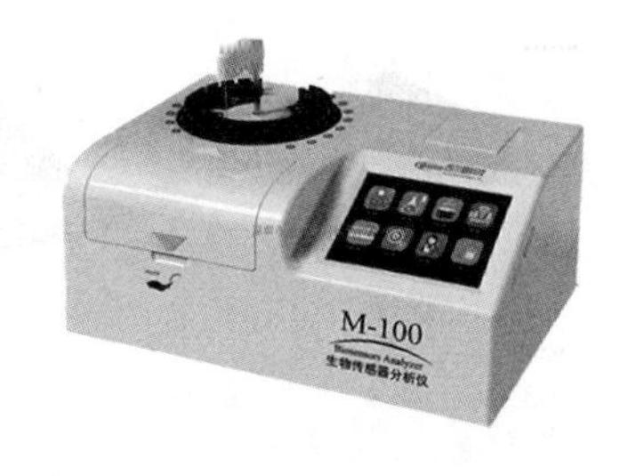

生物传感器

图 1-23　目前最常用的传感器

温度传感器是指能感受温度并将温度转换成可用输出信号的传感器。温度传感器是温度测量仪表的核心部分，品种繁多，按测量方式的不同可分为接触式和非接触式两大类，按材料及电子元件特性的不同可分为热电阻和热电偶两类。

红外线传感器是利用红外线来进行数据处理的一种传感器，有灵敏度高等优点，可以控制驱动装置的运行。红外线传感器常用于无接触温度测量、气体成分分析和无损探伤，在医学、军事、空间技术和环境工程等领域得到广泛应用。例如，采用红外线传感器远距离测量人体表面温度形成的热像图，可以发现温度异常的部位。

二、智能手机中的传感器

智能手机给用户带来的体验绝对不仅仅是第三方扩展功能，还有它依靠硬件基础所实现的人机交互体验，如屏幕旋转、甩动手机切换壁纸等。在使用智能手机过程中，人们往往不清楚听筒旁边的几个小黑点是做什么用的，其实它们就是传感器。它们感知着光线、距离、重力、方向等方面的变化，并能让我们获得更加智能化、人性化的手机使用体验。据统计，智能手机内的平均传感器数量为 20 个，除了一些必要的普通传感器外，也有不少针对专业领域的机型会考虑搭载一些专用传感器。

常见的智能手机传感器有光线传感器、距离传感器、重力传感器、加速度传感器、磁场传感器、紫外线传感器、血氧传感器、指纹传感器、心率传感器、气压传感器、霍尔传感器、GPS、陀螺仪，如图 1-24 所示。各类运动 App 就是每天接收来自陀螺仪和加速度传感器等的数据，再将数据进行分析处理得出用户的健康数据报告。

图 1-24　智能手机内置的传感器

三、传感器的产业发展

从产业链环节来看，传感器产业的上游产业链涉及新工艺、新材料、新的制造设备等。传感器材料分为陶瓷材料、金属材料、半导体材料和有机材料四大类。下游应用与工业、汽车电子产品、通信电子产品、消费电子产品、专用设备等相关联。由此可知，传感器产业上下游所涉及的领域十分广泛。近年来，我国传感器市场持续快速增长，年均增长速度超过 20%，2016 年达到 1126 亿元，2017 年增长至 1300 亿元，同比增长 15.45%。预计到 2025 年，物联网带来的经济效益将达到 2.7 万亿～6.2 万亿美元。目前，由于国内智能传感器的绝大部分市场份额被国外品牌占据，国产品牌的进步空间非常大。随着本土企业加大研发投入和国家逐步完善了智能传感器产业链布局，未来国产智能传感器产品的质量将不断提高，本土化率也会随之不断提高。

小结

计算机技术、网络通信技术、传感器技术是信息产业的三大支柱，它们分别是智能系统的“大脑”“神经”和“感官”。信息技术应用带来了显著成效，促使世界各国致力于信息化建设，而信息化的巨大需求又促进了信息技术的高速发展。当前信息技术发展的总趋势是以互联网技术的发展和应用为中心，从典型的技术驱动发展模式向技术驱动与应用驱动相结合的模式转变。一方面，电视机、手机、个人数字助理（PDA）等家用电器和个人信息设备都向网络终端设备的方向发展，形成了网络终端设备的多样性和个性化，打破了计算机上网一统天下的局面。另一方面，电子商务、电子政务、远程教育、电子媒体、网上娱乐技术日趋成熟，不断降低对使用者的专业知识要求和经济投入要求；互联网数据中心（IDC）、网络服务等技术的实现和服务体系的形成，构成了对使用互联网日益完善的社会化服务体系，使信息技术日益广泛地进入社会生产、生活各个领域，从而促进了网络经济的形成与发展。

▶▶▶ 第二讲

大数据时代到来的成因

在信息技术发展日新月异的今天，信息技术已完全融入了我们的生活，已成为支撑当今经济活动和社会生活的基石。包括农业、工业、服务业等在内的各个行业，都在广泛地应用信息技术，大力开发和利用信息资源，建立各种类型的行业信息库和网络，从而实现产业内各种资源的优化和重组，促进产业结构进一步合理化，并逐步向更高级的产业结构迈进，实现产业升级和更新换代。行业信息化建设正逐步向集成化、移动化、智能化发展。

现阶段，互联网+、物联网、行业信息化建设积累了数量庞大的数据，因此，大数据便孕育而生，这对信息技术提出了新的挑战。信息技术正面临计算瓶颈、存储瓶颈、网络瓶颈、数据库瓶颈这 4 个核心技术难题。这些难题的解决需要新的处理模式或者新技术。

第一节　信息化建设改变了人们的生活和工作方式

如今的智能手机功能越来越强大，早已超出了人们曾经给它界定的通信工具的范畴，几乎成了一个无所不能的移动终端。自智能手机普及以来，人们所有的生活事务、部分工作似乎“住进”了手机。“低头族”被关注，智能手机依赖成社会话题。然而，智能手机依赖未必与娱乐成瘾完全挂钩，人们除了利用智能手机通信外，更多的时候是使用 QQ 或微信工作群发布工作任务、浏览新闻、查询资料、收发邮件、点外卖、购物、导航、支付和理财等。这里不讨论“低头”带来的负面影响，但“低头”之于信息社会的人们，是生活和工作的需要，是人类文明进程的一种产物，也是人们的新的生活和工作方式。

一、智能化带来美好生活每一天

清晨：从睡梦中醒来时，人们不自觉地拿起智能手机，看看微信朋友圈是否有新的好友动态，看看是否有新的 QQ、微信消息；处于热恋的人，用微信发个清晨祝福语或视频，增进情感；人们利用天气预报 App 查看当天的天气[见图 2-1（a）]，决定是否晨练、出门时的着装和是否携带雨伞；人们去上班时，利用百度地图或高德地图，了解路况信息，避开道路拥堵路段，如图 2-1（b）所示。

上午：工作期间，根据需要可以召开电话会议、网络会议、视频会议[见图 2-1（c）]；打开邮件系统，处理工作邮件；打开与工作相关的网站，了解行业信息；打开办公自动化系统（OA），接收或了解单位下发的文件或通知；打开单位业务系统，完成相关业务工作，如财务工作人员利用财务网络管理系统完成报账工作，教师利用教务网络管理系统完成学生成绩录入等工作。

6:00 a.m.
起床后马上看“手机天气”
“今天天气晴朗，适合晨练。”

（a）

7:30 a.m.
上班前先了解路况
“这么早就开始堵车了，
看来必须早点出门了。”

（b）

9:00 a.m.
单位召开视频会议。

（c）

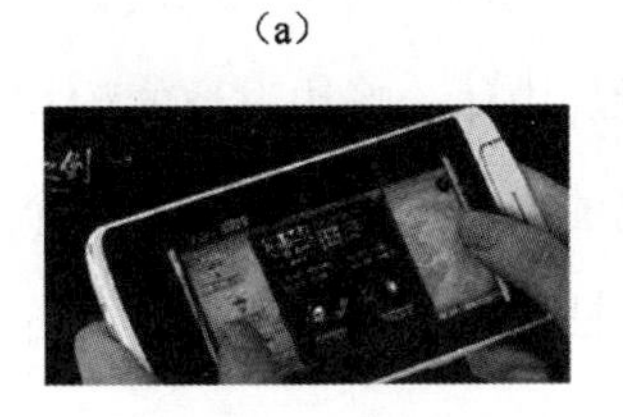

12:00 noon
玩游戏。

（d）

12:00 noon
视频“监视”家中情况
看看家中的宠物的实时动态。

（e）

6:00 p.m.
朋友发来定位地址，下班后
可导航前往。

（f）

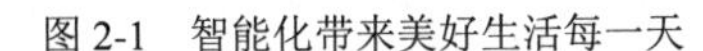

图 2-1　智能化带来美好生活每一天

中午：可以通过“美团外卖”“饿了么”等外卖 App，做到足不出户，尽享美食，可节约用餐时间，无须花时间外出就餐；可以通过“百度新闻”“新浪新闻”和“今贵州”等新闻 App 纵览天下事；可以通过游戏类 App[见图 2-1（d）]、音乐类 App 来消遣中午的时光；甚至可以通过相应 App，打开家里的摄像头，看看家里的宠物的动态，如图 2-1（e）所示。

下午：高效的物流快递员通知你在办公楼下签收早上发出的货物；计划要出差的你，在“美团”或“去哪儿”等 App 上完成订票、订酒店等一系列操作；朋友打电话，邀请你晚上去某某小店小聚（从未去过），朋友发来一个定位地址，你下班后便可利用智能手机导航前往[见图 2-1（f）]；或者通过微信等平台购买演唱会门票或者电影票。

夜晚：回到家里，语音助手可以帮你寻找想看的电视节目或者电影；扫地机器人帮助你打扫卫生；陪读机器人帮助你辅导孩子的功课；最后，你听着音乐进入梦乡。

上面所列举的与生活、工作相关的种种行为，对信息社会下的都市人再寻常不过了，大部分行为已经成为人们不可或缺的部分，智能化让生活、工作更为便捷和舒适。

二、智能化催生人们的“定制生活”

信息化和智能化的迅猛发展，催生了个性化需求时代，也催生了新的消费时代。互联网改变了过去信息单向流通的模式，实现了信息的双向及多向流通。这种模式改变了传统的制造、营销、运输、物流和服务生态系统，每个人都可以成为生产者。越来越多的企业通过互联网、移动互联网改变人们的消费体验，培养用户的消费习惯。这些企业借助互联网和移动互联网，能使消费者接触更丰富的商品种类，激发其潜在的消费需求，从而拉动消费增长。

信息化和智能化新技术包括全球宽带、3D互联网技术、增强现实（AR）、虚拟现实（VR）和智能制造等，可以帮助消费者随时随地进行虚拟购物，在网络世界中体验畅快淋漓的购物乐趣。同时，它们可以方便、快捷地为客户提交有针对性、个性化的产品需求，并及时将个性化订单传递到生产车间。这样，技术创新与产品设计研发的重要性日益凸显，高端智能解决方案与定制化服务将成为新的经济增长引擎。

三、信息对称使数字经济高速增长

互联网的兴起，逐步拉近了人与人之间的“距离”，整个世界也逐渐变成了“地球村”，信息流动加速，信息对称[①]的程度越来越高。在互联网环境下，网络应用系统或网站的客户/用户数（更早是PC的互联网浏览数/点击量，即流量）规模就显得尤为重要，因此，以客户/用户数的经济价值为估值标准的流量经济[②]产生。流量经济强调，以传递价值为主的商业行为，提高效率是主题，如餐厅的前店；以创造价值为主的商业行为，创新是主题，如餐厅的厨房。企业需要通过“互联网+”手段吸引更多的流量，核心是挖掘其背后流量数据所产生

① 信息对称是指在市场经济条件下，要实现公平交易，交易双方掌握的信息必须相同。

② 流量经济指一个区域以相应的平台和条件，吸引区外的物资、资金、人才、技术、信息等资源要素向区内集聚，通过各种资源要素的重组、整合来促进和带动相关产业的发展，并将形成和扩大的经济能量、能极向周边地区乃至更远的地区辐射。

的价值，这就特别需要企业具备在数据获取、积累及数据分析上的能力。企业早期对流量的关注，慢慢转为对流量产生的数据的关注，数字经济价值将更加受到人们的关注，未来的企业都将成为数据价值挖掘的企业。

例如，BigQuery 是 Google 公司推出的云数据分析引擎，开发者可以使用 Google 公司的架构来运行 SQL 语句对超大的数据库进行操作。它的最大特点就是允许用户上传超大量的数据，并通过其直接进行交互式分析，从而不必投资建立自己的数据中心，减少了客户的硬件投入。相反，BigQuery 为谷歌公司引来了数十亿的用户数据，形成庞大的数据流量，为谷歌公司组建“谷歌广告联盟”打下坚实的基础。与之类似的还有谷歌公司的 Android 生态系统、微软公司的 Windows 10 生态系统、亚马逊公司的亚马逊网络服务（AWS）、阿里巴巴公司的阿里云，以及云上贵州和华为云等。

第二节 行业信息化的发展现状

信息化建设正改变着人们的生活方式、工作方式、消费习惯及经济运作模式。这样的变化，是随着包括农业、工业、服务业等在内的生产、管理等各个环节广泛应用信息技术，大力开发和利用信息资源，建立各种类型的行业信息库和应用平台而出现的。

在电信、金融、能源、制造等信息化程度高的行业，企业信息系统已经形成规模庞大的体系，这些行业的运营管理高度依赖于企业信息系统。可以说，行业信息化的深入发展，给人们带来了更加方便、快捷、舒适的生活和工作环境。

一、企业信息系统结构设计的变迁

企业信息系统泛指用于企业的各种信息系统。管理信息系统或决策支持系统、专家系统、各种泛 ERP 系统或客户关系管理、人力资源管理等专职化系统，都是企业信息系统。

企业信息系统是一个由人、计算机及其他外围设备等组成的能进行信息的收集、传递、存储、加工、维护和使用的系统。它的主要任务是最大限度地利用现代计算机及网络通信技术加强企业的信息管理，通过对企业拥有的人力、物力、财力、设备、技术等资源的调查了解，收集正确的数据，加工处理并编制成各种信息资料，及时提供给管理人员，以便进行正确的决策，不断提高企业的管理水平和经济效益。按软件系统结构的不同，企业信息系统分为客户/服务器模式和浏览器/服务器模式。

1. 客户/服务器模式

客户/服务器模式（Client/Server 模式，又称 C/S 模式）是企业信息系统最早的设计模式，如图 2-2（a）所示。客户端需要安装专用的客户端软件，服务器通常采用高性能的 PC、工作站或小型机，并部署大型数据库系统，如 Oracle、Sybase、Informix 或 SQL Server 等，用于管理数据。优点：C/S 模式充分发挥客户端的处理能力，响应速度快；适用于局域网，安全性高；应用程序与数据分离，系统稳定、灵活。缺点：客户端软件针对不同的操作系统需要开发不同版本的软件；只适用于局域网；系统维护和升级成本非常高（首先，整个系统范围内的每台客户机都需要安装客户端软件。其次，系统内的任何一台计算机出现如病毒和硬件损坏等问题，都需要重新安装客户端软件和维护。如果软件需要升级，则每台客户机都需要重新安装）。

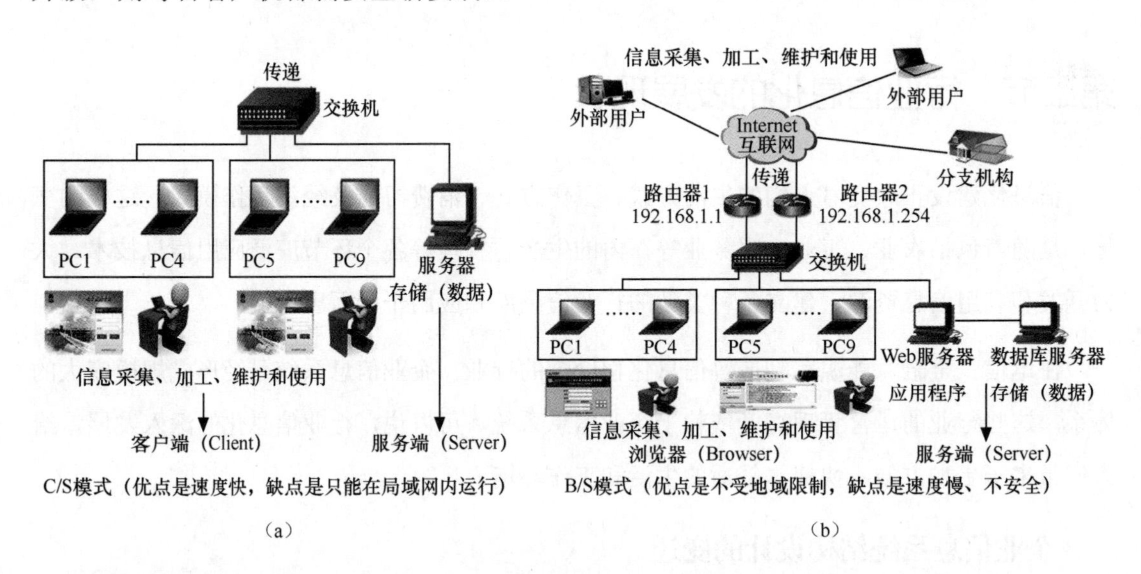

图 2-2 C/S 模式和 B/S 模式的比较

2. 浏览器/服务器模式

浏览器/服务器模式（Browser/Server 模式，又称 B/S 模式）在互联网飞速发展、移动办公和分布式办公越来越普及的环境下产生，如图 2-2（b）所示。B/S 模式促使应用系统具有可扩展性，能实现不同人员在不同地点、以不同的接入方式访问和操作共同的数据。B/S 模式对 C/S 模式进行了扩展，用户界面通过浏览器实现，它是基于应用层协议 HTTP 的 Web 应用系统，整个系统建立在广域网之上。

Web 服务器里存放应用程序、图片、视频等，数据库服务器依托数据库管理软件管理大量的数据、图片、视频等文件的超链接。用户可通过 WWW 浏览器获取互联网的数据、图片、视频等信息。一般地，除了浏览器外，客户端无须再安装其他任何用户程序。客户端浏览器只需将文件从 Web 服务器下载到本地再执行即可，在下载过程中若接收到数据库相关的指令，则 Web 服务器将其交给数据库服务器执行，执行后返回给 Web 服务器，Web 服务器再返回给用户。B/S 模式具有开放性好、可扩展性好、维护和升级简单、用户使用方便等优点，现已成为企业信息系统结构设计的主流模式。

二、行业信息化建设整体规划五要素

行业信息化建设的整体规划涉及 5 个要素，分别是人、硬件、软件、数据和处理规程。

1. 人

人是各种社会活动的核心，信息化建设也不例外。在行业信息化建设过程中，人所组建的信息化建设组织机构在单位中所处的行政地位可分为 3 类，即为特定部门服务的部门、独立的信息部门和以信息部门为中心的部门，如图 2-3 所示。

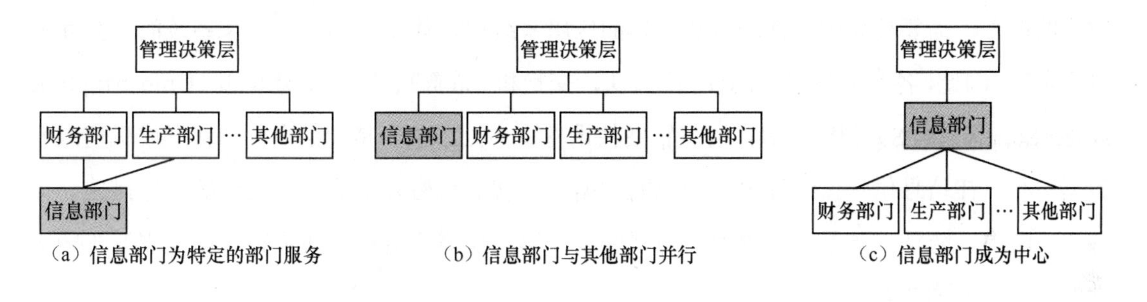

图 2-3 信息化建设组织机构的分类

单从行政组织机构来看，信息化建设的第一层次是在单位中抽调或新聘部分员工，组建一个信息化建设团队，专为单位下设的某些部门信息化建设提供技术支持和服务，这样的组织形式不能形成单位的信息共享机制；第二层次是单位下设独立的信息部门，与其他部门平行，如某单位的网络中心、信息中心等，这样的组织形式能实现单位中的部分信息共享；第三层次是以信息部门为中心，也是最高级的信息化建设组织机构形式，即信息部门是位于单位最高管理决策层之下、其他所有部门之上的中心部门，这样的组织形式能真正地实现单位的信息共享，消除信息壁垒。

信息部门的内部主要分为系统开发和系统运行两个分支机构。从众多单位现有的实际情况来看，业务单位的系统开发往往外包给专门从事应用系统开发、集成的企业来完成。业务单位的信息部门重点完成系统的运维。具体的工作人员可分为系统主管人员、系统管理员（网络系统管理员与信息系统管理员）、程序员、数据录入人员、数据校验人员等。

系统主管人员组织各方面人员协调一致地完成系统所担负的信息处理任务，并掌控全局，保证信息系统结构的完整，确定系统改善或扩充的方向。服务器是网络应用系统的核心，由系统管理员专门负责管理。系统管理员主要分为网络系统管理员和信息系统管理员。网络系统管理员主要负责整个网络的网络设备和服务器系统的设计、安装、配置、管理和维护工作，为内部网络的安全运行做好技术保障；信息系统管理员则负责具体信息系统的日常管理和维护工作，具有信息系统的最高管理权限，如角色管理、用户管理和权限管理。程序员完成系统的修改、完善及扩充，为满足使用者的具体需求而编写相应程序。数据录入人员的职责是把数据准确地送入计算机。数据校验人员保证进入信息系统的数据能正确地反映单位的客观事实。

2. 硬件、软件和数据

C/S 模式将客户端和服务端分离，B/S 模式进一步实现客户端、应用程序和数据的分离。最终，信息化建设重点围绕应用程序的开发和数据的管理而进行，具体的信息处理工作由 Web 应用服务器、数据库服务器和负载均衡设备等承担。这些服务器和设备形成企业信息化建设的核心，需要较高的硬件配置和良好的应用系统用户体验，还涉及整个系统的安全和网络安全等。因此，各类服务器连同硬件防火墙、交换机、杀毒软件、不间断电源（Uninterruptible Power Supply，UPS）和空调等，这些软硬件设备集中处于某个特定的房间，就形成机房或者数据中心。在信息化建设过程中，企业的数据中心就显得格外重要，需要做好安保措施，如防火、防水、防雷、防鼠、防辐射和防黑客攻击等，还需要避免地质灾害（如地震）等毁灭性的破坏，如图 2-4 所示。

以硅材料为主制造的硬件设备，处于常温（26℃）下才能发挥其最优的性能。因此，数据中心需要利用空调调节室内温度，室外和室内温差过大，都会导致空调用电量增加，最终导致运行成本增加。为了降低运行成本，人们还可以借助山体海拔层差形成的气压流来调节室内温度。

根据数据中心的特殊要求，贵州省贵阳市、贵安新区建设数据中心具有如下先天优势：①气候凉爽、空气清新；②电力资源充沛；③多山；④远离地震带。

现阶段，部分中小型企业为了降低信息化建设成本，或者在政府政策的引导下，开始将数据中心移入“云上贵州”或“阿里云”等平台。

数据要素是企业关注的重点，也是本读本重点阐述的核心问题，将在第三讲阐述。

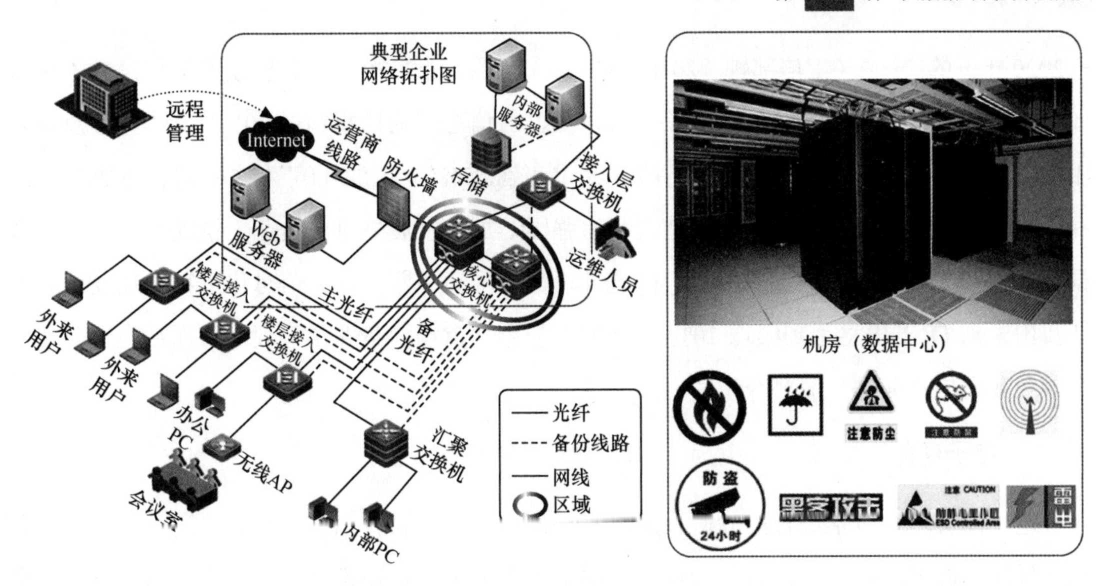

图 2-4　企业数据中心示意图

3. 处理规程

《孟子》的《离娄章句上》说："不以规矩，不能成方圆。"企业信息系统整体的正常运行和安全需要有一套完整的运行制度来保障，2017 年 6 月 1 日起实施的《中华人民共和国网络安全法》就是法律层面上的规章制度。

运行制度包括数据中心管理制度、技术档案管理制度、信息系统维护制度、信息系统运行操作规程、信息系统修改规程、运作日志和学习培训等。系统正常运行涉及硬件维护、定期预防性维护、突发性故障维护、软件维护、正确性维护、适应性维护、完善性维护和数据维护等。系统安全涉及硬件实体安全、软件安全、数据安全和运行安全。实体安全指系统设备及相关设施运行正常，系统服务适时；软件安全指操作系统、数据库管理系统、网络软件、应用软件等软件及相关资料的完整性；数据安全指系统拥有的和产生的数据或信息的完整、有效、使用合法，不被破坏或泄露；运行安全指系统资源和信息资源使用合法。

三、行业信息化建设

目前，我国企业用户对信息技术的需求已经由基于信息系统基础构建转变成基于自身业务发展的需要。各行业基于其自身行业特点开发的应用软件、连接应用软件和底层操作软件中间件、跨行业管理软件，以及基于现有系统的专业化服务呈现出旺盛的需求。2013—2016 年，中国的 IT 支出持续增长，其中的企业软件支出也保持了良好的增长态势。根据工信部于 2017 年 1 月 17 日发布的《工业和信息化部关于印发软件和信息技术服务业发展规划（2016

—2020年）的通知》（工信部规〔2016〕425号），预计到2020年，我国软件和信息技术服务业务收入将突破8万亿元，年均增长13%以上，占信息产业比重超过30%，其中，信息技术服务收入占软件和信息技术服务业务收入比重达到55%。“工业4.0”和《中国制造2025》的提出，以及党的十九大强调“加快建设制造强国，加快发展先进制造业，推动互联网、大数据、人工智能和实体经济深度融合”的方针，都将推动中国制造业信息化进程快速发展。预计我国未来IT支出将达到年均10%~15%的增长率，市场前景非常可观。下面从电子商务、金融业和电信行业进行简要介绍。

1. 电子商务

电子商务产业包括综合电商、社区电商、跨境电商、农村电商、行业电商、大宗商品和返利导航。经过多年发展，目前规模较大的电子商务平台企业纷纷开始构建生态系统，平台为商家和消费者提供交易、支付、物流等各方面全周期的支持与服务，各大平台与平台商家之间的依存关系越来越紧密，阿里系、腾讯系、百度系、京东系等主体均取得了显著的规模效益。2017年又出现一匹黑马——“拼多多”。

据商务部统计数据，2012—2016年，我国网络购物用户规模从2.42亿增长至4.67亿，增长近一倍。电子商务交易额从8.1万亿元增长至26.1万亿元，年均增长34%。其中，网络零售交易额从1.31万亿元增长至5.16万亿元，年均增长40%，对社会消费品零售总额增加值的贡献率从17%增长至30%。电子商务发展直接和间接带动的就业人数从1500万人增长至3700万人。据国家统计局电子商务交易平台调查，2017年全国电子商务交易额达29.16万亿元，同比增长11.7%。其中，商品、服务类电商交易额达21.83万亿元，同比增长24.0%。2017年“双十一”期间，全网20家平台实时销售数据显示，全网总销售额是2539.7亿元。其中，阿里巴巴、京东、苏宁易购和首次参加“双十一”的唯品会交易总额占全网“双十一”成交额的95.3%，其余电商只有不到4.7%的市场份额。

电子商务深度融合物联网和社交购物，正朝着移动化、平台化、精准化营销和个性化服务等方向发展。

2. 金融业

金融作为现代经济的核心，是国民经济各行业中信息化应用最密集、应用水平最高的行业之一。金融信息化水平已经成为国家现代化水平的重要标志之一，金融信息化建设得到了世界各国的高度重视。目前，我国金融机构已经基本实现了利用信息技术对传统运营流程进行改造或重构，实现经营、管理的全面电子化。从金融整个行业来看，银行的信息化建设一直处于业内领先水平，不仅具有国际领先的金融信息技术平台，还建成了由自助银行、电话银行、手机银行和网上银行构成的电子银行立体服务体系，也形成了“门户、网银、电商、金融产品超市”的金融电商创新服务模式。

近年来，以互联网金融为代表的金融创新蓬勃发展，正推动着金融行业进一步快速发展和变革。互联网金融是传统金融机构与互联网企业利用互联网技术和信息通信技术实现资金融通、支付、投资和信息中介服务的新型金融业务模式，如阿里巴巴公司蚂蚁金服的支付宝、腾讯公司的微信支付和苏宁云商的易付宝等。互联网与金融深度融合是大势所趋，将对金融产品、业务、组织和服务等方面产生更加深刻的影响。在金融机构“互联网+”的浪潮中，消费金融细分行业的竞争尤为激烈。各大电商、互联网巨头都积极布局，通过切入行业细分领域，围绕产业链上下游，加速构建“消费场景生态”，力图在40万亿元的消费金融市场中占据一席之地。互联网企业利用其在数据挖掘、数据分析方面的优势，以消费者为中心，构建新型的产品和渠道连接消费者和产品提供商，对传统金融行业形成了挑战。为保持和加强市场竞争力，更好地服务消费者，传统金融机构也加速互联网布局和投资。可以预见的是，传统金融行业互联网化的需求和数据驱动的需求将进一步推动这一细分领域互联网服务提供商的发展。

3. 电信行业

电信行业是技术密集性行业，是国民经济的基础行业、战略行业和先导性行业，是我国信息化程度和信息化技术水平最高的行业之一。电信运营商主要通过规划、建设、管理和运营电信网络，向用户提供各种各样的通信和信息服务。随着电信行业业务的发展和市场竞争的加剧，各运营商不断调整企业的信息化战略，将不断创新产品、拓展新业务、运用新技术等作为工作重点，确保在竞争激烈的市场中巩固既有市场份额并抢占新的领域。

同时，移动互联网从2G、3G、4G发展至5G技术，用户对业务的使用需求正在发生快速变化，用户数据和业务数据都出现大规模增长，OTT[①] 等业务开始蚕食运营商的传统业务。面对外部市场环境变化和内部业务发展带来的压力，电信运营商需要从传统“话务经营”的规模经济模式，转向“流量经营”等电信增值服务的经济模式，相关产品和服务包括短信、数据、电子邮箱、可视图文等。

流量经营的根本目标是以智能管道和聚合平台为基础，通过移动网络流量的差异化管理，

---

① OTT（Over The Top）指互联网公司越过运营商，发展基于开放互联网的各种视频及数据服务业务。

提升网络资源的利用效率，引导用户流量消费习惯，提升流量价值，增加流量收入。要实现流量经营的目标，需要利用新的数据处理技术，对客户需求和行为习惯进行快速和全面分析，有针对性地为用户推送营销信息，实现从用户、网络、业务、终端等多个维度指导运营商的营销策略和产品组合销售，提升运营商个性化营销支撑能力。

第三节　信息化建设面临的瓶颈

行业信息化建设越深入、参与的人群规模越庞大，积累的历史数据就越多，这便使信息技术面临四大急需突破的瓶颈。

一、互联网上的一分钟

在现实世界里的一分钟，一个人能做些什么呢？其实，我们能做的十分有限，可能只是刚刚拿出手机，也可能是刚刚迈出脚步。但是，互联网上的一分钟会发生很多惊人的事情，积累总量惊人的数据。

据数据聚合商 Domo 报道：2015 年“双十一”期间，支付宝共完成 7.1 亿笔支付，平均每分钟完成 493055 笔交易，而淘宝当天的活跃用户数超过 1 亿，平均每分钟的活跃用户超过 69444 个；亚马逊网站平均每分钟会有 4310 人访问；Uber 平均每分钟能获得 694 个订单；苹果用户平均每分钟会下载 51000 个应用；YouTube 用户平均每分钟会上传 300 个小时的新视频；Netflix 用户平均每分钟会观看 77160 个小时的视频；微信红包一天的收发量是 22 亿个，平均每分钟红包收发量是 1527777 个；Google 每分钟的搜索量可达 278 万次；Facebook 每分钟获得用户 4166667 次点赞；Twitter 用户每分钟可以发布 347222 条推文；Snapchat 用户每分钟会发布 284722 张照片；Instagram 用户每分钟会发布 123060 张照片。

互联网数据中心（IDC）的研究报告显示，全世界仅互联网每过一分钟就有 7.5PB 的数据产生。

二、急需突破的四大瓶颈

互联网集聚庞大的用户群，数据量不断增大，产品运营、数据分析的需求越来越多。至此，海量待处理的历史数据、复杂的数学统计和分析、数据之间的强关联性，以及频繁的数据更新，产生的重新评估等需求越来越多。这就要求底层的数据支撑平台具备强大的通信（数据流动和交换）能力、存储（数据保有）能力及计算（数据处理）能力，从而保证海量的用户访问、高效的数据采集和处理、多模式数据的准确实时共享，以及面对需求变化的快速响应。因此，信息技术正面临四大急需突破的瓶颈，它们分别是计算瓶颈、存储瓶颈、网络瓶颈和数据库瓶颈。

1. 计算瓶颈

计算机的发展史，很大一部分是计算机处理器的发展史。处理器技术决定了计算机的计算能力和升级换代的发展速度，每一代新的处理器技术都会催生一代新型计算机的诞生，使数字技术扩展到一些新的应用领域。然而，现在人们获取与制造信息的速度呈现爆炸式的增长，现代人类几天产生的信息量，大概与从人类诞生到2000年产生的信息量相当，这对计算机的计算能力提出了新的挑战。

为了适应信息化建设的需求和处理庞大用户群的计算请求，围绕计算能力从以硬件为中心的并行计算，以及以软件为中心的集群计算和网格计算得到发展。但是，这些技术缺乏统一的技术标准，尤其是接口标准，各厂商在开发各自产品和服务的过程中各自为政，这为将来不同服务之间互连互通的实现带来了严峻挑战。

2. 存储瓶颈

当前，存储技术从以主机为中心的存储结构向网络存储系统发展。但是，电子商务、数字新闻、社交、传感设备、仿真、互联网金融和多媒体等大量数据的持续、快速增长，对存储设备容量和数据安全提出了更高的要求。尤其在数据存储方面，不仅数据存储容量呈指数增长，而且对存储设备的性能、可扩展性、安全性及可管理性等诸多方面有进一步的要求，如超大规模存储、版权风险、个人隐私和数据安全等。如何满足数据量突飞猛进的存储需求，采取什么技术来突破当前存在的存储服务的瓶颈，仍然是我们需要面对和必须解决的难题。

3. 网络瓶颈

在高度信息化的社会，网络通信已然是现代社会的命脉，是智能系统的传输中枢。广泛的信息数据流通促进了社会成员之间的合作，推动了社会生产力的发展，创造了巨大的经济收益。但是，我们在看到它的优点的同时，不能忽视因计算机硬件配置问题、防火墙的局限性、计算机病毒、黑客攻击和网络地址枯竭等因素而产生的网络安全问题，因为这会使通信数据在传输的过程中被窃取或篡改，甚至会导致网络系统崩溃。

4. 数据库瓶颈

数据的存储容量（存储硬件）类似于图书馆楼房的大小，而数据的有效组织形式（存储软件或数据库）类似于图书馆里图书的索引方法。有了大量的藏书，还需要一个很好的索引系统，这样才能在很短的时间范围内找到想查阅的图书，数据库就扮演了图书索引系统的功能。

数据库技术主要研究如何安全高效地管理大量、持久、共享的数据。在新形势下，数据库不仅需要管理数字和文字等数据，同时还需要管理图片、视频、音频等多样化的数据。处理数据的方法越来越复杂，以及数据量越来越巨大是当前数据库面临的重要挑战，急需在传统的数据库管理系统（DataBase Management System，DBMS，如 Oracle、SQL Server、Access）中增加对复杂数据类型的存储和管理功能。

当前，在数据库架构上，需要研究的问题是将新的数据管理结构移植到传统的架构上，还是重新思考 DBMS 基本构架。在实际应用领域中，互联网下的所有应用已经从企业内部扩展为跨企业间的应用，需要 DBMS 对信息安全和信息集成提供更有力的保障和支持，这也对 DBMS 研究团体提出了新的挑战。在相关技术的发展方面，多样化数据管理的挑战，使传统的 DBMS 技术面临着巨大变化，这些变化要求我们对传统数据库的存储管理和查询处理算法需要重新加以评估。另外，处理器高速缓存的性能有了爆炸性增长，并且增加了层级，这就要求 DBMS 能够利用高速缓存来改进现有算法。

由于现在出现了许多影响信息存储与管理的新应用、新技术，因此我们需要构建一个全新的信息管理架构，重新考虑信息存储、组织、管理和访问等诸多问题。

第四节　大数据时代的来临

近年来，信息技术瓶颈的突破或缓解、大量人群的参与、大量传感器的使用，以及行业信息化建设的不断深入，为行业应用平台积累了庞大的流量（用户），进而积累了庞大的历史数据。政府、研究机构、企事业单位纷纷挖掘大量数据背后隐藏的价值，用于政府治理、科学研究和企业转型，成效显著、价值巨大，引起了社会各界的高度重视。

一、技术瓶颈的突破或缓解

1. 计算瓶颈方面

云计算作为一种新的技术已经得到了快速的发展，云计算已经彻底改变了人们的工作方式，也改变了传统软件企业，给企业带来了更多的商业机会。

2. 存储瓶颈方面

云存储是将存储资源放到“云”上供人们存取的一种新兴方案。使用者可以在任何时间、任何地点，通过任何可连网的装置连接到云上方便地存取数据。当云计算系统运算和处理的是大量数据时，云计算系统就需要配置大量的存储设备，那么云计算系统就转变成为一个云存储系统，所以云存储是一个以数据存储和管理为核心的云计算系统。

3. 网络瓶颈方面

网络技术从 IPv4 过渡到 IPv6，通信技术从 2G、3G、4G 升级到 5G，促使现代网络通信技术朝着网络全球化、宽带化、智能化、个人化、综合化方向发展。5G 技术和之前的技术相比，优势在于传输速率更高、覆盖面更广、可自动匹配网络类型等，有利于公共交流和数据共享。

4. 数据库瓶颈方面

NoSQL（Not Only SQL）非关系型数据库的兴起，很好地应对了大规模数据集合多种数据类型带来的挑战，尤其是解决了大量数据的存储、处理和应用难题。NoSQL 是一项革命性的数据库技术，它提倡运用非关系型的数据存储思想，相对于目前普遍使用的关系数据库技术，这一技术无疑是基于一种全新思维而提出的。具有代表性的 NoSQL 数据库有 Oracle BDB、HBase、CouchDB、MongoDB、SequoiaDB、InfoGrid、BigTable 和 Dynamo 等，其中，HBase 数据库是安全性较高的 NoSQL 数据库产品之一。

二、海量数据的产生

互联网数据中心（IDC）的研究报告显示，未来几年全球数据量每年的增长速度将超过 40%，2020 年全球数据量将达到 35ZB[①]，而且每过一分钟，全世界仅互联网就有 7.5PB 的数据量产生，各类信息数据产生了爆炸式的膨胀。

根据相关数据统计，淘宝网站每天有数千万笔交易，单日数据产生量超过 5 万 GB，数据存储量约 4000 万 GB，2017 年“双十一”的交易额达 1682 亿元。百度公司目前的数据总量接近 10 亿 GB，存储网页数量接近 1 万亿页，每天大约要处理 60 亿次搜索请求。2017 年，微信月活用户接近 10 亿人，春节期间微信全球月活用户首次突破 10 亿人大关，音视频通话

① 1PB=1024TB，1EB=1024PB，1ZB=1024EB，1YB=1024ZB。

总时长达到 175 亿分钟；微信公众号数量超过 2000 万个，社交微信红包月活用户已经超 8 亿人。Facebook（脸书）一天新增 32 亿条评论、3 亿张照片，信息量达 10TB。Twitter（推特）一天新增 2 亿条推文，约有 50 亿个单词，比《纽约时报》60 年的词汇总量还多一倍，信息量达 7TB。天网监控系统中的一个 8Mbit/s 摄像头产生的数据量是 3.6GB/小时，一个月积累的数据量可达 2.59TB，大部分城市的摄像头多达几十万个，一个月的数据量达到数百 PB，若需保存 3 个月，则数据存储量达 EB 量级。现在一个病人的 CT 影像往往多达 2000 幅，数据量达到几十 GB。中国大城市的医院每天门诊上万人，全国每年门诊人数更是以数十亿计，住院人次达到 2 亿人次。按照医疗行业的相关规定，一个患者的数据通常需要保留 50 年以上。500 米口径球面射电望远镜（FAST）的早期科学数据中心位于贵州师范大学宝山校区，目前已将单波束接收机换装为更先进的 19 波束接收机。19 波束接收机每天将产生原始数据约 500TB，处理后可压缩到 50TB，每年按照运行 200 天计，将产生约 10PB 的数据。

由此可见，每个行业领域每天都在不断地产生海量的数据，而这些数据则成为重要的生产要素，大数据时代已经到来。

小结

在信息技术的推动下，我们的工作、生活已经完全离不开互联网，我们已经变成“互联网动物”，在互联网上创造了属于自己的“第二人生”。技术瓶颈也在不断地被缓解和突破，处理庞大的数据已成为可能。同时，大流量产生的数据正在迅速膨胀，它决定着企业未来的发展方向。越来越多的政府、企事业单位等机构开始意识到数据正在成为最重要的资产，数据分析能力正在成为核心竞争力。基于事实与数据做出决策或者以数据驱动的思维方式，将推动社会产生巨大变革。

▶▶▶ 第三讲

大数据的发展现状

瑞士洛桑国际管理学院发布的2017年度《世界数字竞争力排名》显示，各国数字竞争力与其整体竞争力呈现出高度一致的态势，即数字竞争力很强的国家整体竞争力也很强，同时也更容易产生颠覆性创新。如果将数据视为一种生产资料，大数据将是下一个提高创新能力、竞争力、生产力的前沿，是信息时代新的财富，其价值堪比石油。大数据所能带来的巨大商业价值，被认为将引领一场足以与20世纪计算机革命匹敌的巨大变革。世界工业发达国家纷纷制定相关 政策，积极推动大数据相关技术的研发与落实。以美国、英国、法国和日本等为代表的发达国家或联合体已经高度重视大数据在促进经济发展和社会变革、提升国家或联合体整体竞争力等方面的重要作用，当前更把大数据视为重要的战略资源，大力抢抓大数据技术与产业发展先发优势，积极捍卫本国数据主权，力争在数字经济时代占得先机。

我国互联网、移动互联网用户规模居全球第一，拥有丰富的数据资源和应用市场优势，大数据部分关键技术研发取得突破，涌现出一批互联网创新企业和创新应用。为了抢占大数据发展先机，我国已制定大数据国家战略规划纲要，一些地方政府已启动大数据相关工作。坚持创新驱动发展，加快大数据部署，深化大数据应用，已成为稳增长、促改革、调结构、惠民生和推动政府治理能力现代化的内在需要和必然选择[①]。

第一节　大数据的发展历程

20 世纪末，随着数据挖掘理论和数据库技术的成熟，一些商业智能工具和知识管理技术开始被应用。21 世纪初，社交网络的流行导致大量非结构化数据出现，传统处理方法难以应对，人们开始重新思考数据处理系统、数据库架构，提出了并行计算和分布式系统。同时，随着智能手机的普遍应用，数据碎片化、分布式、流媒体特征更加明显，移动数据量急剧增长。

---

① 本讲部分内容和数据引自中国电子技术标准化研究院的《大数据标准化白皮书（2016）》和《大数据标准化白皮书（2018）》，引用的地方不再一一列出。

2008 年，部分计算机专家首次提出“大数据”这个概念，得到了美国政府的重视，如图 3-1 所示。美国计算社区联盟（Computing Community Consortium）发表了第一个有关大数据的“白皮书”《大数据计算：在商务、科学和社会领域创建革命性突破》，其中提出了大数据的核心作用：大数据真正重要的是寻找新用途和散发新见解，而非数据本身。

2009 年，美国政府启动政府数据下载网站，将政府的各种数据开放给公众，进一步打开了数据开放的大门。同年，欧洲各国将图书馆和科技研究所的数据信息开放给公众，将获取科学数据的渠道拓宽，使数据可以实现分享再利用。越来越多的国家开始学习并效仿。

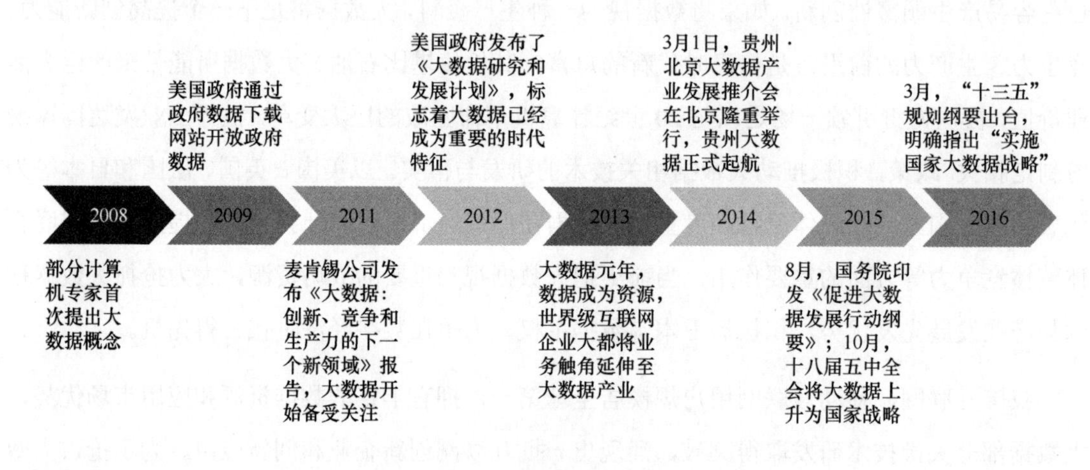

图 3-1　大数据发展时间轴

2011 年，麦肯锡全球研究院发布《大数据：创新、竞争和生产力的下一个新领域》报告，大数据开始备受关注。

2012 年，维克托·舍恩伯格《大数据时代：生活、工作与思维的大变革》宣传推广，大数据概念开始风靡全球。美国政府发布了《大数据研究和发展计划》，标志着大数据已经成为重要的时代特征。

2013 年是大数据元年，数据成为资源，世界级互联网企业大都将业务触角延伸至大数据产业。麦肯锡全球研究所发布了一份名为《颠覆性技术：技术改进生活、商业和全球经济》的研究报告，报告确认了未来 12 种新兴技术，大数据则是这些技术的基石。

2014 年，美国白宫发布研究报告《大数据：抓住机遇，守护价值》。报告鼓励使用数据推动社会进步。3 月，贵州·北京大数据产业发展推介会在北京隆重举行，贵州大数据正式起航。

2015 年，我国国务院发布《国务院关于印发促进大数据发展行动纲要的通知》；10 月，十八届五中全会将大数据上升为国家战略。

2016 年，我国“十三五”规划纲要出台，明确指出“实施国家大数据战略”。

第二节 国外政策

本节重点介绍美国、英国、法国、日本、印度和澳大利亚等国家或国际组织的大数据政策。

一、美国大数据政策

美国是率先将大数据从商业概念上升至国家战略的国家，在大数据技术研发、商业应用及保障国家安全等方面已建立领先全球的优势。美国政府认为目前大数据应用中最严峻的挑战是如何保护隐私，并且正在不断修改相关法律法规以加强隐私保护，重点内容是改进消费者隐私权法案、通过有关国家数据外泄的立法、保护非美籍人士隐私、规范在校学生数据的采集与使用、修正电子通信隐私法等。

2009 年 5 月，美国政府宣布实施“开放政府计划（Open Government Initiative)”，这项计划提出利用整体、开放的网络平台，公开政府信息、工作程序和决策过程，以鼓励公众交流和评估，增进政府信息的可及性，强化政府责任，提高政府效率，增进与企业及各级政府间的合作，推动政府管理向开放、协同、合作迈进。联邦政府同时开通了旗舰级项目“一站式”政府数据下载网站，只要不涉及隐私和国家安全的相关数据，均需全部在该网站公开发布。政府数据下载网站的上线意味着美国政府数据仓库的正式建立，标志着美国政府信息进一步公开与透明。

2012 年 3 月，美国白宫科技政策办公室发布《大数据研究和发展计划》，标志着大数据已经成为重要的时代特征。美国政府成立了“大数据高级指导小组”，旨在大力提升美国从海量复杂的数据集合中获取知识和洞见的能力，具体实现如下 3 个目标：①开发能对大量数据进行收集、存储、维护、管理、分析和共享的最先进的核心技术；②利用这些技术加快科学和工程学领域探索发现的步伐，加强国家安全，转变现有的教学方式；③扩大从事大数据技术开发和应用的人员数量。

2013 年 11 月，美国信息技术与创新基金会发布《支持数据驱动型创新的技术与政策》，建议世界各国的政策制定者采取措施，鼓励公共部门和私营部门开展数据驱动型创新；指出“数据驱动型创新”作为崭新命题，所面临的包括新概念、新技术的挑战；并就政府如何支持数据型驱动的创新提出了建议（一是政府应大力培养所需的有技能的劳动力；二是政府要推动数据相关技术的研发）。

2014 年 5 月，美国总统行政办公室发布《大数据：把握机遇，保存价值》，对美国大数据应用与管理的现状、政策框架和改进建议进行了集中阐述；并就保护个人隐私的价值、数字时代负责任的教育创新、大数据与歧视、执法与安全保护、数据公共资源化提出建议。同年 5 月 1 日，美国白宫发布了《美国白宫：2014 年全球“大数据”白皮书》，阐述了大数据带来的机遇与挑战。该“白皮书”列举了奥巴马政府关于公开数据的举措，包括政府公开数据计划、“我的大数据”计划等。该计划具体包括“蓝纽扣”计划、“创建副本”计划、“绿纽扣”计划和“我的学生数据”计划。

2016 年 5 月，美国总统科技顾问委员会发布了 NITRD 编写的《联邦大数据研究和开发战略计划》，该计划围绕大数据研究和开发（R&D）的关键领域，提出美国下一步的大数据七大发展战略，包括在科学、医学和安全的各个方面促进人们的理解；确保国家在研发上的持续领导；提高国家应对社会压力的能力，以及通过研究和开发面向国家与世界的环境问题。

特朗普就任美国总统后，对大数据应用及其产业发展持续关注，并督促相关部门实施大数据重大项目，构建并开放高质量数据库，强化 5G、物联网和高速宽带互联网等大数据基础设施，促进数字贸易和跨境数据流动等。2017 年 4 月，美国能源部与退伍军人事务部联合发起“百万退伍军人项目（MVP）”，希望借助机器学习技术分析海量数据，以改善退伍军人的健康状况。2017 年 9 月，美国医疗保健研究与质量局发布美国首个可公开使用的数据库，其中包括全美 600 多个卫生系统。白宫科技政策办公室一直积极与他国展开合作，以预防数字经济监管障碍、促进信息流动和反对数字本地化等。

二、英国大数据政策

大数据发展初期，英国在借鉴美国经验和做法的基础上，充分结合本国特点和需求，加大大数据研发投入、强化顶层设计，聚焦部分应用领域进行重点突破。英国特别重视大数据对经济增长的拉动作用，先后发布《数字战略 2017》和《工业战略：建设适应未来的英国》等，希望到 2025 年数字经济对本国经济总量的贡献值可达 2000 亿英镑，积极应对脱欧可能带来的经济增速放缓的挑战。

2012 年，英国将大数据列为八大前瞻性技术领域之首，一次性投入 1.89 亿英镑用于相关科研与创新，在八大领域投入总额中占比高达 38.6%，远超其余 7 个领域。随后，英国将全方位构建数据能力上升为国家战略，并于 2013 年发布《把握数据带来的机遇：英国数据能力战略规划》，提出人力资本（研发人才与善于运用数据的民众）、基础设施和软硬件开发能力，以及丰富开放的数据资产是发展大数据的核心，事关能否在未来竞争中占据领先优势。该战略同时提出了 11 项具体行动部署，短短两三年便释放出巨大的数字潜力。从 2010 年至 2015 年，数字经济对英国经济增加值的贡献增长了 21.7%，超过了同期经济增加值增长率的 17.4%，2015 年数字经济规模为 1180 亿英镑，在经济增加值中的占比超过了 7%，其中数字商品和服务出口总值超过 500 亿英镑。

为了从数据中挖掘出更大的价值，创造并维护一个能够保持更多收益和增长的经济体系，同时让全社会都能从中收益，英国政府在 2017 年 3 月提出了新时期发展数字经济的顶层设计《数字战略 2017》。新战略提出七大目标及相应举措，特别是对各个目标都提出了更高标准的要求：一是打造世界一流的数字基础设施；二是使每个人都能获得所需的数字技能；三是成为最适合数字企业创业和成长的国家；四是推动每一个企业顺利实现数字化、智能化转型；五是拥有最安全的网络环境；六是塑造平台型政府，为公众提供最优质的数字公共服务；七是充分释放各类数据潜能的同时解决好隐私和伦理等问题。

2017 年 11 月，英国向全社会发布《工业战略：建设适应未来的英国》“白皮书”，强调英国应积极应对人工智能和大数据、绿色增长、老龄化社会及未来移动性等四大挑战，呼吁各方紧密合作，促进新技术研发与应用，以确保英国始终走在未来发展前沿，实现本轮技术变革的经济和社会效益最大化。为此，2018 年 4 月底，英国专门发布《工业战略：人工智能》报告，立足引领全球人工智能和大数据发展，从鼓励创新、培养和集聚人才、升级基础设施、优化营商环境，以及促进区域均衡发展等五大维度，提出一系列实实在在的举措。

三、法国大数据政策

2011 年 7 月，法国工业部长埃里克贝松宣布，启动“Open Data Proxima Mobile”项目，希望通过该项目实现公共数据在移动终端上的使用，从而最大限度地挖掘它们的应用价值。项目内容涉及交通、文化、旅游和环境等领域。

2011 年 12 月，法国政府推出的公开信息线上共享平台，上线当天发布的第一批资源就包含 352000 组数据，且网站的数据由每个政府部门的专员统计、收集、持续更新。

2013 年 2 月，法国政府发布《数字化路线图》，明确了大数据是未来要大力支持的战略性高新技术。政府将以新兴企业、软件制造商、工程师、信息系统设计师等为目标，开展一系列的投资计划，旨在通过发展创新性解决方案，并将其用于实践，来促进法国在大数据领域的发展。

2013年4月，法国经济、财政和工业部宣布将投入1150万欧元用于支持7个未来投资项目。2013年7月，法国中小企业、创新和数字经济部发布了《法国政府大数据五项支持计划》，包括引进数据科学家教育项目；设立一个技术中心，给予新兴企业各类数据库和网络文档存取权；通过为大数据设立原始扶持资金，促进创新；在交通、医疗卫生等纵向行业领域设立大数据旗舰项目；为大数据应用建立良好的生态环境，如在法国和欧盟层面建立用于交流的各类社会网络等。

四、日本大数据政策

日本将大数据作为ICT[①]战略重点，开发大数据应用。2012年6月，日本IT战略本部发布电子政务开放数据战略草案，迈出了政府数据公开的关键性一步。政府将利用信息公开标准化技术实现统计信息、测量信息、灾害信息等公共信息，并尽快在网络上实现行政信息全部公开并可被重复使用。

2012年7月，日本推出了《面向2020年的ICT综合战略》，提出“活跃在ICT领域的日本”的目标，重点关注大数据应用，战略聚焦大数据应用所需的社会化媒体等智能技术开发，传统产业IT创新，以及在新医疗技术开发、缓解交通拥堵等公共领域的应用。

2013年6月，日本政府再次颁布新战略“创建最尖端IT国家”，阐述了2013—2020年间以开放公共数据和大数据为核心，在日本建成“世界最高水准、广泛运用信息产业技术社会”的目标。“创建最尖端IT国家”战略的要点包括：向民间开放公共数据；促进大数据广泛使用；使用IT技术实现农业及其周边相关产业的高水平化；构筑医疗信息连接网络；使用IT技术对社会基础设施进行维护管理；改革国家及地方的行政信息系统等。

2015年6月，日本政府经内阁会议决定了2014版《制造业白皮书》。“白皮书”指出，日本制造业在积极发挥IT作用方面落后于欧美，建议转型为利用大数据的“下一代”制造业。

2017年10月，日本公正交易委员会竞争政策研究中心发布了《数据与竞争政策研究报告书》。在这部报告书中，日本明确了运用竞争法对“数据垄断”行为进行规制的主要原则和判断标准。

① ICT是信息、通信和技术3个英文单词的词头组合（Information Communications Technology）。

五、印度大数据政策

2012 年，印度批准了国家数据共享和开放政策，目的是促进政府拥有的数据和信息的共享及使用。印度制定了一个一站式政府数据门户网站，把政府收集的所有非涉密数据集中起来，包括全国的人口、经济和社会信息。同时，印度政府还拟定一个非共享数据清单，保护国家安全、隐私、机密、商业秘密和知识产权等数据的安全。

2013 年 1 月，印度政府公布新的科技创新政策。新政策既着眼于形成新的创新视角，又提出了到 2020 年跻身全球五大科技强国的目标。新政策强调印度将加强科学、技术与创新之间的协同，使之全方位融入社会经济进程。印度政府还将 2010—2020 年作为“创新 10 年”，并组建了国家创新委员会。

六、澳大利亚大数据政策

2012 年 10 月，澳大利亚政府发布《澳大利亚公共服务信息与通信技术战略（2012—2015）》，强调应增强政府机构的数据分析能力，从而促进更好的服务传递和更科学的政策制定，并将制定一份大数据战略确定为战略执行计划之一。

2013 年 8 月，澳大利亚政府信息管理办公室（AGIMO）大数据工作组发布了《公共服务大数据战略》，以 6 条“大数据原则”为指导，旨在推动公共部门利用大数据分析进行服务改革，制定更好的公共政策，保护公民隐私，使澳大利亚在该领域跻身全球领先水平。

2016 年 5 月，澳大利亚信息专员办公室（OAIC）发布了《大数据指南和澳大利亚隐私原则》的草案，草案概述了关键的隐私要求，并鼓励实施隐私管理框架，采用这种方法将在设计初始阶段就考虑把“数据的隐私”嵌入到实体文化、系统和交互中。

七、韩国大数据政策

多年来，韩国的智能终端普及率及移动互联网接入速度一直位居世界前列，这使其数据产出量也位于世界前列。为充分利用这一天然优势，韩国很早就制定了大数据发展战略，并力促大数据担当经济增长的引擎。

2013 年 12 月，韩国多部门便联合发布“大数据产业发展战略”，将发展重点集中在大数据基础设施建设和大数据市场创造上。2015 年初，韩国给出全球进入大数据 2.0 时代的重大判断，大数据技术日趋精细，专业服务日益多样，数据收益化和促进商业模式创新是未来大数据的主要发展趋势。基于此，在同年发布的《K-ICT》战略中，韩国将大数据产业定义为九大战略性产业之一，目标是到2019年使韩国跻身世界大数据三大强国。韩国还非常注重对他国经验的借鉴，2015年5月，中国发布《大数据发展调查报告》后，韩国专门对中国与韩国大数据应用情况进行了比较分析，并聚焦韩国大数据应用水平与大数据市场不协调的问题，提出了一系列新举措。

全球第四次工业革命浪潮的到来，倒逼韩国重新审视本国智能制造和信息技术的发展，韩国政府于2016年底提出《智能信息社会中长期综合对策》，将大数据及其相关技术界定为智能信息社会的核心要素，并提出具体的发展目标与举措。

八、其他国际组织的大数据政策

（1）联合国与科技企业共建联合实验室，推动利用大数据技术解决全球性问题。2014年5月14日，联合国秘书长潘基文倡议“联合国全球脉动”，发起“大数据应对气候挑战”，推动利用大数据技术和分析手段，针对全球气候变暖问题提出创新办法，并将其中的两个项目“提供森林实时信息的监控系统”和“为哥伦比亚农民推广气候智能型农业的工具”列入联合国秘书长2014年气候峰会。2014年8月，联合国开发计划署首次携手科技企业共建大数据联合实验室。大数据联合实验室利用大数据技术和全球发展经验，在环境保护、医疗与疾病预防、教育、扶贫等诸多领域进行深入的研究分析，推动大数据解决全球问题，促进可持续发展。

（2）多国联盟制订开放数据行动方案。2013年，“开放政府联盟（OGP）”的8个成员国（美国、英国、法国、德国、意大利、加拿大、日本及俄罗斯）签署《开放数据宪章》，承诺在2013年底前，制订开放数据行动方案，最迟在2015年末向公众开放可机读的政府数据。

第三节　国内政策

运用大数据推动经济发展、完善社会治理、提升政府服务和监管能力正成为趋势，我国也相继制定实施大数据战略的文件，大力推动大数据技术、产业及其标准化的发展。

一、国家和行业政策

党的十九大报告重点提到了互联网、大数据和人工智能在现代化经济体系中的作用：“加快建设制造强国，加快发展先进制造业，推动互联网、大数据、人工智能和实体经济深度融合，在中高端消费、创新引领、绿色低碳、共享经济、现代供应链、人力资本服务等领域培育新增长点、形成新动能”。党中央、国务院的大数据部分相关政策见表 3-1。

表 3-1　　党中央、国务院的大数据相关政策

序号	政策	发布日期	发布单位
1	《关于运用大数据加强对市场主体服务和监管的若干意见》	2015 年 7 月	国务院办公厅
2	《国务院关于印发促进大数据发展行动纲要的通知》	2015 年 8 月	国务院
3	《政务信息系统整合共享实施方案》	2017 年 5 月	国务院办公厅

2015 年 7 月，国务院办公厅发布《关于运用大数据加强对市场主体服务和监管的若干意见》（国办发〔2015〕51 号），肯定了大数据在市场监管服务中的重大作用，并在重点任务分工安排中提出“建立大数据标准体系，研究制定有关大数据的基础标准、技术标准、应用标准和管理标准等；加快建立政府信息采集、存储、公开、共享、使用、质量保障和安全管理的技术标准；引导建立企业间信息共享交换的标准规范”。

2015 年 8 月，国务院发布《国务院关于印发促进大数据发展行动纲要的通知》（国发〔2015〕50 号），系统部署了我国大数据发展工作，并在政策机制部分中着重强调“建立标准规范体系：推进大数据产业标准体系建设，加快建立政府部门、事业单位等公共机构的数据标准和统计标准体系，推进数据采集、政府数据开放、指标口径、分类目录、交换接口、访问接口、数据质量、数据交易、技术产品、安全保密等关键共性标准的制定和实施；加快建立大数据市场交易标准体系；开展标准验证和应用试点示范，建立标准符合性评估体系，充分发挥标准在培育服务市场、提升服务能力、支撑行业管理等方面的作用；积极参与相关国际标准制定工作”。

2017 年 5 月，国务院办公厅根据《国务院关于印发政务信息资源共享管理暂行办法的通知》（国发〔2016〕51 号）、《国务院关于印发“十三五”国家信息化规划的通知》（国发〔2016〕73 号）等有关要求制定并发布《政务信息系统整合共享实施方案》（国办发〔2017〕39 号）,明确了加快推进政务信息系统整合共享的“十件大事”。

围绕国家政策，我国各部委和相关行业也出台了一系列政策来推动大数据在各领域中的应用与相关方面的发展。相关政策如表 3-2 所示。

表 3-2　　部分行业领域大数据政策

序号	政策	发布日期	发布单位
1	《关于组织实施促进大数据发展重大工程的通知》	2016 年 1 月 7 日	国家发展改革委
2	《生态环境大数据建设总体方案》	2016 年 3 月 7 日	原环保部（现生态环境部）
3	《关于印发促进国土资源大数据应用发展实施意见》	2016 年 7 月 4 日	原国土资源部（现自然资源部）
4	《关于加快中国林业大数据发展的指导意见》	2016 年 7 月 13 日	原国家林业局（现国家林业和草原局）
5	《关于推进交通运输行业数据资源开放共享的实施意见》	2016 年 8 月 25 日	交通运输部
6	《农业农村大数据试点方案》	2016 年 10 月 14 日	原农业部（现农业农村部）
7	《大数据产业发展规划（2016－2020 年）》	2017 年 1 月 17 日	工信部
8	《中国大数据发展报告（2017）》	2017 年 2 月 26 日	国家信息中心
9	《关于推进水利大数据发展的指导意见》	2017 年 5 月 2 日	水利部
10	《大数据驱动的管理与决策研究重大研究计划 2017 年度项目指南》	2017 年 7 月 25 日	国家自然科学基金委员会
11	《智慧城市时空大数据与云平台建设技术大纲（2017 版）》	2017 年 9 月 6 日	原国家测绘地理信息局办公室（现并入自然资源部）
12	《关于深入开展“大数据+网上督察”工作的意见》	2017 年 9 月 8 日	公安部

2017 年 1 月，工信部发布《大数据产业发展规划（2016－2020 年）》（工信部规〔2016〕412 号），部署了 7 项重点任务，明确了 8 个重点工程，制定了 5 个方面保障措施，全面部署“十三五”时期大数据产业发展工作，为“十三五”时期我国大数据产业崛起，实现从数据大国向数据强国转变指明了方向。

二、国家大数据综合试验区

国家大数据综合试验区的设立，旨在贯彻落实国务院颁布的《促进大数据发展行动纲要》，为大数据制度创新、公共数据开放共享、大数据创新应用、大数据产业聚集、大数据要素流通、数据中心整合利用、大数据国际交流合作等方面开展试验探索，推动我国大数据创新发展。

国家选择具有一定条件的地区开展试点工作，一方面，可以以建设国家大数据综合试验区为抓手，探索大数据与传统产业、区域经济的融合发展，促进数据要素与其他生产要素的整合利用，提高产业组织效率，加速形成高质量、多层次的供给体系，重塑产业链、供应链、价值链，实现资源优化配置，全面释放数据红利，推动供给侧结构性改革；另一方面，可以把发展大数据的风险和试错成本控制在一定区域内，平稳有序地推进大数据发展。

综合试验区建设将发挥 3 个作用：一是示范带头作用，二是统筹布局作用，三是先行先试作用。试验区开展面向应用的数据交易市场试点，鼓励产业链上下游间进行数据交换，探索数据资源的定价机制，规范数据资源交易行为，建立大数据投融资体系，激活数据资源潜在价值，促进形成新业态。

截至2018年5月，我国共设有8个国家大数据综合实验区，其中先导试验型综合试验区1个，跨区域类综合试验区2个，区域示范类综合试验区4个，基础设施统筹发展类综合试验区1个。

1. 先导试验型综合试验区

国务院于2015年8月31日发布的《国务院关于印发促进大数据发展行动纲要的通知》（国发〔2015〕50号）明确提出了“开展区域试点，推进贵州等大数据综合试验区建设”，贵州成为其中唯一明确提到的省份。

贵州国家大数据综合试验区：积极开展大数据综合性、示范性、引领性发展的先行先试，开展了一系列先行探索，积累了先试经验，围绕数据资源管理与共享开放、数据中心整合、数据资源应用、数据要素流通、大数据产业集聚、大数据国际合作、大数据制度创新等七大主要任务开展系统性试验，打破数据资源壁垒，通过不断总结可借鉴、可复制、可推广的实践经验，最终形成试验区的辐射带动和示范引领效应。

2. 跨区域类综合试验区

跨区域类综合试验区的定位是，围绕落实国家区域发展战略，更加注重数据要素流通，以数据流引领技术流、物质流、资金流、人才流，支撑跨区域公共服务、社会治理和产业转移，促进区域一体化发展。目前，我国已有的跨区域类综合试验区包括如下两个。

（1）京津冀国家大数据综合试验区：2016年10月获批，该综合实验区将充分发挥京津冀在大数据基础设施建设、数据开放共享、产业集聚发展等方面的示范带动作用，打破数据资源壁垒，发掘数据资源价值，在数据开放、数据交易、行业应用等方面开展创新探索，打造为“一心一地两区”的区域协同发展的典范。

（2）珠三角国家大数据综合试验区：2016年10月获批，其最终目标是将珠江三角洲地区打造成全国大数据综合应用引领区、大数据创业创新生态区、大数据产业发展集聚区，抢占数据产业发展高地，建成具有国际竞争力的国家大数据综合试验区，形成“一区两核三带”功能布局。

3. 区域示范类综合试验区

目前，我国已建设的区域示范类综合试验区有4个，分别在上海、河南、重庆、沈阳。

区域示范类综合试验区的定位是，积极引领东部、中部、西部、东北等“四大板块”发展，更加注重数据资源统筹，加强大数据产业集聚，引领区域发展，发挥辐射带动作用，促进区域协同发展，实现经济提质增效。

（1）上海国家大数据综合试验区：2016 年 10 月获批，将围绕自贸区建设和科创中心建设两个战略，在 4 个方面推动大数据发展，包括推动公共治理大数据的应用，推动大数据的科技创新和基础性治理的工作和研究，推动大数据与公共服务基层社会治理相结合，以及在大数据方面进一步加强与长三角地区和长江经济带城市的合作。

（2）河南国家大数据综合试验区：2016 年 10 月获批，以深化大数据应用为主线，重点在管理机制创新、数据汇聚共享、重点领域应用、产业集聚发展 4 个方面进行试点，进一步发挥大数据在促进转型发展中的引领支撑作用，形成一套适应大数据创新发展的管理机制和发展模式，基本建成以“两区两基地”为支撑的综合试验区。

（3）重庆国家大数据综合试验区：2016 年 10 月获批，定位为引领西部板块发展，注重数据资源统筹，加强大数据产业集聚，发挥辐射带动作用，促进区域协同发展。

（4）沈阳国家大数据综合试验区：2016 年 10 月获批，以工业大数据应用引领两化深度融合，推动大数据在产品全生命周期、产业链全流程各环节的应用，促进传统产业转型升级，形成“一体两翼”的发展格局。

4. 基础设施统筹发展类综合试验区

基础设施统筹发展类综合试验区的定位是，在充分发挥区域能源、气候、地质等条件基础上，加大资源整合力度，强化绿色集约发展，加强与东、中部产业、人才、应用优势地区合作，实现跨越发展。目前，我国已建成的基础设施发展类综合试验区是内蒙古国家大数据综合试验区。

内蒙古国家大数据综合试验区：2016 年 10 月获批，将加大资源整合力度，强化绿色集约发展，向国内外提供数据存储服务，发挥数据中心的辐射作用，争取顺利实施完成大数据农牧业、大数据政务、大数据精准扶贫等九大工程，力争建成“中国北方大数据中心、丝绸之路数据港、数据政府先行区、产额融合发展引导区、世界级大数据产业基地”。

三、地方政策

在《国务院关于印发促进大数据发展行动纲要的通知》等国家政策的引领下，各地政府也高度重视大数据发展，多个省、市、自治区出台专门的大数据相关政策文件（见表 3-3），部分地区专门设置了大数据管理机构或部门（见表 3-4）。

表 3-3　　部分省市出台的大数据产业发展政策文件（只列举了部分文件）

编号	地区	政策	发布日期
1	重庆市	《重庆市大数据行动计划》	2013 年 7 月 30 日
2	贵州省	《贵州省大数据产业发展应用规划纲要（2014—2020 年）》	2014 年 4 月 29 日
3	贵州省	《关于加快大数据产业发展应用若干政策的意见》	2014 年 4 月 29 日
4	广东省	《广东省促进大数据发展行动计划（2016—2020 年）》	2016 年 4 月 22 日
5	福建省	《福建省促进大数据发展实施方案（2016—2020 年）》	2016 年 6 月 18 日
6	北京市	《北京市大数据和云计算发展行动计划（2016—2020 年）》	2016 年 8 月 19 日
7	江苏省	《江苏省大数据发展行动计划》	2016 年 8 月 19 日
8	湖北省	《湖北省大数据发展行动计划（2016—2020 年）》	2016 年 9 月 14 日
9	上海市	《上海市大数据发展实施意见》	2016 年 9 月 15 日
10	江西省	《江西省大数据发展行动计划》	2017 年 7 月 5 日

表 3-4　　部分地区的大数据管理机构

省份	机构	隶属机构
贵州	贵州省大数据局	贵州省政府
	贵阳市大数据发展管理委员会	贵阳市政府
	贵阳高新区大数据发展办公室	贵阳高新区管委会
广东	广东省大数据管理局	广东省经信委
	广州市大数据管理局	广州市工信委
辽宁	沈阳市大数据管理局	沈阳市经信委
四川	成都市大数据和电子政务管理办公室	成都市政府办公厅
甘肃	兰州市大数据社会服务管理局	兰州市政府
	兰州新区大数据管理局筹备办公室	兰州新区党工委、管委会
浙江	浙江省数据管理中心	浙江省政府
	杭州市数据资源局	杭州市政府
陕西	陕西省政务数据服务局	陕西省政府
	咸阳市大数据管理局	咸阳市政府
宁夏	银川市大数据管理服务局	银川市政府
湖北	黄石市大数据管理局	黄石市经信委
云南	昆明大数据管理局	昆明市工信委
	保山市大数据管理局	保山市工信委

各地方的大数据产业发展政策的制定出台呈密集态势，对大数据产业的经济与社会意义进行了充分说明，对促进产业发展提出了具体举措，对地方产业基础与经济特点进行了高适

性匹配，具有认知深刻、创新灵活、匹配度高、管理到位、强调实效等特点。

在国家治理和经济发展等诸多领域，大数据都在发挥着至关重要的作用，地方大数据管理机构的成立有利于统筹产业规划，是行政体制上的一次灵活创新。

第四节　大数据教育研究动态

大数据对各领域的深刻影响，使其迅速成为众多领域的热门话题，教育研究领域也不例外。当前，教育信息化呈现出前所未有的发展势头，技术与教育的深度融合正在推动教育的变革与创新。

一、教育研究机构

自从大数据升级为国家战略以来，围绕行业大数据相关的教育研究机构纷纷成立。众多高校成立大数据学院、大数据研究院，部分未设立行政机构的高校也设立了相关本科、专科专业；国家级、省级科研机构，技术联盟更是数不胜数。表 3-5 列举了“十三五”期间，国家规划建设的 13 个国家大数据工程实验室名单及主要建设单位，这些实验室多为科研机构和企业联合建设。

表 3-5　　国家大数据工程实验室

序号	名称	批文日期	主要建设单位
1	政府治理大数据应用技术国家工程实验室	2016 年 11 月 23 日	电子科技大学
2	大数据系统计算技术国家工程实验室	2017 年 2 月 14 日	深圳大学
3	大数据系统软件国家工程实验室	2017 年 2 月 14 日	清华大学
4	大数据分析技术国家工程实验室	2017 年 2 月 14 日	西安交通大学
5	大数据协同安全技术国家工程实验室	2017 年 2 月 14 日	北京奇虎科技有限公司
6	智慧城市设计仿真与可视化技术国家工程实验室	2017 年 2 月 14 日	未查证
7	城市精细化管理技术国家工程实验室	2017 年 2 月 14 日	未查证
8	医疗大数据应用技术国家工程实验室	2017 年 2 月 14 日	中国人民解放军总医院
9	教育大数据应用技术国家工程实验室	2017 年 2 月 14 日	华中师范大学
10	综合交通大数据应用技术国家工程实验室	2017 年 2 月 14 日	北京航空航天大学
11	社会安全风险感知与防控大数据应用国家工程实验室	2017 年 2 月 14 日	中国电子科技集团公司
12	工业大数据应用技术国家工程实验室	2017 年 2 月 14 日	北京航天数据股份有限公司和阿里云
13	空天地海一体化大数据应用技术国家工程实验室	2017 年 2 月 14 日	西北工业大学

国家大数据工程实验室是国家大数据产业创新体系的重要组成部分，紧紧围绕国家大数

据战略任务和重点工程的实施，着眼于建立健全以企业为主体、产学研相结合的技术创新体系，优化资源配置，完善体系布局，创新发展机制，提升创新能力，突破瓶颈制约，支撑大数据产业发展。

二、教育动态

从 2013 年起，国内教育领域掀起了基于大数据技术促进教育改革和创新发展相关研究的热潮，大数据的教育应用研究迅速发展起来，直接表现为研究论文数量的倍增和质量的提升。2014 年 3 月，教育部办公厅印发的《2014 年教育信息化工作要点》指出：加强对动态监测、决策应用、教育预测等相关数据资源的整合与集成，为教育决策提供及时和准确的数据支持，推动教育基础数据在全国的共享。近年来，教育部积极采取措施，加强大数据人才培养，支撑大数据技术产业的发展。自 2014 年起，为贯彻落实教育规划纲要，创新产学合作协同育人机制，教育部组织有关企业和高校实施产学合作协同育人项目。在相关专业设置方面，2015 年本科专业特设新专业——数据科学与大数据技术，布点 3 个；同年 10 月，教育部公布了新修订的《普通高等学校职业教育（专科）专业目录（2015 年）》，主动适应大数据时代发展需要，新设了云计算技术与应用、电子商务技术专业，增设了网络数据分析应用专业方向。随着我国教育信息化进程的不断推进，大数据必将加快与教育领域的深度融合，这是当前时代教育事业发展的必然趋势。

1. 本科专业

这里只介绍与大数据直接相关的两个专业，即数据科学与大数据技术专业、大数据管理与应用专业。

数据科学与大数据技术专业，简称数科或大数据，旨在培养具有大数据思维、运用大数据思维及分析应用技术的高层次大数据人才。该专业从大数据应用的 3 个主要层面（即数据管理、系统开发、海量数据分析与挖掘）系统地培养学生掌握大数据应用中的各种典型问题的解决办法，提升学生解决实际问题的能力，培养的学生应具有将领域知识与计算机技术和大数据技术融合、创新的能力，能够从事大数据研究和开发应用。

2015 年，该专业在全国仅有 3 所高校获批，分别是北京大学、对外经济贸易大学和中南大学；2016 年，全国有 32 所高校获批，其中贵州省就有 5 所，分别是贵州大学、贵州师范大学、贵州理工学院、贵州商学院、安顺学院；2017 年，全国有 248 所高校获批，其中贵州省获批 8 所，分别是贵州工程应用技术学院、遵义师范学院、凯里学院、铜仁学院、贵州财经大学、贵州民族大学、贵州民族大学人文科技学院、贵州师范学院。至此，全国已有 283

所高校获批数据科学与大数据技术专业，贵州省已有13所，如表3-6所示。

表3-6　　数据科学与大数据技术专业全国分布情况

省、直辖市、自治区	学校数量（所）	省、直辖市、自治区	学校数量（所）
河南省	22	四川省	9
北京市	19	重庆市	9
安徽省	15	辽宁省	8
广东省	15	吉林省	8
山西省	14	陕西省	8
河北省	14	广西壮族自治区	7
贵州省	13	江西省	7
山东省	13	甘肃省	6
云南省	12	黑龙江省	5
江苏省	12	湖南省	5
湖北省	12	海南省	3
福建省	11	天津市	3
上海市	10	宁夏回族自治区	2
内蒙古自治区	10	新疆维吾尔自治区	1
浙江省	10		

2017年，全国首批仅5所院校新增大数据管理与应用专业，分别是哈尔滨工业大学、东北财经大学、西安交通大学、南京财经大学和贵州财经大学。

2. 专科专业

除了本科院校外，专科院校也开设了大数据专业。2016年，全国首批有62所专科院校增设“大数据技术与应用”专业，2018年1月，教育部公布“大数据技术与应用”专业备案和审批结果，共有208所专科院校获批（见表3-7）。至此，获批该专业建设的专科院校数已增至270所。

表3-7　　新增大数据技术与应用专业学校的分布情况

省、直辖市、自治区	学校数量（所）	省、直辖市、自治区	学校数量（所）
贵州省	21	广西壮族自治区	7
河南省	20	福建省	6
广东省	16	湖北省	6
安徽省	12	吉林省	5
江苏省	11	黑龙江省	4
河北省	11	云南省	4

续表

省、直辖市、自治区	学校数量（所）	省、直辖市、自治区	学校数量（所）
四川省	11	浙江省	4
江西省	9	辽宁省	3
湖南省	9	北京市	2
山西省	9	天津市	2
重庆市	8	甘肃省	2
山东省	8	上海市	2
陕西省	8	新疆维吾尔自治区	1
内蒙古自治区	7		

第五节　大数据产业的发展现状

大数据产业是以数据为核心资源，将产生的数据通过采集、存储、处理、分析并应用和展示，最终实现数据的价值。当前，我国大数据产业处于快速推进期，中国和美国几乎同一时期关注大数据产业，但与美国存在一定的差距。美国仍是全球信息技术产业的领头羊，在硬件和软件领域都拥有超一流的实力，早在大数据概念火热起来之前，美国信息技术产业在大数据领域就已经有了很多技术积累，使得美国的大型信息技术企业可以迅速转型为大数据企业，从而推动整个大数据产业在美国的发展壮大。中国信息通信研究院发布的《大数据白皮书（2018 年）》中的数据显示，2017 年我国大数据产业规模为 4700 亿元人民币，同比增长 30%。在这其中，大数据软硬件产品的产值约为 234 亿元人民币，同比增长 39%。预计 2020 年全球大数据市场规模将超过 10270 亿美元，我国大数据市场规模接近 13625 亿元。

一、大数据生态产业链

根据大数据应具备的特征，我们可从商业和技术两个角度来划分大数据生态产业链（见图 3-2）。从商业角度看，整个大数据产业链包括：①大数据提供者；②大数据产品提供者；③大数据服务提供者。从技术角度看，整个大数据产业链包括：①大数据采集；②大数据存储、管理和处理；③大数据分析和挖掘；④大数据呈现和应用。

1. 商业角度

（1）大数据提供者：拥有数据的公司、个人、社会团体及政府机构等，此类角色属于大数据产业链上的基础环节，包括数据源提供者、数据流通平台提供者和数据 API 提供者。目前我国大数据提供者包括政府管理部门、企业数据源提供商、互联网数据源提供商、物联网数据源提供商、移动通信数据源提供商、提供数据流通平台服务和数据 API 服务的第三方数据服务企业、社会团体或者个人等。

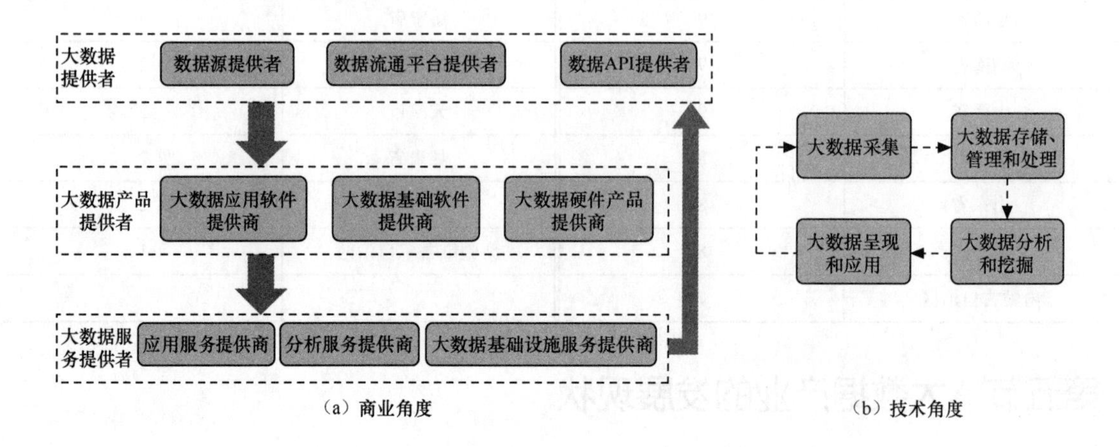

图 3-2　大数据生态产业链

（2）大数据产品提供者：提供直接应用于大数据产品的企业，包括提供大数据应用软件、大数据基础软件、大数据相关硬件产品的提供商。

①大数据应用软件提供商既包括提供整体解决方案的综合技术服务商，又包括在大数据计算基础设施上（与云结合），提供文件存储空间租售、数据聚合平台与数据分析业务的服务提供商。

②大数据基础软件提供商搭建大数据技术平台、提供相关大数据技术支持、云存储、数据安全等服务。此类企业在某些垂直行业或者区域掌握大数据的入口与出口，并能对一些数据进行采集、整合和汇集。这样的企业包括传统的 IT 企业、设备商及新兴的云服务相关企业。

③大数据相关硬件产品提供商提供大数据采集、接入、存储、传输、安全等硬件产品和设备。

（3）大数据服务提供者：以大数据为核心资源，以大数据应用为主业开展商业经营的企业，包括大数据应用服务提供商、大数据分析服务提供商、大数据基础设施服务提供商。这类企业挖掘数据价值，处于大数据产业链的下游，它们通过发掘隐藏在大数据中的价值，不断推动大数据产业链中各个环节的发展。从某种角度上说，正是此类公司创造了大数据的真正价值。

大数据应用服务提供商基于大数据技术，对外提供大数据服务。大数据分析服务提供商提供技术服务支持、技术（方法、商业等）咨询，或者为企业提供类似数据科学家的咨询服务。大数据基础设施服务提供商提供面向大数据技术和服务提供者的培训、咨询、推广等的基础类、通用类的服务。

2. 技术角度

（1）大数据采集：此类企业收集和掌握着用户的各种数据，这些数据将逐渐成为这些公司的重要资源。

（2）大数据存储、管理和处理：此类企业从大量数据中挑选出有用数据，并对采集到的数据进行传输、存储和管理。

（3）大数据分析和挖掘：此类企业根据上游企业的需求，对相关数据进行定制化的分析。

（4）大数据呈现和应用：此类企业将分析得到的数据进行可视化，结合相关专业知识和商业背景，揭示分析结果所反映的相关行业问题，并将相关数据应用于相关行业中，以开发更大的市场。

需要注意的是，大数据产业链中的各个角色并非严格区分，很多情况下都是模糊或者重叠的。例如，一些企业既是大数据的拥有者，又是大数据技术和服务的提供者；既能采集到数据，又能对相应的数据进行分析，并进一步应用于相应的市场中。大数据产业发展主要体现在大数据技术加速向传统产业渗透，驱动生产方式和管理模式变革，推动制造业向网络化、数字化和智能化方向发展。

二、国外大数据产业发展

中投顾问产业研究中心数据显示，2014 年，全球大数据解决方案不断成熟，各领域大数据应用全面展开，为大数据发展带来强劲动力。2014 年，全球大数据市场规模达到 285 亿美元，同比增长 53.2%。同时，2014 年数据中心系统支出达 1430 亿美元，比 2013 年增长 2.3%。大数据逐渐成为全球 IT 支出新的增长点。

中投顾问发布的《2016—2020 年中国大数据行业投资分析及前景预测报告》从市场结构分析，2014 年，全球大数据市场结构从垄断竞争向完全竞争格局演化。企业数量迅速增多，产品和服务的差异度增大，技术门槛逐步降低，市场竞争越发激烈。在全球大数据市场中，行业解决方案、计算分析服务、存储服务、数据库服务和大数据应用为市场份额排名最靠前的细分市场，分别占据 35.4%、17.3%、14.7%、12.5%和 7.9%的市场份额。云服务的市场份额为 6.3%，基础软件占据 3.8%的市场份额，网络服务仅占据 2%

的市场份额。

目前，全球从事数据服务的企业主要分为两类阵营：一类是以数据技术为核心，为企业业务提供特定方案的企业，如数据分析、云 SaaS 业务、互联网大数据技术等；另一类是围绕数据库和数据仓储业务，利用在硬件方面及传统 IT 基础建设的优势冲击大数据领域的企业，如数据中心建设、数据存储计算业务。它们都有一个共同点，都能看到大数据带来的机会，并毫不犹豫地挺进这个领域。全球有代表性的大数据企业有 IBM、亚马逊、谷歌、甲骨文、微软、EMC、Teradata、惠普、Facebook、沃尔玛、Cloudera、星环科技等。

三、国内大数据产业发展

在社会认知、政策环境、市场规模和产业支撑能力等多个方面，我国的大数据产业已经具备了一定的基础，并取得了积极的进展，在大数据资源建设、大数据技术、大数据应用领域涌现出一批新型企业。在龙头企业引领下，上下游企业互动、核心产业融合发展的产业格局已初步形成，与日趋成熟的产业生态相对应的商业模式也日渐明晰。

1. 市场结构

我国大数据企业竞争格局总体呈现数据资源型企业、技术拥有型企业和应用服务型企业“三分天下”局面。

数据资源型企业是先天拥有或者以汇聚数据资源为目标的企业。这类企业将占据一定先发优势，利用手中的数据资源，挖掘有用数据来提升企业竞争力或主导数据交易平台机制的形成。这类企业有积累了丰富数据资源的企业、力图汇聚开放网络数据的企业，以及互联网企业。典型代表企业有数据堂、星图数据、优易数据、腾讯、百度、阿里巴巴等。

技术拥有型企业是以技术开发见长，即专注开发数据采集、存储、分析及可视化工具的企业，包括软件企业、硬件企业和提供解决方案的企业，代表企业有星环科技、永洪科技、南大通用、华为、用友、联想、浪潮、曙光等。

应用服务型企业是为客户提供云服务和数据服务的企业。这类企业广泛对接各个行业，专注于数据产品的便捷化和易维护性，同时针对不同行业客户的需求提供差异化服务。

2. 区域分布

我国大数据产业集聚区主要位于经济比较发达的地区。如北京、上海、广东是发展的核心区域，这些地区拥有知名互联网技术企业、高端科技人才、国家强有力政策支撑等良好的信息技术产业发展基础，形成了比较完整的产业业态，且产业规模仍在不断扩大。除此之外，以贵州、重庆为中心的大数据产业圈，虽然地处经济比较落后的西南地区，却依托政府对其大数据产业发展提供的政策引导，积极引进大数据相关企业及核心人才，力图占领大数据产业制高点，带动区域经济新发展。

京津冀地区依托北京，尤其是中关村在信息产业的领先优势，培育了一大批大数据企业，是目前我国大数据企业集聚最多的地方。不仅如此，部分数据企业延伸到了天津和河北等地，形成了京津冀大数据走廊格局。

珠三角地区依托广州、深圳等地区的电子信息产业优势，发挥广州和深圳两个国家超级计算中心的集聚作用，在腾讯、华为、中兴等一批骨干企业的带动下，逐渐形成了大数据集聚发展的趋势。

长三角地区依托上海、杭州、南京，将大数据与当地智慧城市、云计算发展紧密结合，吸引了大批大数据企业，促进了产业发展。上海发布《上海推进大数据研究与发展三年行动计划（2013—2015 年）》，推动了大数据在城市管理和民生服务领域的应用。

大西南地区以贵州、重庆为代表城市，通过积极吸引国内外龙头企业，实现大数据产业在当地的快速发展。2013 年起，贵阳市率先把握大数据发展机遇，充分发挥其发展大数据产业所独具的生态优势、能源优势、区位优势及战略优势，率先启动首个国家大数据综合试验区、国家大数据产业集聚区和国家大数据产业技术创新试验区；率先建成全国第一个省级政府数据集聚共享开放的统一云平台；率先开展大数据地方立法，颁布实施《贵州省大数据应用促进条例》；率先设立全球第一个大数据交易所；举办贵阳国际大数据产业博览会和云上贵州大数据商业模式大赛等。

3. 竞争态势

在国内，从大数据产业链竞争态势来看，大数据产业链整体布局完整，但局部环节竞争程度差异化明显。产业链中游竞争集中度较高，基本被国外企业垄断；而位于产业链下游的数据展示与应用竞争集中度较低，尚未形成垄断，是国内新兴企业最有机会的领域。

四、产业联盟

大数据产业联盟是为了确保合作各方的市场优势，寻求新的规模、标准、机能或定位，应对共同的竞争者或将业务推向新领域等为目的，企业间结成的互相协作和资源整合的一种合作模式。国内具有代表性的产业联盟如下。

1. 中关村大数据产业联盟

在中关村管委会的直接领导和支持下，中关村大数据产业联盟成立于 2012 年 12 月 13 日，其宗旨是：把握云计算、大数据与产业革新浪潮带来的战略机遇，聚合厂商、用户、投资机构、院校与研究机构、政府部门的力量，通过研讨、数据共享、联合开发、推广应用、产业标准制定与推行、人才联合培养、业务与投资合作、促进政策支持等工作，推进数据开发共享，并形成相关技术、产业的突破性创新和产业的跨越式发展，推动培育世界领先的大数据技术、产品、产业和市场。

2. 上海大数据产业技术创新战略联盟

上海大数据产业技术创新战略联盟于2013年7月由万达信息技术股份有限公司和上海产业技术研究院等 19 家单位共同发起组建，在上海市科学技术委员会的指导下开展工作。“联盟”聚焦 4 个方面的工作：①成立大数据科学及理论研究、大数据产品装备和大数据行业应用 3 个专家组，在联盟范围内外广泛开展调研，细化研究和产业合作的目标；②与联盟副理事长单位共建“上海市数据科学重点实验室”，并建设“大数据工程技术研究中心”；③组织大数据行业沙龙和专业培训；④形成并提交一批大数据科研项目建议书。

3. 南京大数据产业联盟

南京大数据产业联盟于 2014 年 9 月 13 日上午在南京大数据产业基地成功召开会议，并在江苏省经济与信息化委员会、南京市经济与信息化委员会指导下正式成立。它是由中国（南京）软件谷管委会联合南京大学、东南大学等高校，以及南京大数据产业龙头与骨干企业共同发起成立的非营利性质的产业服务平台。

南京大数据产业联盟主要围绕大数据采集与处理类企业、分析与应用类企业、相关技术研发型企业和大数据领域深度关联型企业的 4 级产业分层开展工作。到 2018 年，该联盟自主培育和引进大数据产业领域国家“千人计划”、省“双创”计划、市“321”计划、区“千百十”计划等各类领军人才、海外高层次创新创业人才 100 人。

4. 农业大数据产业技术创新战略联盟

农业大数据产业技术创新战略联盟成立于2013年6月，是以山东省内从事农业发展管理、农业研究及成果推广应用的政府、科研院所、高校及此领域相关企业等机构为理事单位，以其他省相关院校和科研机构为联动单位，集联合性、专业性和行业性于一体的山东省非营利性的民间组织。

该联盟以“引导产业发展、推动技术创新”为宗旨，团结、动员和依靠广大利用大数据技术进行农业科学研究的单位、相关机构及相关工作者，发挥政、产、学、研等方面的优势，为农业和农村发展做出更大贡献。该联盟已建成集数据采集、挖掘分析、监测预警和决策服务“四位一体”的“渤海粮仓科技示范工程大数据技术平台”。

第六节 大数据发展趋势

我国作为数据大国，在互联网、工业制造、金融、医疗等各个领域均有着庞大的数据基础，整体数据量大、数据品种丰富，这为我国大数据领域的发展提供了重要的基础支撑。我国大数据领域已步入快速推进期，核心技术逐步突破、涉及行业不断拓展，产业应用逐渐深入，呈现出资源集聚、创新驱动、融合应用、产业转型的新趋势。未来，大数据将成为企业、社会和国家层面重要的战略资源，也将不断成为各类机构尤其是企业的重要资产，还将成为提升机构和企业竞争力的有力“武器”。

一、大数据与实体经济深度融合

大数据作为新一代信息技术的重要标志，对生产制造、流通、分配、消费，以及经济运行机制、社会生活方式和国家治理能力均产生重要影响。面对目前新旧动能转化的关键时期，我国应通过大数据与实体经济的深度融合，利用大数据采集、大数据存储、大数据处理、大数据分析、数据管理等技术提升产业能效，加速传统行业经营管理方式变革、服务模式和商业模式创新，以及产业价值链体系重构，最终完成产业转型，培育新动能。大数据将重塑传统经济形态，可以说“未来属于那些传统产业里懂互联网的人，而不是那些懂互联网但不懂传统产业的人”。

二、大数据与新兴技术协同发展

大数据与人工智能、云计算、物联网、区块链等技术协同发展，成为各国抢抓未来发展机遇的战略性技术，数据资产与人工智能有效的结合正成为资本追逐的焦点。我国应基于以人工智能、物联网、大数据为代表的ICT技术，研究开发先进机器人、超级计算机、传感器、高速通信（5G）等技术，实现网络空间与现实空间高度融合的信息与物理系统，运用大数据促使社会生活各领域实现高度智能化，推进经济发展与社会进步。未来，大数据将与智慧城市建设、智慧交通、绿色环保、民生安全等领域广泛融合，在人工智能、深度学习的带动下，其应用商机将是无限的。

三、数据治理成为重点发展领域

伴随大数据的热潮，大量的组织或单位对大数据技术平台建设、分析应用等方面盲目投入，缺乏对大数据资源的整体规划和综合治理。一些项目实施的终止和失败，以及数据量的激增，数据治理的重要性逐步得到业界的认同。治理是基础，技术是承载，分析是手段，应用是目的，随着国家政策支撑及产业实际需求的增长，如何通过数据治理提升组织或单位数据的管理能力，消除数据孤岛，挖掘数据潜在价值将成为重点发展方向。

四、共享经济成为主要发展方向

共享经济在短时间内崛起并成为全球现象，其规模呈现出指数级增长。共享经济模式中企业对用户数据极度依赖，每一个运作共享经济模式的企业都是数据公司，它离不开用户数据的积累和对大数据的分析。通过利用大数据、云计算、人工智能，构建共享经济的智能平台，精准匹配供应端和需求端，成为共享经济主要的发展方向。

五、大数据安全越发重要

数据的价值越大，数据安全就越重要。网络和数字化生活使犯罪分子更容易获取他人的信息，也出现更多的骗术和犯罪手段。在大数据应用推广过程中，必须坚持安全与发展并重的方针，为大数据发展构建安全保障体系，在充分发挥大数据价值的同时，解决面临的数据安全和个人信息保护问题。必须从技术和产业发展角度加快推进大数据安全标准化工作，为大数据产业的健康发展提供有效支撑。

六、大数据催生新的工作岗位

一个新行业的出现，必将在工作职位方面有新的需求，大数据的出现也将催生一批新的工作岗位。例如，大数据分析师、数据管理专家、大数据算法工程师、数据产品经理等。具有经验丰富的数据分析人才将成为稀缺的资源，数据驱动型工作将呈现爆炸式的增长。由于有强烈的市场需求，高校也开设了与大数据相关的专业，以培养相应的专业人才。企业应与高校紧密合作，协助高校联合培养大数据人才。

小结

从概念的提出到成为当今时代的主题，大数据上升至国家战略成为共识。在大数据时代，对大数据的开发、利用和保护的争夺日趋激烈，制信（数）权成为继制陆权、制海权、制空权之后的新制权，大数据处理能力已成为区分强国与弱国的又一重要指标。

第四讲

大数据技术概况

大数据包含的数据类型有结构化数据、半结构化数据和非结构化数据，而非结构化数据越来越成为数据的主要部分。在可承受的时间范围内有效地处理大量的、多样性的数据，需要有特殊的专门技术，需要新的处理模式，这样才能具有更强的决策力、洞察力和流程优化能力。这些特殊的专门技术或者新的处理模式便是大数据技术，是从各种类型的数据中快速获得有价值信息的技术。它包含大数据采集、大数据预处理、大数据存储、大数据处理、大数据分析、大数据可视化等技术。集成大数据所有关键技术的平台有 Hadoop、Spark、Storm 和 Elastic Stack 等开源框架。

第一节　数据的度量和分类

在计算机科学中，数据是所有能输入到电子计算机并被电子计算机程序识别处理的符号总称，也是用于输入到电子计算机中进行处理，具有一定意义的数字、字母、符号和模拟量等的统称。现在计算机存储和处理的对象十分广泛，表示这些对象的数据也变得越来越复杂。

一、数据的度量

计算机存储信息的最小单位被称为位（bit)，音译为比特。二进制的一个“0”或一个“1”叫 1 位。这类同于一个电源开关，令电源开关处于断开状态为“0”，令电源开关处于闭合状态为“1”。计算机存储容量和传输容量的基本单位是字节（Byte)。8 个二进制位（bit）组成 1 个字节（Byte)，即 1Byte=8bit。一个标准英文字母、数字占一个字节，一个标准汉字占两个字节。以 Byte 为基本存储单位，后面的单位换算都是以 2 的 10 次方递增，1KB（KiloByte）=1024Byte，即 2^{10} 字节，读为“1 千字节”；1MB（MegaByte）=1024KB，即 2^{20} 字节，读为“1 兆字节”；1GB（GigaByte）=1024MB，即 2^{30} 字节，读为“1 吉字节”；1TB（TeraByte）=1024GB，即 2^{40} 字节，读为“1 太字节”；1PB（PetaByte）=1024TB，即 2^{50} 字节，读为“1 拍字节”。之后，依次还有 EB、ZB、YB、DB、NB、CB。

如图 4-1 所示，1KB 的空间可以存储 512 个汉字的信息，1MB 的空间可以存储 524288

个汉字的信息，1GB 的空间可以存储一部电影的信息，1TB 的空间可以存储一家大型医院所有的 X 光图片的信息，1PB 的空间可以存储一年新拍国产电视剧（1.7 万部）的信息，5EB 的空间可以存储至今全世界人类所讲过的话语信息。1ZB 单从数量上来说，它是全世界海滩上沙子数量的总和。1NB 等于 2^{60}TB。现在，1TB 的单块硬盘的标准重量约为 670g，1NB 的存储空间需要约 1152921504606846976 个 1TB 硬盘。

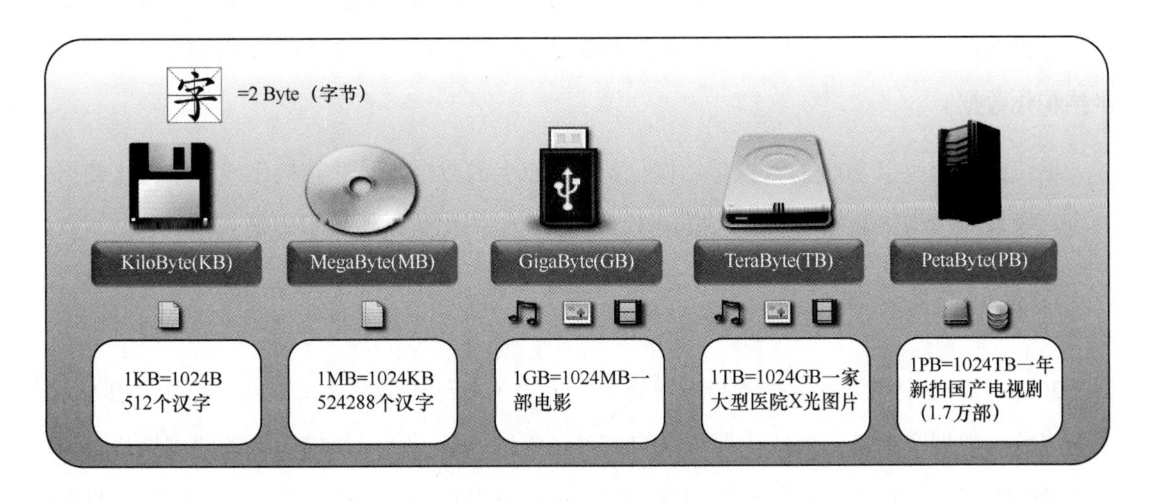

图 4-1 数据的度量

二、数据的分类

数据不仅指狭义上的数字，也可以指具有一定意义的文字、字母、数字符号的组合、图形、图像、视频、音频等，还可以是客观事物的属性、数量、位置及其相互关系的抽象表示。例如，“0，1，2，…”“阴、雨、下降、气温”“学生的档案记录、货物的运输情况”，以及“微信语音聊天、微信视频聊天产生的音频或视频、微信朋友圈的照片”等都是数据。按照获取方式的不同，数据可以划分为结构化数据、非结构化数据和半结构化数据三大类。

（1）结构化数据可以使用关系型数据表来表示和存储，如 Excel 表、MySQL、Oracle、SQL Server 等数据库表。结构化数据均表现为二维形式的数据。其特点是数据以行为单位，一行数据表示一个实体的信息，每一行数据的属性相同，可以通过固有键值获取相应信息，如一份学生的成绩表、企业员工某月的工资表等。结构化数据的存储和排列很有规律，这对查询和修改等操作很有帮助。但是，它的扩展性不好，如需要给成绩表中增加一个“平均分”字段，操作步骤就比较烦琐。

（2）非结构化数据是没有固定结构的数据，无法用数字或统一结构来表示，如包含全部格式的办公文档、图像、音频和视频数据等。对这类数据，我们一般以整体直接进行存储，而且存储为二进制数据格式。

（3）半结构化数据是介于完全结构化数据和完全非结构化数据之间的数据，它并不符合关系数据表或其他数据表的形式关联起来的数据模型结构，但包含相关标记，用来分隔语义元素，以及对记录、字段进行分层。因此，它也被称为自描述的结构数据，数据的结构和内容混杂在一起，没有明显的区分。属于同一类实体的非结构化数据可以有不同的属性，即使它们被组合在一起，这些属性的顺序也并不重要。例如，XML、JSON 和 HTML 文档都属于半结构化数据。

据统计，企业中 20%的数据是结构化数据，80%的数据则是非结构化或半结构化数据。如今，全世界结构化数据增长率大概是 32%，而非结构化数据增长率则是 63%。

三、数据的主要来源

2016 年，在中国大数据技术与应用研讨会上，工信部通信发展司原副司长陈家春表示：我国当前的数据产生量占全球数据总量的 13%，数据总量正在以年均 50%的速度增长，预计到 2020 年，将占全球数据总量的 21%。中国正在成为真正的数据资源大国，这为大数据产业发展提供了坚实的基础。

我国目前 70%的数据集中在政府部门，另外有 20%的数据掌握在大型企业手中，包括运营商、大型互联网企业等，剩余 10%的数据则分散在各个行业中。

第二节　大数据的定义、特征和作用

对一个新生的事物或现象，人们总试图用语言给它定义或贴上标签，以便称呼、了解、研究和应用。重要的是，这个定义必须准确和高度概括，且被学术界、产业界所认同，大数据的定义也不例外。

一、数据、信息和知识的关系

数据是使用约定俗成的关键字，对客观事物的数量、属性、位置及其相互关系进行抽象表示，以适合在这个领域中用人工或自然的方式进行保存、传递和处理。信息具有时效性，有一定的含义，可以是有逻辑的、经过加工处理的、对决策有价值的数据流。人们采用归纳、演绎、比较等手段对信息进行挖掘，使其中有价值的部分沉淀下来，这部分有价值的信息便转变成为知识。

如图 4-2 所示，“-100”是数字，属于数据的一个类别，当独立存在时却毫无意义，即使是变成“-100 万”都没有任何意义。只有当它处于特定的一个语境下，才具备特定的意义，如“A 公司今年利润为-100 万元”。当接收到这一串有价值的数据集合时，我们可以推断出“这家公司亏损了”的信息。我们可以进一步推导出：①原本打算去这家公司应聘工作，却担心这家公司发不起工资，便不去应聘了；②是时候抛出这家公司的股票了。注意，这些信息或推理都是人的大脑从这一串数据集合中获得的有价值的部分。

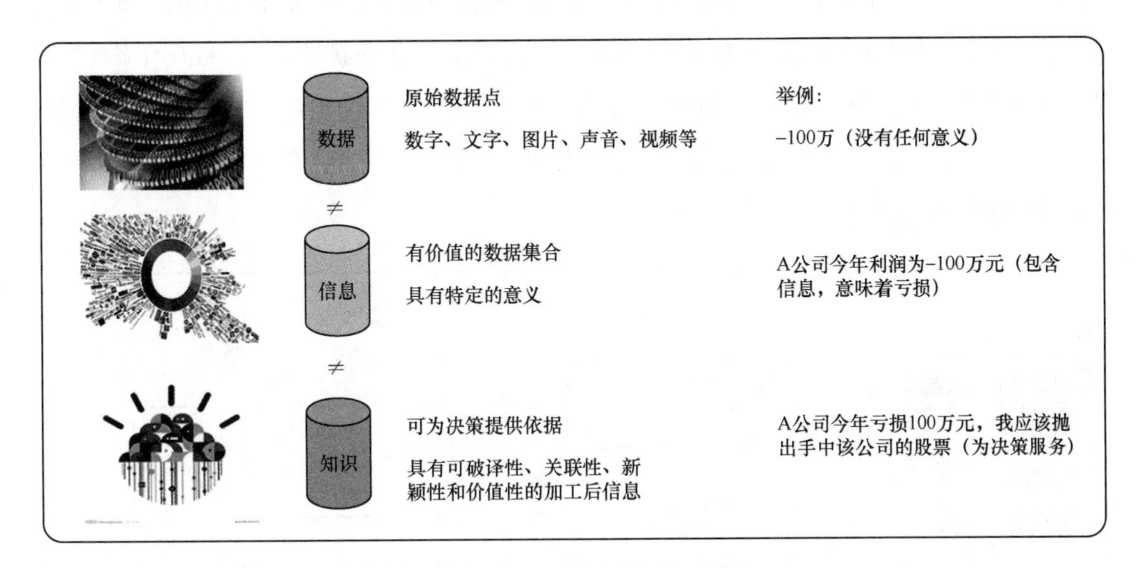

图 4-2 数据、信息和知识的关系

但是，到了知识这个层面，推理和思考的主体从人脑变成了计算机或者一个智能平台。当计算机获取“A 公司今年利润为-100 万元”这条信息后，智能平台将已经关联的某人的就业倾向和持有股票情况，自动地给此人推荐出如下决策：①建议不要去 A 公司找工作；②建议抛出 A 公司的股票，因为不能在这家公司分到红利了。这个智能平台推荐的决策就是大数据分析要做的工作，也是人们所期待的智能或者智慧。也可以从中看出，大数据技术的关键在于数据收集、信息共享或者连通。

二、大数据的定义

至今，学术界、产业界较为公认的大数据定义有两种，它们分别是美国高德纳（Gartner）咨询公司给出的定义和大数据专家舍恩伯格 • 库克耶在《大数据时代》中给出的定义。

（1）美国高德纳咨询公司给出的定义：大数据指无法在可承受的时间范围内用常规软件工具进行捕捉、管理和处理的数据集合，是需要新处理模式才能具有更强的决策力、洞察力和流程优化能力来适应海量、高增长率和多样化的信息资产。

（2）舍恩伯格·库克耶在《大数据时代》给出的含义：大数据即所有数据，不用随机分析法（抽样调查）这样的捷径，而采用所有数据进行分析处理。大数据具有 4V 特征：Volume（大量）、Velocity（高速）、Variety（多样）、Value（价值）。

借助图 4-3，我们能更好地理解美国高德纳咨询公司给出的大数据定义。定义中所指的常规软件是 Excel、Access、SPSS、Oracle 等数据处理软件（需要强调的是并非这些软件失去了价值），新的处理模式是使用非常规软件，如 Hadoop、Spark、Storm 和 Elastic Stack 等大数据技术平台。借助这类大数据技术平台对海量数据的计算和存储等能力，将具有多样性和带有标注的数据送入与机器学习、深度学习等相关的某个分析算法中，训练出一个数学模型。当新产生的数据被送入这个数据模型时，数据模型就会给出一个相应的预测值。在实际应用中，这个预测值可用于决策和流程优化等。

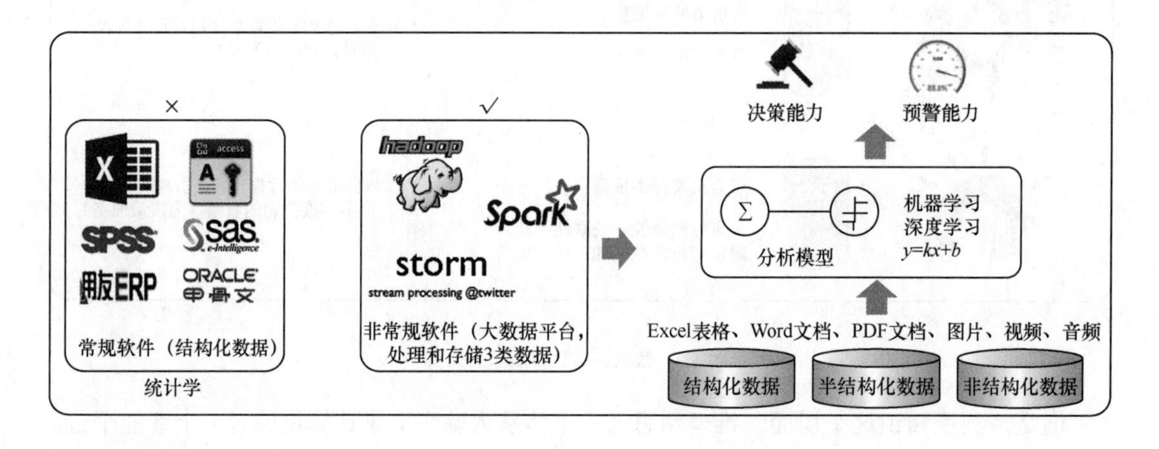

图 4-3　对大数据定义的理解示意图

三、大数据的特征

舍恩伯格·库克耶在《大数据时代》中提出，大数据应具备 4V 特征，它们分别是数据体量巨大（Volume）、数据类型繁多（Variety）、处理速度快（Velocity）和价值密度低（Value），如图 4-4 所示。荷兰阿姆斯特丹大学的 Yuri Demchenko 等人则认为大数据应具备 5V 特征，它们分别是数据量大（Volume）、速度快（Velocity）、多样性（Variety）、价值密度低（Value）和真实性（Veracity）。相比较来看，后者多定义了一个特征，即数据的真实性（Veracity）。但是，人们常采纳 4V 特征，因为数据的真实性是挖掘大数据隐藏价值最为根本的前提，如果数据不具备真实性，所做的一切工作都将毫无意义，因此，本读本也采纳了 4V 特征。

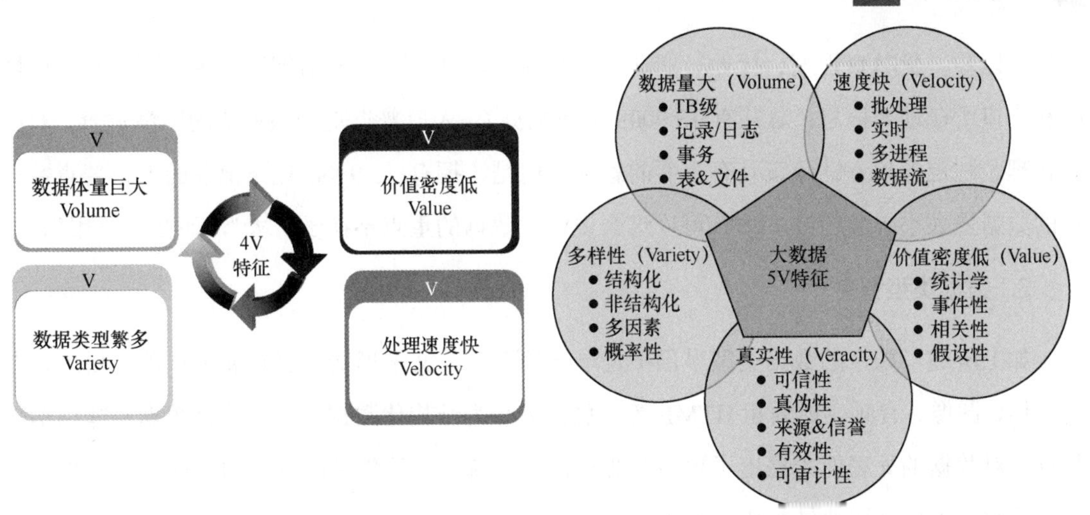

舍恩伯格·库克耶的《大数据时代》提出的4V特征　　荷兰阿姆斯特丹大学的Yuri Demchenko等人提出的5V特征

图 4-4　大数据的特征

1. 数据体量巨大

大数据的中心词是“数据”，在之前已经做了详细的阐述。大数据的形容词是“大”，究竟多大规模的数据量才能认为是大数据，维基百科给出了一个理论范围值。维基百科认为，大数据当前泛指单一数据集的大小在几十 TB 至数 PB 之间，理论范围值是数十 TB 到数 PB，如图 4-5 所示。

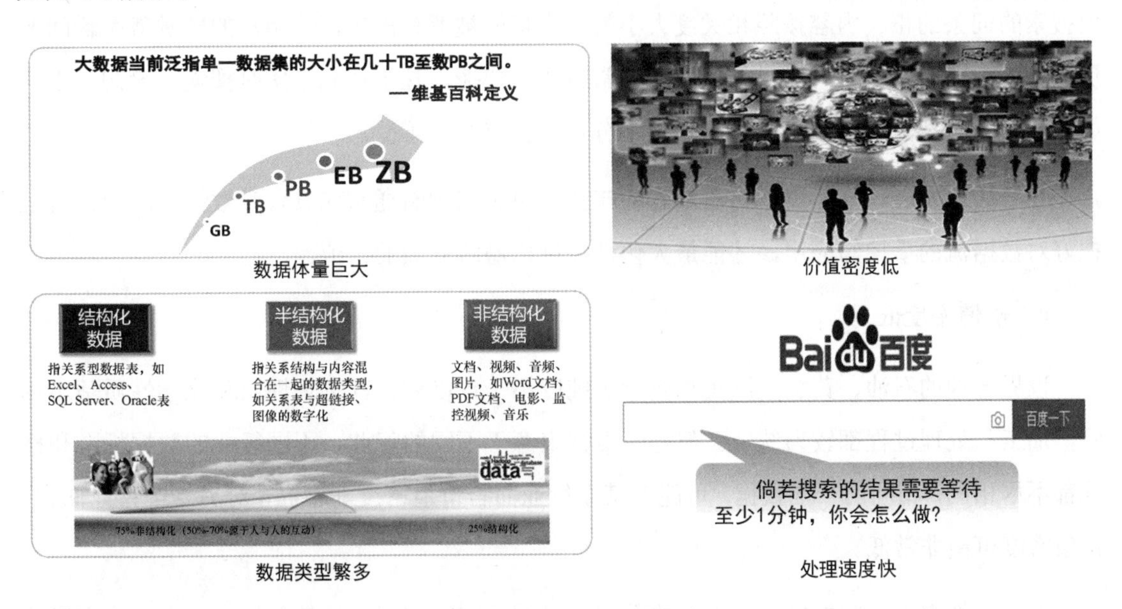

图 4-5　4V 特征的特性

笔者认为这仅仅是一个理论范围值，在实际生产过程中，则不尽相同。例如，我国的人口普查数据是结构化数据，每一条数据都记录了一个人的身份证号码、姓名、性别、年龄、民族、国籍、受教育程度、行业、职业、迁移流动、社会保障、婚姻、生育、死亡、住房情况和户口所在地等信息，总共有13.9008亿条数据[①]。人口普查是一项重要的国情调查，对国家管理、制定各项方针政策具有重要的意义。但是，拥有13.9008亿条记录的人口普查数据总的数据量大小不会超过1TB。可以这么说，大数据的重点不在于“大”，而在于“用”。

2. 数据类型繁多

如上所述，如今的数据类型早已不是单一的数字、文本形式，已扩展至订单、日志、办公文档、图像、音频、视频和HTML等，总体上分为结构化数据、半结构化数据和非结构化数据，对数据的处理能力提出了更高的要求，是传统的统计学无能为力的。同时，世界上的结构化数据占比远比非结构化数据小。

相比结构化数据，非结构化数据对企业同样重要，企业不仅希望看到“树木”，更希望看到“森林”，这就意味着企业不仅希望实时分析结构化数据，也希望分析非结构化的数据。但是，非结构化数据的格式、标准非常多，而且在技术层面上，非结构化信息比结构化信息更难标准化和理解。目前，国内企业在进行非结构化数据分析方面仍处于初始阶段。

3. 处理速度快

百度搜索引擎是现代人们查阅资料、自学必备的工具，当单击“百度一下”按钮后，需要搜索的词条的相关内容按照相关度大小就会在瞬间被罗列出来，给用户的感觉就是瞬间遍历了整个互联网上所有网站里的资料，非常方便、快捷，几乎达到了实时搜索。设想一下，如果利用百度搜索一个词条，耗时超过1分钟，会有什么感受。

经济高速发展、社会竞争日趋激烈的年代，决策和判断通常应具备时效性，企业只有把握好对数据流的掌控与应用，才能最大化地挖掘出潜藏的商业价值。

4. 价值密度低

世界各地的石油、黄金，同类物质除了纯度不一致以外，其物理性质和化学性质基本相同，加工和处理过程都较为统一。但是，数据来源于不同的行业，不同行业的数据标准和格式都不尽相同，相同的一堆数据，可能对某个行业而言价值密度非常高，对另一个行业而言，价值密度可能非常低。

例如，教室里的监控摄像头采集的数据，对教学监管部门（如教务处）而言价值密度非

---

① 根据中国最新人口数据显示，2018年中国人口总人数约为13.9008亿。

常高（通过它可以了解教师和学生每次的上课情况）；而对教师和学生而言，价值密度就非常低，甚至毫无用处。但是，当某一天某个学生放在教室里的手机被别人拿走了，监控摄像头所采集的数据对这个学生来说，价值密度就非常高。因为他可以调取监控视频，查看是谁拿走了他的手机。

价值密度的高低与数据总量的大小成反比。特别地，数据总量中的非结构化数据越来越多时，数据的价值密度就会越来越低。如何通过强大的计算机算法更迅速地提取数据的价值，成为目前大数据背景下亟待解决的难题。

四、大数据的理论、技术和实践

想要系统地认知大数据，必须全面而细致地分解它。分解大数据可以从理论、技术和实践 3 个层面来展开，如图 4-6 所示。

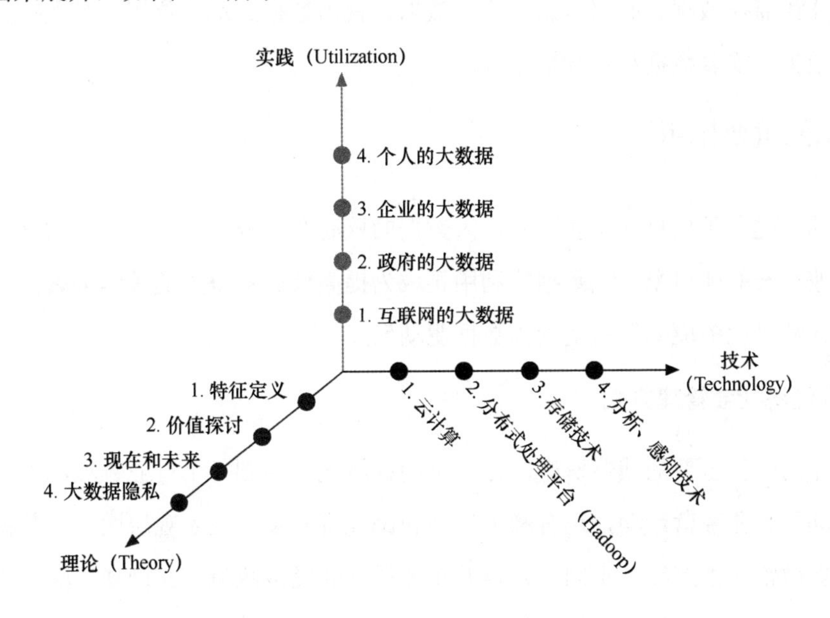

图 4-6　大数据的理论、技术和实践

1. 理论层面

理论是认知的必经途径，也是被广泛认同和传播的基础。大数据理论涉及大数据的特征、定义，理解行业对大数据的整体描绘和定性；探讨大数据的价值，深入解析大数据的珍贵所在；洞悉大数据的发展趋势，把握大数据的发展方向；从大数据隐私、大数据安全这个特别而重要的视角审视人与数据之间的长久博弈。

2. 技术层面

大数据技术是大数据价值体现的手段和前进的基石。大数据技术涉及云计算、分布式处理、存储和传感等技术，以及 Hadoop、Spark、Storm 和 Elastic Stack 等大数据技术平台的发展，直接影响到大数据从采集、处理、存储、分析到形成结果的整个过程。

3. 实践层面

大数据实践是大数据的最终价值体现。大数据实践涉及从互联网大数据、政府大数据、企业大数据和个人大数据 4 个方面挖掘和分析潜藏的数据价值。在我国，个人大数据这个概念很少被提及，简单来说，个人大数据就是与个人相关联的被有效采集的各种有价值数据信息，可由本人授权提供给第三方进行处理和使用，并获得第三方提供的数据服务。未来，可以确定哪些个人数据可被采集，并通过可穿戴设备或植入芯片等感知技术来采集个人的大数据。例如，牙齿监控数据、心率数据、体温数据、视力数据、地理位置信息数据、社会关系数据、运动数据、饮食数据和购物数据等。

五、大数据的重要作用①

大数据的关键在于信息共享和互通，大数据的核心在于分析和决策。大数据正成为信息产业持续高速增长的新引擎，大数据的利用正成为提高核心竞争力的关键因素，各行各业的决策手段正在从“业务驱动”转变为“数据驱动”。

1. 改变经济社会管理方式

大数据作为一种重要的战略资产，已经不同程度地渗透到每个行业领域和部门，其深度应用不仅有助于企业经营活动，还有利于推动国民经济发展。在宏观层面，大数据使经济决策部门可以更敏锐地把握经济走向，制定并实施科学的经济政策。在微观层面，大数据可以提高企业经营决策水平和效率，推动创新，给企业、行业领域带来价值。大数据技术作为一种重要的信息技术，对提高安全保障能力、应急能力，优化公共事业服务，提高社会管理水平的作用正在日益凸显。在国防、反恐、安全等领域，应用大数据技术能够对来自多渠道的信息快速进行自动分类、整理、分析和反馈，有效解决情报、监视和侦察系统不足等问题，提高国家安全保障能力。

除此之外，大数据还将推动社会各个主体共同参与社会治理。网络社会是一个复杂、开

① 本节引至中国电子技术标准化研究院的《大数据标准化白皮书（2016）》。

放的巨型系统，这个巨型系统打破了传统组织的层级化结构，呈现出扁平化特征。个体的身份经历了从单位人、社会人到网络人的转变过程。政府、企业、社会组织、公民等各种主体都以更加平等的身份参与到网络社会的互动和合作之中，这对促进城市转型升级和提高可持续发展能力、提升社会治理能力、实现推进社会治理机制创新、促进社会治理实现管理精细化、服务智慧化、决策科学化、品质高端化等具有重要作用。

2. 促进行业融合发展

网络环境、移动终端随影而行，网上购物、社交网站、电子邮件、微信不可或缺，社会主体的日常生活在虚拟的环境下得到承载和体现。正如工业化时代商品和交易的快速流通催生大规模制造业发展，信息的大量、快速流通将伴随着行业的融合发展，使经济形态发生大范围变化。

大数据应用的关键在于信息共享，在于信息的互通，各行业已逐渐意识到单一数据无法发挥最大效能，行业或部门之间相互交换数据已成为一种发展趋势。在虚拟环境下，遵循类似于摩尔定律原则增长的海量数据，在技术和业务的促进下，跨领域、跨系统、跨地域的数据共享成为可能，大数据支持着机构业务决策和管理决策的精准性、科学性及社会整体层面的业务协同效率的提高。

3. 推动产业转型升级

信息消费作为一种以信息产品和服务为消费对象的活动，覆盖多种服务形态、多种信息产品和多种服务模式。当围绕数据的业务在数据规模、类型和变化速度达到一定程度时，大数据对产业发展的影响将随之显现。

在面对多维度、爆炸式增长的海量数据时，信息通信技术（ICT）产业面临着有效存储、实时分析、高性能计算等挑战，这将对软件产业、芯片及存储产业产生重要影响，进而推动一体化数据存储处理服务器、内存计算等产品的升级创新。对数据快速处理和分析的需求，将推动商业智能、数据挖掘等软件在企业级的信息系统中得到融合应用，成为业务创新的重要手段。

同时，“互联网+”战略使大数据在促进网络通信技术与传统产业密切融合方面的作用更加凸显，对传统产业的转型发展，创造出更多价值，影响重大。未来，大数据发展将使软硬件及服务等市场的价值更大，也将对有关的传统行业转型升级产生重要影响。

4. 助力智慧城市建设

信息资源的开发和利用水平，在某种程度上代表着信息时代下社会的整体发展水平和运转效率。大数据与智慧城市是信息化建设的内容与平台，两者互为推动力量。智慧城市是大数据的源头，大数据是智慧城市的内核。

针对政府，大数据为政府管理提供强大的决策支持。在城市规划方面，通过对城市地理、气象等自然信息和经济、社会、文化、人口等人文信息的挖掘，大数据可以为城市规划提供强大的决策支持，强化城市管理服务的科学性和前瞻性。在交通管理方面，通过对道路交通信息的实时挖掘，大数据能够有效缓解交通拥堵，并快速响应突发状况，为城市交通的良性运转提供科学的决策依据；在舆情监控方面，通过网络关键词搜索及语义智能分析，大数据能提高舆情分析的及时性、全面性，使人们全面掌握社情民意，提高公共服务能力，应对网络突发的公共事件，打击违法犯罪；在安防领域，通过大数据的挖掘，我们可以及时发现人为或自然灾害、恐怖事件，提高应急处理能力和安全防范能力。

针对民生，大数据将提高城市居民的生活品质。与民生密切相关的智慧应用包括智慧交通、智慧医疗、智慧家居、智慧安防等，这些智慧化的应用将极大地拓展民众生活空间，引领大数据时代智慧人生的到来。大数据是未来人们享受智慧生活的基础，将改变传统“简单平面”的生活常态，大数据的应用服务将使信息变得更加广泛，使生活变得多维和立体。

5. 创新商业模式

在大数据时代，产业发展模式和格局正在发生深刻变革。围绕着数据价值的行业创新发展将悄然影响各行各业的主营业态。而随之带来的，则是大数据产业下的创新商业模式。

一方面围绕数据产品价值链而产生诸如数据租售模式、信息租售模式、知识租售模式等。数据租售旨在为客户提供原始的租售；信息租售旨在向客户租售某种主题的相关数据集，是对原始数据进行整合、提炼、萃取，使数据形成价值密度更高的信息；知识租售旨在为客户提供一体化的业务问题解决方案，是将原始数据或信息与行业知识利用相结合，通过行业专家深入介入客户业务流程，提供业务问题解决方案。

另一方面，通过对大数据的处理分析，企业现有的商业模式、业务流程、组织架构、生产体系、营销体系也将发生变化。以数据为中心，挖掘客户潜在的需求，不仅能够提升企业运作的效率，更可以借由数据重新思考商业社会的需求与自身业务模式的转型，快速重构新的价值链，建立新的行业领导能力，提升企业影响力。

6. 改变科学研究的方法论

大数据技术的兴起对传统的科学方法论带来了挑战和变革。随着计算机技术和网络技术的发展，采集、存储、传输和处理数据都已经成了容易实现的事情。面对复杂对象，研究者没有必要再做过多的还原和精简，而是可以通过大量数据甚至海量数据来全面、完整地刻画对象，通过处理海量数据来找到研究对象的规律和本质。在大数据时代，当数据处理技术已经发生翻天覆地的变化时，我们需要的是所有数据，即“样本=总体”，相比依赖于小数据和精确性的时代，大数据因为强调数据的完整性和混杂性，突出事务的关联性，为解决问题提供了新的视角，帮助研究者进一步接近事实的真相。

第三节 大数据、物联网和云计算的关系

在“互联网+”的大背景下，大数据、物联网和云计算的相关产业得到迅速发展，这些名词在我们生活中也频繁出现，正确认识和理解它们之间的关系就显得尤为重要。大数据的定义和特征已在前面进行了阐述，这里先讲解物联网和云计算。

一、物联网

国际电信联盟（ITU）对物联网定义为：通过二维码识别设备、射频识别（RFID）装置、红外感应器、全球定位系统和激光扫描器等信息传感设备，按约定的协议，把任何物品与互联网相连接，进行信息交换和通信，以实现智能化识别、定位、跟踪、监控和管理的一种网络。物联网的核心与基础仍然是互联网，是在互联网基础上延伸、扩展的网络，其用户端延伸和扩展到了任何物品与物品之间。物联网主要解决物品与物品（Thing to Thing，T2T）、人与物品（Human to Thing，H2T）、人与人（Human to Human，H2H）之间的互联。物联网应用中有 3 项关键技术，即传感器技术、RFID 标签和嵌入式系统技术，涉及 RFID、传感网、M2M（人到人、人到机器）、两化融合四大关键领域。

物联网用途广泛，遍及智能交通、环境保护、政府工作、公共安全、平安家居、智能消防、工业监测、环境监测、路灯照明管控、景观照明管控、楼宇照明管控、广场照明管控、老人护理、个人健康、花卉栽培、水系监测、食品溯源、敌情侦查和情报搜集等多个领域。在产业分布上，国内物联网产业已初步形成环渤海、长三角、珠三角，以及中西部地区等四大区域集聚发展的总体产业空间格局。其中，长三角地区产业规模位列四大区域之首。物联网的发展为建设国家智慧城市奠定了基础。

二、云计算

美国国家标准与技术研究院（NIST）对云计算的定义为：云计算是一种按使用量付费的模式，这种模式提供可用的、便捷的、按需的网络访问，进入可配置的计算资源共享池，资源包括网络、服务器、存储、应用软件、服务，这些资源能够被快速提供，只需投入少量的管理工作，或与服务供应商进行少量的交互。云计算是分布式计算、并行计算、效用计算、网络存储、虚拟化、负载均衡、热备份冗余等传统计算机和网络技术发展融合的产物。它涉及编程模式、海量数据分布存储技术、海量数据管理技术、虚拟化技术和云计算平台管理技术 5 种技术，包含基础设施即服务（IaaS）、平台即服务（PaaS）和软件即服务（SaaS）3 种服务形式。云计算常与网格计算、效用计算、自主计算相混淆。事实上，许多云计算的部署依赖于计算机集群（但与网格的组成、体系结构、目的、工作方式大相径庭），也融合了自主计算和效用计算的特点。

云计算可以让用户体验每秒 10 万亿次的运算能力，拥有如此强大的计算能力，可以模拟核爆炸、预测气候变化和市场发展趋势。用户可通过台式计算机、笔记本电脑、手机等方式接入数据中心，按自己的需求进行运算。国外谷歌公司的 BigQuery、亚马逊网络服务（AWS），以及国内的阿里云、华为云、腾讯云、云上贵州和 XenSystem 等各种云计算的应用服务范围正日渐扩大，影响力无可估量。

三、大数据、物联网和云计算三者之间的关系

大数据、物联网和云计算代表了 IT 领域最新的技术发展趋势，三者相辅相成，既有联系又有区别。《互联网进化论》一书提出“互联网的未来功能和结构将与人类大脑高度相似，也将具备互联网虚拟感觉、虚拟运动、虚拟中枢、虚拟记忆神经系统”，并绘制了一幅互联网虚拟大脑结构图，如图 4-7 所示。

从图 4-7 中可以看出，大数据、物联网和云计算有着密不可分的关系：物联网对应了互联网的感觉和运动神经系统；云计算是互联网的核心硬件层和核心软件层的集合，对应互联网中枢神经系统；大数据代表了互联网的信息层（海量数据），是互联网智慧和意识产生的基础；物联网、传统互联网和移动互联网在源源不断地向互联网大数据层汇聚数据和接收数据；云计算与物联网推动了大数据发展。

图 4-8 形象地说明了大数据、物联网和云计算的关系：①云计算为大数据提供了技术基础，大数据为云计算提供了用武之地；②物联网是大数据的重要数据来源，大数据技术为物

联网数据分析提供支撑；③云计算为物联网提供海量数据存储能力，物联网为云计算提供了广阔的应用空间。

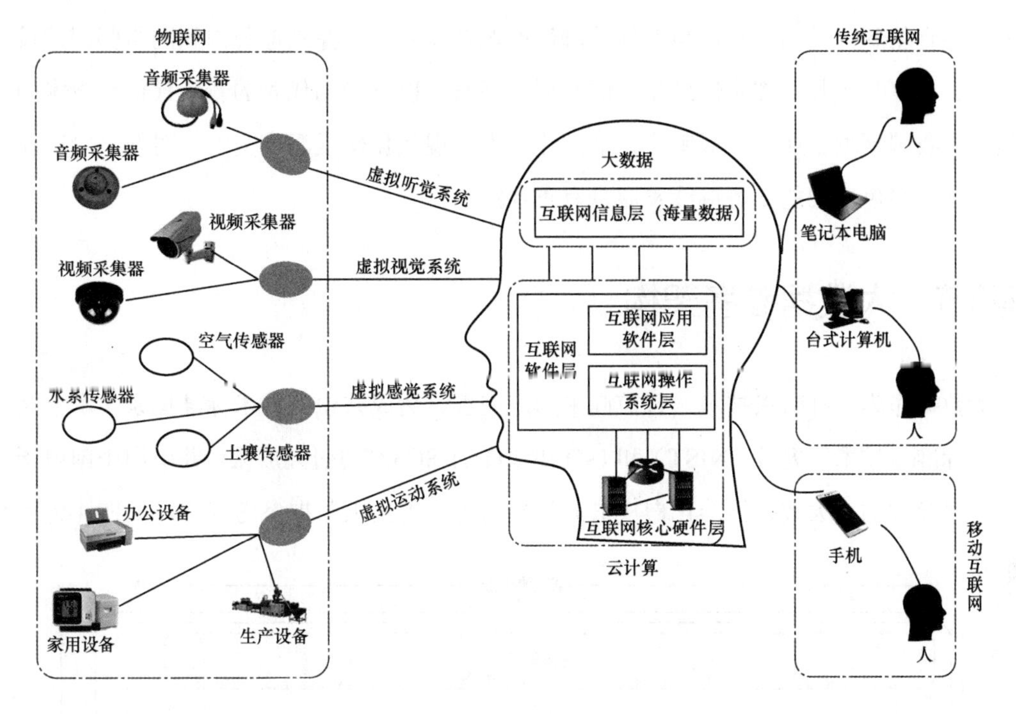

图 4-7 互联网虚拟大脑结构图

随着物联网的不断发展，运营商推进物联网与云计算的融合，为实现通信业的快速转型和升级而把物联网、云计算创新应用作为载体，对人们的衣、食、住、行和公共安全领域进行智能防护，遵循科学发展观，顺应自然发展规律，开发使用低碳、环保的新能源，使现代水利、电力和商业等与公众相关的产业变得更智能，更能满足人们的实际需求。

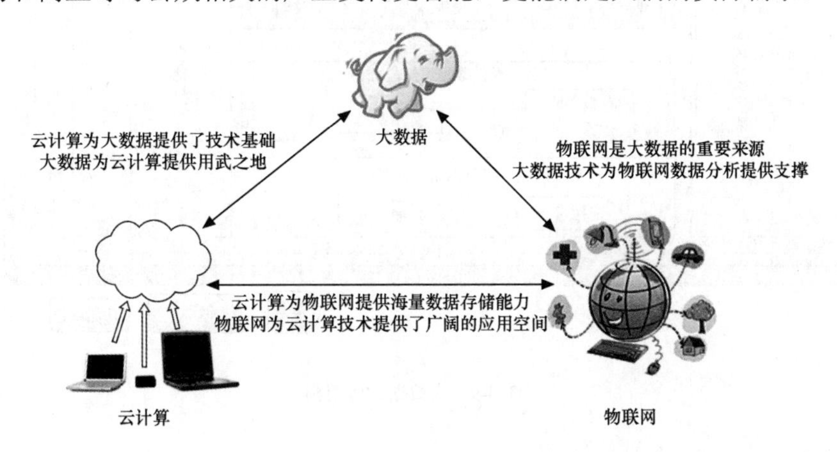

图 4-8 大数据、物联网和云计算的关系

目前，我国已成为全球物联网最大的市场，并成为产生和积累数据量最大、数据类型最

丰富的国家。工信部将继续加大投入，加强信息基础设施建设；加强数据共享，促进跨行业融合发展；探索创新模式，推动规模化应用；加快物联网与移动互联网、大数据、云计算等新业态融合创新；推动信息化与实体经济深度融合发展，支撑制造强国和网络强国建设。物联网、云计算和大数据都是信息化向前发展的基石，以它们为代表的新一代信息技术的飞速发展，与我国新型工业化、城镇化、信息化、农业现代化建设深度交汇，对新一轮产业变革和经济社会绿色、智能、可持续发展具有重要意义。

第四节　大数据参考架构

大数据作为一种新兴技术，目前尚未形成完善、达成共识的技术标准体系。本节结合美国国家标准与技术研究院（NIST）和 ISO/IEC JTC1/SC32[①]的研究成果，并引用中国电子技术标准化研究院的《大数据标准化白皮书》最新内容，得出大数据参考架构，如图 4-9 所示。

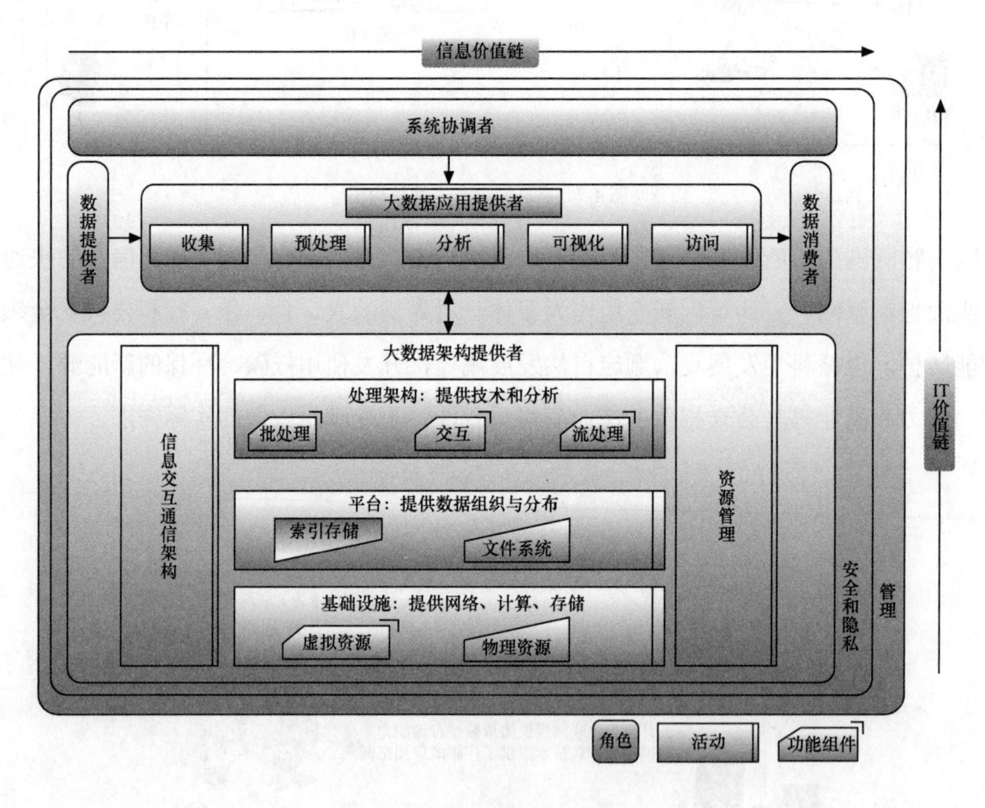

图 4-9　大数据参考架构

① 国际标准化组织/国际电工委员会第一联合技术委员会。

一、参考架构的解释说明

（1）大数据参考架构总体上可以概括为“一个概念体系，两个价值链维度”。

“一个概念体系”是一个构件层级分类体系，即“角色—活动—功能组件”，用于描述参考架构中的逻辑构件及其关系。“两个价值链维度”分别为“IT 价值链”和“信息价值链”。其中，“IT 价值链”反映的是大数据作为一种新兴的数据应用范式对 IT 技术产生的新需求所带来的价值；“信息价值链”反映的是大数据作为一种数据科学方法论对数据到知识的处理过程中所实现的信息流价值。这些内涵在大数据参考架构图中都得到了体现。

（2）大数据参考架构是一个通用的大数据系统概念模型。

它表示了通用的、技术无关的大数据系统逻辑功能构件及构件之间的互操作接口，可以作为开发各种类型大数据应用系统架构的通用技术参考框架。其目标是建立一个开放的大数据技术参考架构，使系统工程师、数据科学家、软件开发人员、数据架构师和高级决策者，能够在可以互操作的大数据生态系统中制订一个解决方案。它提供了一个通用的大数据应用系统框架，支持各种商业环境，包括紧密集成的企业系统和松散耦合的垂直行业，有助于理解大数据系统如何补充并有别于已有的分析、商业智能、数据库等传统的数据应用系统。

（3）大数据参考架构采用构件层级结构来表达大数据系统的高层概念和通用的构件分类法。

从构成上来看，大数据参考架构由一系列在不同概念层级上的逻辑构件组成。这些逻辑构件被划分为 3 个层级，从高到低依次为角色、活动和功能组件。最顶层级的逻辑构件是角色，包括系统协调者、数据提供者、大数据应用提供者、大数据框架提供者、数据消费者。第二层级的逻辑构件是每个角色执行的活动。第三层级的逻辑构件是执行每个活动需要的功能组件。

（4）大数据参考架构图的整体布局按照大数据价值链的两个维度来组织，即信息价值链（水平轴）和 IT 价值链（垂直轴）。

在信息价值链维度上，大数据的价值通过数据的收集、预处理、分析、可视化和访问等活动来实现。在 IT 价值链维度上，大数据价值通过为大数据应用提供存放和运行大数据的网络、基础设施、平台、应用工具及其他 IT 服务来实现。大数据应用提供者处在两个维度的交叉点上，表明大数据分析及其实施为两个价值链上的大数据利益相关者提供了价值。

参考架构可以用于多个大数据系统组成的复杂系统（如堆叠式或链式系统），这样一来，其中一个系统的大数据使用者就可以作为另外一个系统的大数据提供者。

二、五个主要技术角色

五个主要的模型构件代表在每个大数据系统中存在的不同技术角色，分别是系统协调者、数据提供者、大数据应用提供者、大数据框架提供者和数据消费者。

1. 系统协调者

系统协调者的职责在于规范和集成各类所需的数据应用活动，以构建一个可运行的垂直系统。系统协调者角色提供系统必须满足的整体要求，包括政策、治理、架构、资源和业务需求，以及为确保系统符合这些需求而进行的监控和审计活动。系统协调者的角色扮演者包括业务领导、咨询师、数据科学家、信息架构师、软件架构师、安全和隐私架构师、网络架构师等。系统协调者定义和整合所需的数据应用活动到运行的垂直系统中。系统协调者通常会涉及更多具体角色，由一个或多个角色扮演者管理和协调大数据系统的运行。这些角色扮演者可以是人、软件或二者的结合。系统协调者的功能是配置和管理大数据架构的其他组件，来执行一个或多个工作负载。这些由系统协调者管理的工作负载，在较低层可以把框架组件分配或调配到个别物理或虚拟节点上，在较高层可以提供一个图形用户界面来支持连接多个应用程序和组件的工作流规范。系统协调者也可以通过管理角色监控工作负载和系统，以确保每个工作负载都达到了特定的服务质量要求，还能够弹性地分配和提供额外的物理或虚拟资源，以满足由变化/激增的数据或用户/交易数量而带来的工作负载需求。

2. 数据提供者

数据提供者的职责是将数据和信息引入大数据系统中，供大数据系统发现、访问和转换，为大数据系统提供可用的数据。数据提供者的角色扮演者包括企业、公共代理机构、研究人员和科学家、搜索引擎、Web/FTP和其他应用、网络运营商、终端用户等。在一个大数据系统中，数据提供者的活动通常包括采集数据、持久化数据、对敏感信息进行转换和清洗、创建数据源的元数据及访问策略、访问控制、通过软件的可编程接口实现推式或拉式的数据访问、发布数据可用及访问方法的信息等。

数据提供者通常需要为各种数据源（原始数据或由其他系统预先转换的数据）创建一个抽象的数据源，通过不同的接口提供发现和访问数据的功能。这些接口通常包括一个注册表，使大数据应用程序能够找到数据提供者、确定包含感兴趣的数据、理解允许访问的类型、了解所支持的分析类型、定位数据源、确定数据访问方法、识别数据安全要求、识别数据保密要求及其他相关信息。因此，该接口将提供注册数据源、查询注册表、识别注册表中包含的标准数据集等功能。

3. 大数据应用提供者

大数据应用提供者的职责是通过在数据生命周期中执行的一组特定操作，来满足由系统协调者规定的要求，以及安全性、隐私性要求。大数据应用提供者通过把大数据框架中的一般性资源和服务能力相结合，把业务逻辑和功能封装成架构组件，构造出特定的大数据应用系统。大数据应用提供者的角色扮演者包括应用程序专家、平台专家、咨询师等。大数据应用提供者角色执行的活动包括数据的收集、预处理、分析、可视化和访问。

大数据应用提供者可以是单个实例，也可以是一组更细粒度大数据应用提供者实例的集合，集合中的每个实例执行数据生命周期中的不同活动。收集活动负责处理数据接口和数据引入。预处理活动执行的任务类似于 ETL 的转换环节，包括数据验证、清洗、标准化、格式化和存储。分析活动基于数据科学家的需求或垂直应用的需求，确定处理数据的算法来产生新的分析，解决技术目标，从而从数据中提取知识。可视化活动为最终数据消费者提供处理中的数据元素和呈现分析功能的输出。

4. 大数据框架提供者

大数据框架提供者的职责是为大数据应用提供者在创建具体应用时提供使用的资源和服务。大数据框架提供者的角色扮演者包括数据中心、云提供商、自建服务器集群等。大数据框架提供者的活动包括基础设施、平台、处理框架、信息交互/通信和资源管理。

基础设施为其他角色执行活动提供存放和运行大数据系统所需要的资源。在通常情况下，这些资源是物理资源的某种组合，用来支持相似的虚拟资源。资源一般可以分为网络、计算、存储和环境。网络资源负责在基础设施组件之间传送数据；计算资源包括物理处理器和内存，负责执行和保持大数据系统其他组件的软件；存储资源为大数据系统提供数据持久化能力；环境资源是在考虑建立大数据系统时需要的实体工厂资源，如供电、制冷等。

5. 数据消费者

数据消费者通过调用大数据应用提供者提供的接口按需访问信息，与其产生可视的、事后可查的交互。与数据提供者类似，数据消费者可以是终端用户或者其他应用系统。数据消费者执行的活动通常包括搜索/检索、下载、本地分析、生成报告、可视化等。数据消费者利用大数据应用提供者提供的界面或服务访问其感兴趣的信息，这些界面包括数据报表、数据检索、数据渲染等。数据消费者角色也会通过数据访问活动与大数据应用提供者交互，执行其提供的数据分析和可视化功能。

另外两个非常重要的模型构件是安全隐私与管理，它们能为大数据系统 5 个主要模型构件提供服务和功能的构件。这两个关键模型构件的功能极其重要，因此也被集成在任何大数据解决方案中。

第五节　大数据关键技术

大数据技术围绕大数据产业链从技术角度涉及的4个环节而展开，如图4-10所示。大数据领域已经涌现出了大量新的技术，它们成为大数据采集、存储、处理和呈现的有力武器。大数据产业链上的4个环节涉及如下6个关键技术。

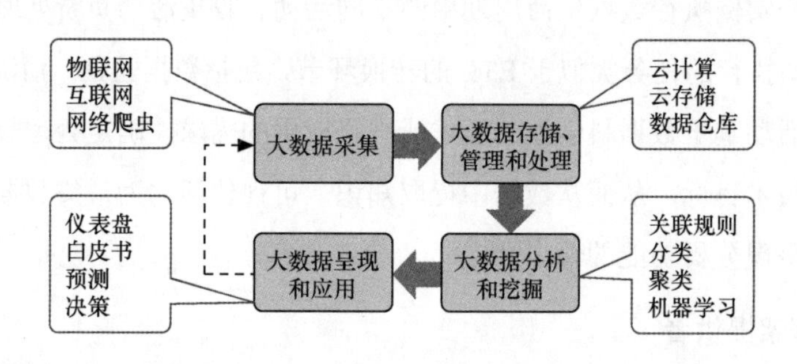

图4-10　大数据产业链上的4个环节

一、大数据采集

大数据采集技术指通过RFID射频数据、传感器数据、社交网络交互数据、移动互联网数据和应用系统数据抽取等技术获得的各种类型的结构化、半结构化和非结构化的海量数据，是大数据知识服务模型的根本，也是大数据的关键环节。按获取的方式不同，大数据采集分为设备数据采集和互联网数据采集，如图4-11所示。

设备数据采集分为大数据智能感知层和基础支撑层。大数据智能感知层：主要包括数据传感体系、网络通信体系、传感适配体系、智能识别体系及软硬件资源接入系统，实现对结构化、半结构化、非结构化的海量数据的智能化识别、定位、跟踪、接入、传输、信号转换、监控、初步处理和管理等；我们必须着重攻克针对大数据源的智能识别、感知、适配、传输、接入等技术中存在的难题。基础支撑层：提供大数据服务平台所需的虚拟服务器，结构化、半结构化及非结构化数据的数据库，以及物联网资源等基础支撑环境；必须重点攻克分布式虚拟存储技术，大数据获取、存储、组织、分析和决策操作的可视化接口技术，大数据的网络传输与压缩技术，大数据隐私保护技术等方面存在的难题。常用的采集手段有通过条形码、二维码、智能卡和各类传感器等采集。

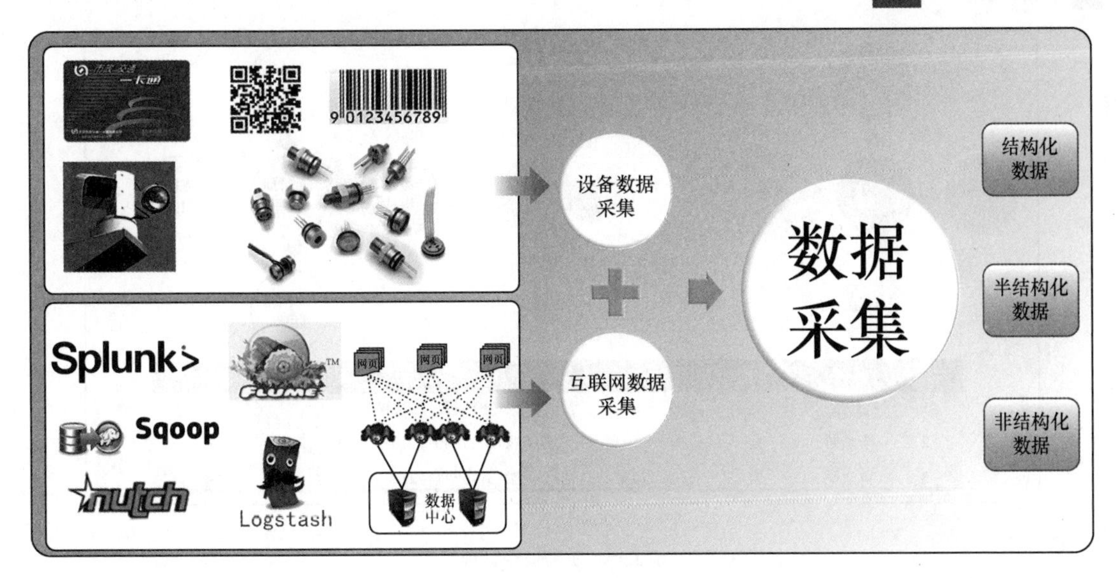

图 4-11 大数据采集技术

互联网数据采集是利用各种网络爬虫爬取社交网络的交互数据、移动互联网数据和电商数据等。常用的互联网数据采集软件有 Splunk、Sqoop、Flume、Logstash、Kettle 及各种网络爬虫（如 Heritrix、Nutch 等）。

二、大数据预处理

数据的质量对数据的价值大小有直接影响，低质量数据将导致低质量的分析和挖掘结果。广义的数据质量涉及许多因素，如数据的准确性、完整性、一致性、时效性、可信性与可解释性等，如图 4-12 所示。

大数据系统中的数据通常具有一个或多个数据源，这些数据源可以包括同构/异构的（大）数据库、文件系统、服务接口等。这些数据源中的数据来源于现实世界，容易受到噪声数据、数据值缺失与数据冲突等的影响。此外，数据处理、分析、可视化过程中的算法与实现技术复杂多样，往往需要对数据的组织、数据的表达形式、数据的位置等进行一些前置处理。图 4-12 中底部的表格是一份非常标准的结构化数据。在表中，姓名为“王伟”的身份证号末尾出现字母“A”，这违背了我国身份证号编码的规则，同时违背了数据的准确性；姓名为“李晴娇”的婚否情况缺失，若重点关注婚姻情况的公司（如婚介公司）拿到此条数据就毫无意义，违背了数据的完整性；假设表格中姓名为“黄大明”在现实生活中已经结婚，但表格数据显示此人的婚否情况是“否”，违背了数据的一致性和及时性。这些都违背了数据质量的性质，必须进行修正，因此，引入数据的预处理就显得十分必要了。

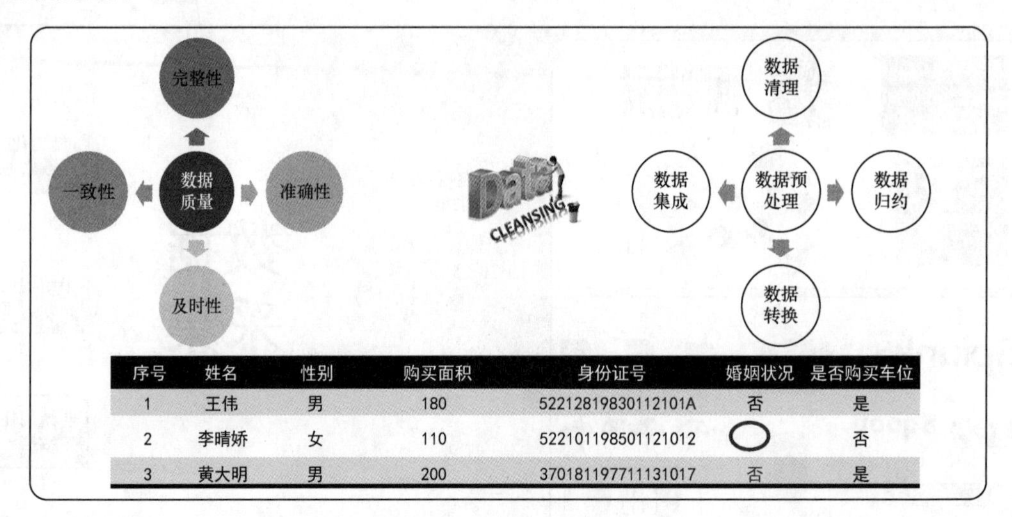

序号	姓名	性别	购买面积	身份证号	婚姻状况	是否购买车位
1	王伟	男	180	52212819830112101A	否	是
2	李晴娇	女	110	522101198501121012		否
3	黄大明	男	200	370181197711131017	否	是

图 4-12　大数据预处理

数据预处理的引入，将有助于提升数据质量，并使后续数据处理、分析、可视化过程更加容易、有效，有利于获得更好的用户体验。数据预处理从形式上包括数据清理、数据集成、数据归约与数据转换等阶段，如图 4-12 所示。

数据清理技术包括数据不一致性检测技术、脏数据识别技术、数据过滤技术、数据修正技术、数据噪声的识别与平滑技术等。数据集成是把来自多个数据源的数据进行集成，缩短数据之间的物理距离，形成一个集中统一的（同构/异构）数据库、数据立方体、数据宽表或文件等。数据归约技术可以在不损害挖掘结果准确性的前提下，降低数据集的规模，得到简化的数据集。归约策略与技术包括维归约技术、数值归约技术、数据抽样技术等。经过数据转换处理后，数据被变换或统一。数据转换不仅能够简化处理与分析过程、提升时效性，也使分析挖掘的模式更容易被理解。数据转换处理技术包括基于规则或元数据的转换技术、基于模型和学习的转换技术等。

三、大数据存储

大数据存储是利用存储器把经过预处理后的数据存储起来，建立相应的数据库，形成数据中心，并进行管理和调用，重点解决复杂结构化、半结构化和非结构化大数据管理与处理，涉及大数据的可存储、可表示、可处理、可靠性及有效传输等几个关键问题，如图 4-13 所示。目前，主要数据存储介质类型包括内存、磁盘、磁带等；主要数据组织管理形式包括按行组织、按列组织、按键值组织和按关系组织；主要数据组织管理层次包括按块级组织、按文件级组织及按数据库级组织等。

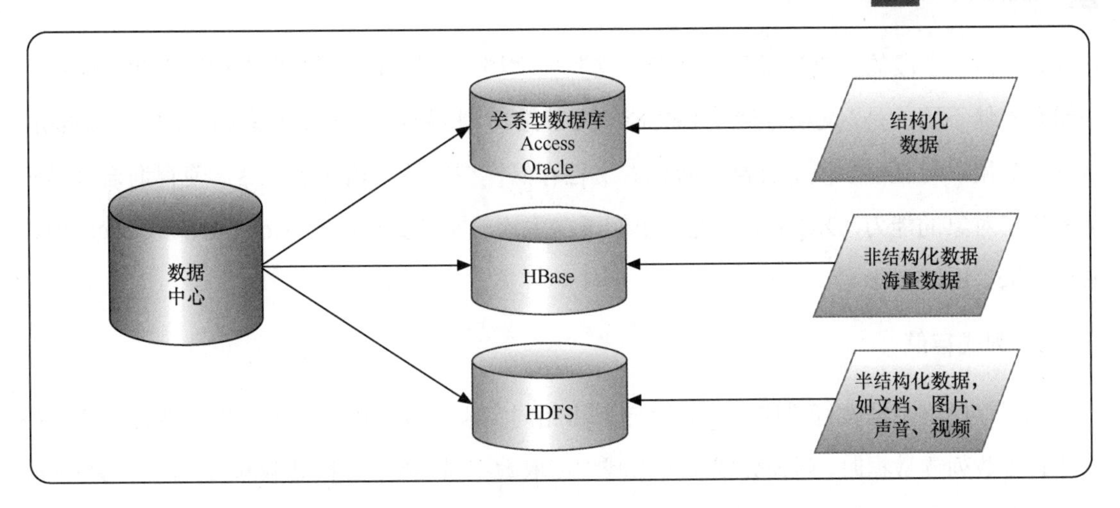

图 4-13 大数据存储示意图

分布式存储与访问是大数据存储的关键技术，它具有经济、高效、容错性好等特点。分布式存储技术与数据存储介质的类型、数据的组织管理形式直接相关，不同的存储介质和组织管理形式对应于不同的大数据特征和应用特点。

1. 分布式文件系统

分布式文件系统是由多个网络节点组成的向上层应用提供统一的文件服务的文件系统。分布式文件系统中的每个节点可以分布在不同的地理位置，通过网络进行节点间的通信和数据传输。分布式文件系统中的文件在物理上可能被分散存储在不同的节点上，在逻辑上仍然是一个完整的文件。使用分布式文件系统时，我们无须关心数据存储在哪个节点上，只要像本地文件系统一样管理和存储文件数据即可。

分布式文件系统能够在信息爆炸时代有效解决数据的存储和管理问题，它的性能与成本是线性增长的关系。分布式文件系统在大数据领域是最基础、最核心的功能组件，如何实现一个高扩展、高性能、高可用的分布式文件系统是大数据领域最关键的问题。目前，人们常用的分布式磁盘文件系统是 HDFS（Hadoop 分布式文件系统）、GFS（Google 分布式文件系统）、KFS（Kosmos 分布式文件系统）等；常用的分布式内存文件系统是 Tachyon 等。

2. 文档存储

文档存储支持对结构化数据的访问，与关系模型不同的是，文档存储没有强制的架构。事实上，文档存储以封包键值对的方式进行存储。在这种情况下，系统应该对要检索的封包采取一些约定，或者利用存储引擎将不同的文档划分成不同的集合，以方便管理数据。

与关系模型不同的是，文档存储模型支持嵌套结构。例如，文档存储模型支持 XML 和

JSON 文档，字段的“值”又可以嵌套存储其他文档。文档存储模型也支持数组和列值键。与键值存储不同的是，文档存储关心文档的内部结构，这使存储引擎可以直接支持二级索引，从而允许用户对任意字段进行高效查询。文档存储模型支持文档嵌套存储，使查询语言具有搜索嵌套对象的能力，XQuery 就是一个例子。主流的文档数据库有 MongoDB、CouchDB、Terrastore、RavenDB 等。

3. 列式存储

列式存储将数据按行排序、按列存储，将相同字段的数据作为一个列族来聚合存储。当只查询少数列族数据时，列式数据库可以减少读取数据量，减少数据装载和读入/读出的时间，提高数据处理效率。按列存储还可以承载更大的数据量，获得高效的垂直数据压缩能力，降低数据存储开销。使用列式存储的数据库产品有传统的数据仓库产品，如 Sybase IQ、InfiniDB、Vertica 等；也有开源的数据库产品，如 Hadoop、HBase、Infobright 等。

4. 键值存储

键值存储即 Key-Value 存储，简称 KV 存储，是 NoSQL 存储的一种方式。它的数据按照键值对的形式进行组织、索引和存储。键值存储非常适合不涉及过多数据关系和业务关系的业务数据，同时能有效减少读写磁盘的次数，比 SQL 数据库存储拥有更好的读写性能。键值存储一般不提供事务处理机制。主流的键值数据库产品有 Redis、Apache Cassandra、Google Bigtable 等。

5. 图形存储

图形数据库主要用于存储事物及事物之间的相关关系，这些事物整体上呈现复杂的网络关系，可以简单地称之为图形数据。使用传统的关系数据库技术已经无法很好地满足超大量图形数据的存储、查询等需求，如上百万或上千万个节点的图形关系，而图形数据库采用不同的技术很好地解决了图形数据的查询、遍历、求最短路径等需求。在图形数据库领域中，有不同的图模型来映射这些网络关系（如超图模型），以及包含节点、关系、属性信息的属性图模型等。图形数据库可用于对真实世界的各种对象进行建模（如社交图谱），以反映这些事物之间的相互关系。主流的图形数据库有 Google Pregel、Neo4j、Infinite Graph、DEX、InfoGrid、AllegroGraph、GraphDB、HyperGraphDB 等。

6. 关系存储

关系模型是最传统的数据存储模型，它使用记录（由元组组成）按行进行存储，记录存储在表中，表由架构界定。表中的每个列都有名称和类型，表中的所有记录都要符合表的定义。SQL 是专门的查询语言，提供相应的语法查找符合条件的记录，如表连接（Join）。表连接可以基于表之间的关系在多表之间查询记录。表中的记录可以被创建和删除，记录中的字段也可以单独更新。关系数据库通常提供事务处理机制，这为涉及多条记录的自动化处理提供了解决方案。对不同的编程语言而言，表可以被看成数组、记录列表或者结构。表可以使用B树和哈希表进行索引，以应对高性能访问。

传统的关系数据库厂商结合其他技术改进关系数据库，如采用分布式集群、列式存储技术，支持XML、JSON等数据的存储。

7. 内存存储

内存存储指内存数据库（MMDB）将数据库的工作版本放在内存中。由于数据库的操作都在内存中进行，因而磁盘I/O不再是性能瓶颈，内存数据库系统的设计目标就是提高数据库的效率和存储空间的利用率。内存存储的核心是内存存储管理模块，其管理策略的优劣直接关系到内存数据库系统的性能。基于内存存储的内存数据库产品有Oracle TimesTen、Altibase、eXtremeDB、Redis、RaptorDB、MemCached等产品。

四、大数据处理

大数据处理主要是分布式数据处理技术，它与分布式存储形式和业务数据类型有关。目前主要的数据处理计算模型包括MapReduce分布式计算框架、分布式内存计算系统、分布式流计算系统等，如图4-14所示。

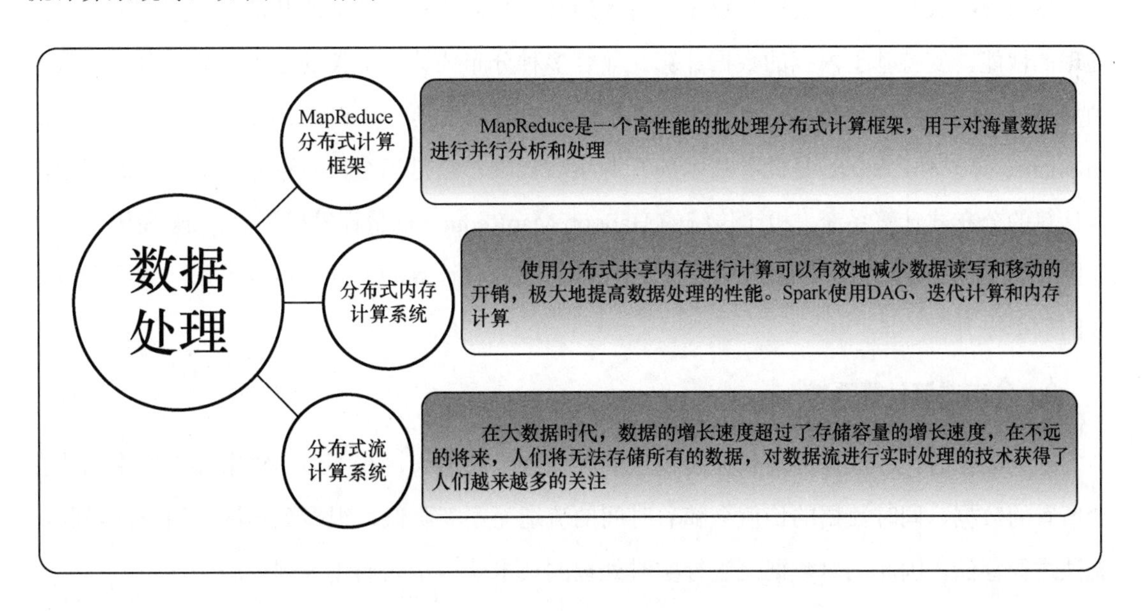

图4-14 大数据处理模型

1. MapReduce 分布式计算框架

MapReduce 是一个高性能的批处理分布式计算框架，用于对海量数据进行并行分析和处理。与传统数据仓库和分析技术相比，MapReduce 适合处理各种类型的数据，包括结构化、半结构化和非结构化数据，并且可以处理数据量为 TB 和 PB 级别的超大规模数据。

MapReduce 分布式计算框架将计算任务分为大量的并行 Map 和 Reduce 两类任务，并将 Map 任务部署到分布式集群中的不同计算机节点上并发运行，然后由 Reduce 任务对所有 Map 任务的执行结果进行汇总，得到最后的分析结果。MapReduce 分布式计算框架可动态增加或减少计算节点，具有很高的计算弹性，并且具备很好的任务调度能力和资源分配能力，具有很好的扩展性和容错性。MapReduce 分布式计算框架是大数据时代最为典型的、应用最广泛的分布式运行框架之一。

最流行的 MapReduce 分布式计算框架是由 Hadoop 实现的 MapReduce 框架。Hadoop MapReduce 基于 HDFS 和 HBase 等存储技术，确保数据存储的有效性，计算任务会被安排在离数据最近的节点上运行，减少数据在网络中的传输开销，同时还能够重新运行失败的任务。Hadoop MapReduce 已经在各个行业得到了广泛的应用，是最成熟和最流行的大数据处理技术。

2. 分布式内存计算系统

使用分布式共享内存进行计算可以有效地减少数据读写和移动的开销，极大地提高数据处理的性能。支持基于内存的数据计算、兼容多种分布式计算框架的通用计算平台是大数据领域所必需的重要关键技术。除了支持内存计算的商业工具（如 SAP HANA、Oracle BigData Appliance 等）外，Spark 是此种技术的开源实现代表，它是当今大数据领域最热门的基于内存计算的分布式计算系统。相比传统的 Hadoop MapReduce 批量计算模型，Spark 使用有向无环图（Directed Acyclic Graph，DAG）、迭代计算和内存计算的方式，可以带来一到两个数量级的效率提升。

3. 分布式流计算系统

在大数据时代，数据的增长速度超过了存储容量的增长，在不远的将来，人们将无法存储所有的数据，同时数据的价值会随着时间的流逝而不断降低，很多数据涉及用户的隐私，无法进行存储。因此，对数据流进行实时处理的技术获得了人们越来越多的关注。

数据的实时处理是一个很有挑战性的工作，数据流本身具有持续达到、速度快且规模巨大等特点，所以需要分布式的流计算技术对数据流进行实时处理。数据流的理论及技术研究已经有十几年的历史，目前仍旧是研究热点。当前得到广泛应用的很多系统多数为支持分布式、并行处理的流计算系统，比较有代表性的商用软件包括 IBM StreamBase 和 InfoSphere Streams，开源系统则包括 Twitter Storm、Yahoo S4、Spark Streaming 等。

五、大数据分析

大数据分析是大数据技术的核心，是提取隐含在数据中的、人们事先不知道的、但又是存在潜在价值的信息和知识的过程。大数据分析技术包括对已有数据信息进行分析的分布式统计分析技术，以及对未知数据信息进行分析的分布式挖掘和深度学习技术。分布式统计分析技术基本可由数据处理技术直接完成，而分布式挖掘和深度学习技术则可以进一步细分为关联分析、聚类、分类和深度学习。

1. 关联分析

关联分析是一种简单、实用的分析技术，就是发现存在于大量数据集中的关联性或相关性，从而描述一个事物中某些属性同时出现的规律和模式。关联分析在数据挖掘领域也被称为关联规则挖掘。

关联分析是从大量数据中发现属性项之间有趣的关联和相关联系。关联分析的一个典型实例是购物篮分析。该实例通过发现顾客放入其购物篮中的不同商品之间的联系，分析顾客的购买习惯，了解哪些商品频繁地被顾客同时购买，这种关联的发现可以帮助零售商制定营销策略。经典案例来自于“尿布和啤酒”，读者可在互联网上了解相关的介绍，这里不再阐述。留给读者思考的问题：这个经典案例来自沃尔玛，但为何在中国的沃尔玛超市里见不到尿布和啤酒摆放在临近的货架里？其他的分析应用还包括价目表设计、商品促销、商品的摆放和基于购买模式的顾客划分。

关联分析的算法主要分为广度优先算法和深度优先算法两大类。应用最广泛的广度优先算法有 Apriori、AprioriTid、AprioriHybrid、Partition、Sampling、DIC（Dynamic Itemset Counting）等。主要的深度优先算法有 FP-growth、ECLAT（Equivalence CLAss Transformation）、H-Mine 等。

众多算法中，Apriori 算法是一种广度优先的、挖掘产生布尔关联规则所需频繁属性项集合的算法，也是最著名的关联规则挖掘算法。它有一个很重要的性质：频繁项集的所有非空子集都必须也是频繁的。但是，算法在产生频繁模式完全集前需要对数据库进行多次扫描，同时产生大量的候选频繁集，这就使算法时间和空间复杂度较大。针对此问题，Jiawei

Han 等人于 2000 年提出了 FP-Growth 算法（FP 的全称是 Frequent Pattern），在算法中使用了一种被称为频繁模式树（Frequent Pattern Tree）的数据结构。频繁模式树是一种特殊的前缀树，由频繁项头表和项前缀树构成。FP-Growth 算法基于以上的结构加快整个挖掘过程。

2. 聚类

聚类指将物理或抽象对象的集合分组成为由类似的对象组成的多个类的过程，是一种重要的人类行为。聚类与分类的不同在于聚类所要求划分的类是未知的，是在相似的基础上收集数据来进行分类。聚类是将数据分类到不同的类或者簇的过程，同一个簇中的对象具有很大的相似性，而不同簇间的对象有很大的相异性。聚类源于很多领域，包括数学、计算机科学、统计学、生物学和经济学。在不同的应用领域，很多聚类技术都得到了发展，这些技术方法被用于描述数据，衡量不同数据源间的相似性，以及把数据源分类到不同的簇中。从实际应用的角度看，聚类分析是数据挖掘的主要任务之一。同时，聚类能够作为一个独立的工具获得数据的分布状况，可观察到每一簇数据的数据特征，并集中对特定的聚簇集合做进一步的分析。聚类分析还可以作为其他算法（如分类和定性归纳算法）的预处理步骤。

聚类是数据挖掘中一个很活跃的研究领域，传统的聚类算法可以被分为 5 类，即划分方法、层次方法、基于密度方法、基于网格方法和基于模型方法。传统的聚类算法已经比较成功地解决了低维数据的聚类问题。但是由于实际应用中数据的复杂性，在处理许多问题时，现有的算法经常失效，特别是在面对高维数据和大型数据的情况下。数据挖掘中的聚类研究主要集中在针对海量数据的有效和实用的聚类方法上，聚类方法的可伸缩性、高维聚类分析、分类属性数据聚类、具有混合属性数据的聚类和非距离模糊聚类等问题是目前数据挖掘研究人员最感兴趣的方向。常用算法有 K-MEANS 算法、K-MEDOIDS 算法、CLARANS 算法、BIRCH 算法、CURE 算法、CHAMELEON 算法、DBSCAN 算法、OPTICS 算法、DENCLUE 算法等。

其中，K-MEANS 算法最为著名。该算法需要人为给定一个 K 值（K 为拟分的类别数，如拟分为 2 类，则 K=2，需要将其输入算法中，作为初始值），K 的值确定了类别数，算法将随机产生 K 个中心点，并进行无数次迭代，最终形成 K 个类别，如图 4-15 所示。该算法的缺点在于需要人为确定 K 的值，这里不再赘述。

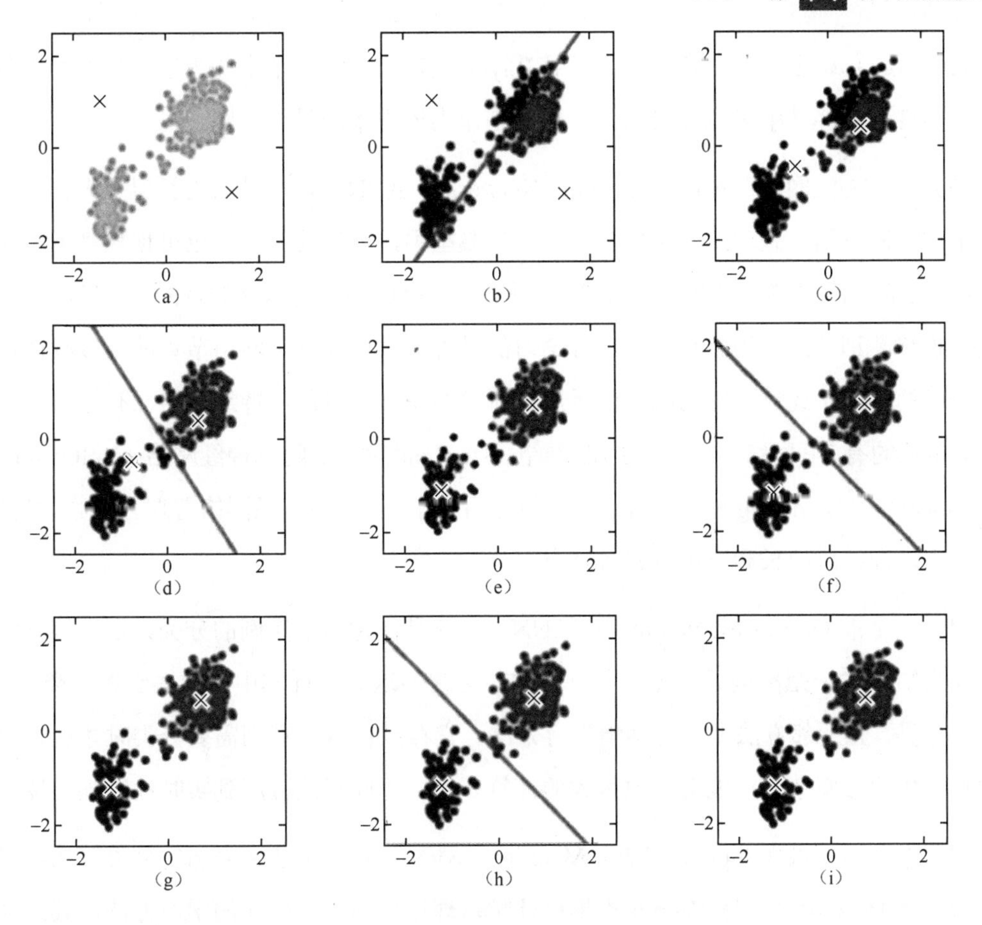

图 4-15 K-MEANS 算法过程（K=2）

3. 分类

分类指在一定的有监督的学习前提下，将物体或抽象对象的集合分成多个类的过程。也可以认为，分类是一种基于训练样本数据（这些数据已经被预先贴上了标签）区分另外的样本数据标签的过程，也就是说，需要如何给另外的样本数据贴标签。用于解决分类问题的方法非常多，常用的分类方法主要有决策树、贝叶斯（Bayes）分类算法、人工神经网络、k-近邻、支持向量机等方法。

（1）决策树是用于分类和预测的主要技术之一，决策树学习是以实例为基础的归纳学习算法，它着眼于从一组无次序、无规则的实例中推理出以决策树表示的分类规则。构造决策树的目的是找出属性和类别间的关系，用它来预测将来未知类别的记录的类别。它采用自顶向下的递归方式，在决策树的内部节点进行属性的比较，并根据不同属性值判断从该节点向下的分支，在决策树的叶节点得到结论。

（2）贝叶斯（Bayes）分类算法是一类利用概率统计知识进行分类的算法，如朴素贝叶斯

（Naive Bayes）算法。这些算法主要利用 Bayes 定理来预测一个未知类别的样本属于各个类别的可能性，选择其中可能性最大的一个类别作为该样本的最终类别。

（3）人工神经网络（Artificial Neural Networks，ANN）是一种应用类似于大脑神经突触连接的结构进行信息处理的数学模型。在这种模型中，大量的节点（也可称为“神经元”或“单元”）之间相互连接构成网络，即“神经网络”，以达到处理信息的目的。神经网络通常需要进行训练，训练的过程就是网络进行学习的过程。训练改变了网络节点的连接权值，使其具有分类的功能，经过训练的网络就可用于对象的识别。目前，神经网络已有上百种不同的模型，常见的有 BP 网络、径向基 RBF 网络、Hopfield 网络、随机神经网络（Boltzmann 机）、竞争神经网络（Hamming 网络，自组织映射网络）等。当前的神经网络普遍存在收敛速度慢、计算量大、训练时间长和不可解释等缺点。

（4）k-近邻（k-Nearest Neighbors，kNN）算法是一种基于实例的分类方法。该方法就是找出与未知样本 x 距离最近的 k 个训练样本，再观察这 k 个样本中多数属于哪一类，就把 x 归为那一类。k-近邻方法是一种懒惰学习方法，它存放样本，直到需要分类时才进行分类，如果样本集比较复杂，可能会导致很大的计算开销，因此无法应用到实时性很强的场合。

（5）支持向量机（Support Vector Machine，SVM）是一个非常著名的分类算法，算法示意图如图 4-16 所示。它是 Vapnik 根据统计学习理论提出的一种新的学习方法，其最大特点是根据结构风险最小化准则，以最大化分类间隔构造最优分类超平面，来提高学习机的泛化能力，较好地解决了非线性、高维数、局部极小点等问题。对于分类问题，支持向量机算法根据区域中的样本计算该区域的决策曲面，由此确定该区域中未知样本的类别。图 4-16 中被圈出来的几个点就是分类的关键点，也称支撑点。

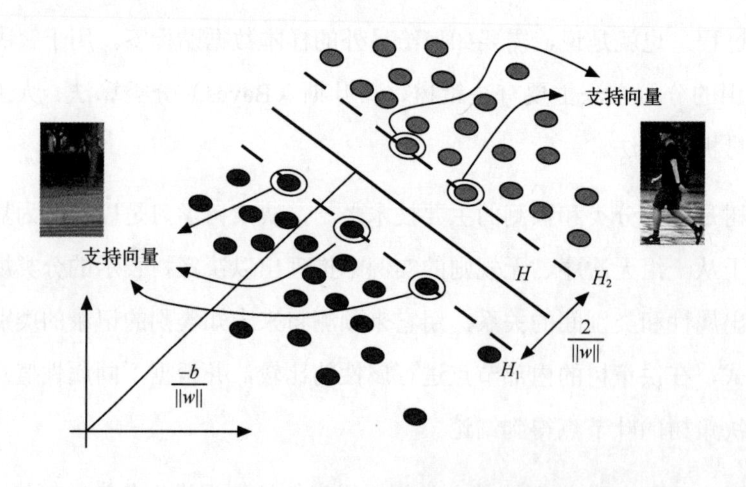

图 4-16　支持向量机的算法示意图

接下来，举一个实际的分类应用实例。2016 年底，我国高铁运营里程突破 2.2 万千米，到 2020 年，我国铁路营业里程将达到 12 万千米以上，高铁的安全任务是重中之重，如图 4-17 所示。若能实时采集中国高铁沿线部署的摄像头视频图片，并利用支持向量机等分类算法实时判断图片中是否出现行人或异常事件，而且准确率能达到工业级应用，就将是高铁安全运行的一大福音。

图 4-17 高铁沿线安全示意图

4. 深度学习

深度学习（Deep Learning，DL）是机器学习研究中的一个新的领域，其目的在于建立、模拟人脑进行分析学习的神经网络。它模仿人脑的机制来解释数据，例如，图像、声音和文本。深度学习的实质是通过构建具有很多隐层的机器学习模型和海量的训练数据，来学习更有用的特征，从而最终提升分类或预测的准确性。

深度学习的概念由 Hinton 等人于 2006 年提出，是一种使用深层神经网络的机器学习模型。2012 年，Hinton 的学生在图片分类竞赛 ImageNet 上大大降低了错误率，打败了工业界的巨头 Google 公司，这不仅在学术意义十分重大，而且吸引了工业界对深度学习的大规模的投入，掀起了人工智能的第三次热潮。

深层神经网络是包含很多隐层的人工神经网络，它具有优异的特征学习能力，学习得到的特征对数据有更本质的刻画，从而有利于分类或可视化。与机器学习方法相同，深度机器学习方法也有监督学习与无监督学习之分。在不同的学习框架下建立的学习模型的区别很大。例如，卷积神经网络（Convolutional Neural Networks，CNNs）就是一种深度的监督学习下的机器学习模型，而深度置信网（Deep Belief Nets，DBNs）就是一种无监督学习下的机器学习模型。当前，深度学习被用于计算机视觉、语音识别、自然语言处理等领域，并取得了大量突破性的成果。运用深度学习技术，我们能够从大数据中发掘出更多有价值的信息和知识。

AlphaGo是第一个击败人类职业围棋选手、第一个战胜围棋世界冠军的人工智能机器人，由谷歌（Google）旗下DeepMind公司戴密斯·哈萨比斯领衔的团队开发。其主要工作原理是利用“深度学习”算法。2016年3月8日，AlphaGo与围棋世界冠军、职业九段棋手李世石进行围棋人机大战，以4∶1的总比分获胜；2017年5月27日，在中国乌镇围棋峰会上，它与排名世界第一的世界围棋冠军柯洁对战，以3∶0的总比分获胜。围棋界公认AlphaGo的棋力已经超过人类职业围棋顶尖水平。2017年10月18日，DeepMind团队公布了最强版围棋人工智能机器人，代号为AlphaGo Zero。

六、大数据可视化

数据可视化（Data Visualization）运用计算机图形学和图像处理技术，将数据转换为图形或图像并在屏幕上显示出来，同时进行交互处理。清晰而有效地在数据与用户之间传递和沟通信息是数据可视化的重要目标。它涉及计算机图形学、图像处理、计算机辅助设计、计算机视觉和人机交互等多个技术领域。数据可视化的概念来自科学计算可视化（Visualization in Scientific Computing），科学家们不仅需要通过图形图像来分析由计算机算出的数据，而且需要了解数据在计算过程中的变化。数据可视化技术将数据库中每一个数据项作为单个图元元素表示，大量的数据集构成数据图像，同时将数据的各个属性值以多维数据的形式表示，用户可以从不同的维度观察数据，从而对数据进行更深入的观察和分析。

数据可视化的关键技术及相关软件如图4-18所示。

（1）数据信息的符号表达技术。除了常规的文字符号和几何图形符号外，各类坐标、图像阵列、图像动画等符号技术都可以用于表达数据信息，特别是多样符号的综合使用，往往能让用户获得不一样的沟通体验。各数据类型具体的符号表达技术形式包括各类报表、仪表盘、坐标曲线、地图、谱图、图像帧等。

（2）数据交互技术。除了各类PC和移动终端上的鼠标、键盘与屏幕的交互技术形式外，数据可视化可能还包括语音、指纹等交互技术。

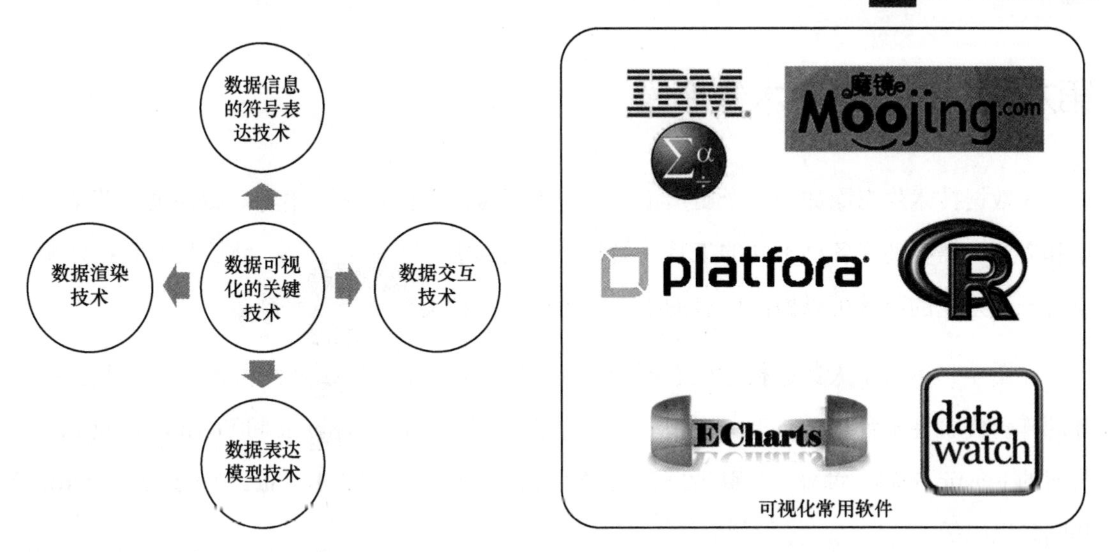

图 4-18 数据可视化的关键技术及相关软件

（3）数据表达模型技术。数据可视化表达模型描述了数据展示给用户所需要的语言文字、图形或图像等符号信息，以及符号表达的逻辑信息、数据交互方式信息等。其中，数据矢量从多维信息空间到视觉符号空间的映射与转换关系，是表达模型最重要的内容。此外，除了数据值的表达技术，数据趋势、数据对比、数据关系等表达技术都是表达模型中的重要内容。

（4）数据渲染技术。例如，各类符号到屏幕图形阵列的 2D 平面渲染技术、3D 立体渲染技术等。渲染关键技术还和具体媒介相关，例如，手机等移动终端上的渲染技术等。

大数据可视化与传统数据可视化不同。传统数据可视化技术和软件工具（如 BI）通常对数据库或数据仓库中的数据进行抽取、归纳和组合，通过不同的方式向用户进行展现，用于帮助用户发现数据之间的关联。而大数据时代的数据可视化技术则需要结合大数据多类型、大体量、高速率、易变化等特征，能够快速地收集、筛选、分析、归纳、展现决策者所需要的信息，支持交互式可视化分析，并根据新增的数据进行实时更新。

数据可视化技术在当前是一个正在迅速发展的新兴领域，已经出现了众多的数据可视化软件和工具，如 Tableau、Datawatch、Platfora、R、D3.js、Processing.js、Gephi、ECharts、大数据魔镜等。许多商业的大数据挖掘和分析软件也有数据可视化功能，如 IBM SPSS、SAS Enterprise Miner 等。

随着计算机技术的发展，数据可视化概念已大大扩展，它不仅包括科学计算数据的可视化，而且包括工程数据和测量数据的可视化。学术界常把这种空间数据的可视化技术称为体视化（Volume Visualization）技术。通过数据可视化技术，发现大量金融、通信和商业数据中隐含的规律信息，从而为决策提供依据，这已成为数据可视化技术中新的热点。

第六节 大数据技术生态圈

大数据技术生态圈如同一个厨房工具箱。为了做出不同口味的菜肴，如鲁菜、苏菜、川菜和粤菜，需要使用各种不同的工具。另外，客人的需求正在复杂化，新厨具不断被发明，没有一个万能的厨具可以做出所有的菜，因此厨具的种类会变得越来越多。

如图 4-19 所示，大数据技术生态圈分为两大阵营，分别是开源阵营和商业、半商业阵营。开源阵营代表性平台有 Apache 软件基金会（ASF）的 Hadoop、Spark 和 Storm，以及 Elastic 公司的 Elastic Stack；商业、半商业阵营代表性企业有 Oracle、IBM、Intel、Google、Microsoft 和阿里巴巴等。

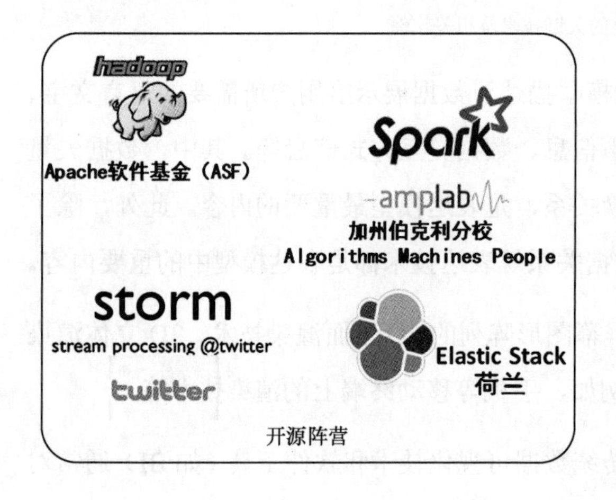

图 4-19 大数据技术生态圈

一、开源阵营

2017 年 3 月，在合众数据黄山技术交流大会上，OpenFEA[①]总架构师发布了大数据生态圈三强名单，它们分别是 Spark（S）、Hadoop（H）和 Elastic Stack（E），即 SHE。之所以给它们起一个简称 SHE，一方面是因为顺口，方便记忆；另一方面是因为这三大系统都是大数据技术圈比较有代表性的生态系统及框架。它们就像大地一样，承载万物，哺育万物，提供了各类大数据解决方案的支撑骨架，并且关系着各类应用的生发衰亡。

大数据的相关技术活动开始于 2012 年，而在此之前，一些开源项目已非常活跃并在业界和学术界产生了巨大影响。最为著名的 Hadoop 早在 2005 年就由 Apache 软件基金会（ASF）

① OpenFEA 是一站式大数据敏捷分析系统。

引入为独立开源项目，时至今日仍在不断地得到广泛应用和改进，其开源生态圈几乎已成为大数据的实际标准。Apache 软件基金会也成为最具影响力的大数据开源组织。现在，各类活跃的大数据开源项目已逐渐主导市场，降低了大数据技术门槛，为大数据产业持续快速发展奠定了良好的技术基础。

1. Hadoop 生态圈

在大数据概念被提出前，人们就在探索运用各种方法来处理大量数据。在早期，人们通过不断提升服务器的性能、增加服务器集群数量来处理大规模数据，但成本和代价高昂，最终达到一个无法接受的地步，人们不得不研究其他的处理方法。2003 年，Google 公司发表了 3 篇大数据相关的技术论文（关于 MapReduce、Google File System、Big Table）。这 3 篇论文描述了采用分布式计算方式来进行大数据处理的全新思路，其主要思想是将任务分解，然后在多台处理能力较弱的计算节点中同时处理，最后将结果合并，从而完成大数据处理。

这种方式因为采用廉价的 PC 服务器集群，实现了海量数据的管理，所以成为处理大数据的主要方式。时至今日，这种将数据化大为小、分而治之的处理方法，仍然被广泛应用。但是，Google 公司虽然通过论文的方式为大数据技术指明了方向，但并没有将其核心技术开源。因为 Google MapReduce 是私有技术，所以它无法被其他公司随意使用，这也成为阻碍它发展壮大的原因之一。2005 年，在 Google MapReduce 数据处理思想的启发下，Apache 基金会推出了 Hadoop。Hadoop 虽然在性能方面欠佳，但开源的格局为它注入了旺盛的生命力，Hadoop 的应用遍地开花，Yahoo、Facebook、阿里巴巴等众多 IT 企业纷纷转向 Hadoop 平台，并且不断推动和完善它。Hadoop 的企业定位如图 4-20 所示。

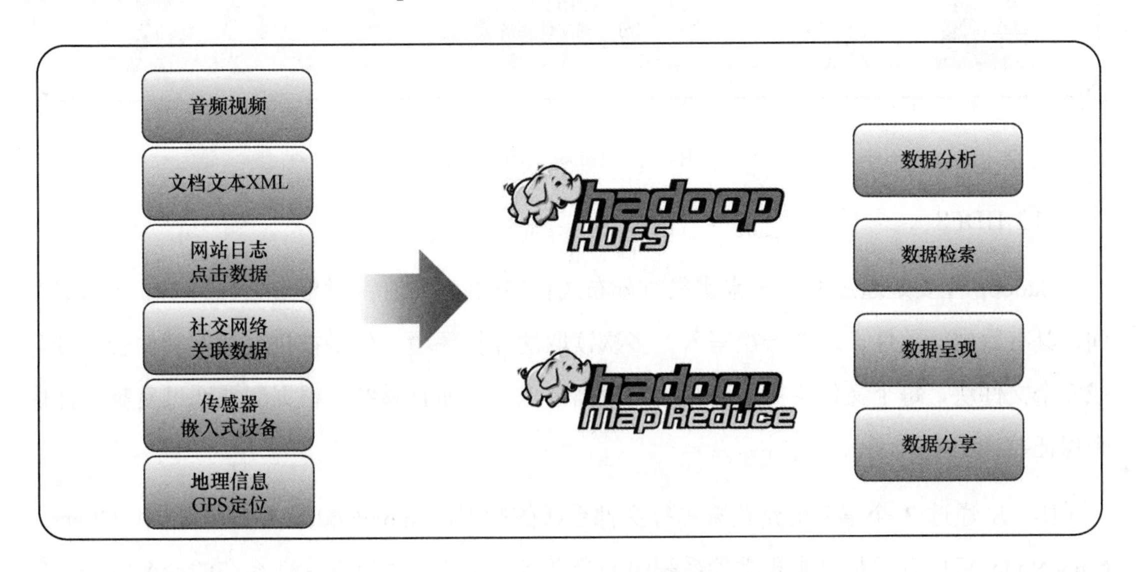

图 4-20 Hadoop 的企业定位

Hadoop 是一个开源的分布式系统基础架构。用户可以在不了解底层细节的情况下，基于 Hadoop 开发分布式的大数据存储与处理应用程序，并利用分布式集群进行高速运算和海量存储。为了达到这一目标，Hadoop 实现了一个分布式文件系统（Hadoop Distributed File System，HDFS）。除了分布式文件系统外，Apache 还在 HDFS 之上实现了分布式大表存储 HBase。同时，Hadoop 还结合 MapReduce 计算模型，提供了批处理计算框架 Hadoop MapReduce，该框架可以直接访问 HDFS 和 HBase 上的数据并进行分析计算。此外，Apache 还在 Hadoop 基础上提供了很多数据传输、数据分析处理、管理与协同等工具（如 Avro、Hive、Pig、OoZie、ZooKeeper、Mahout、Tez 等），使 Apache Hadoop 系列成为大数据开源界最有影响力的产品。很多企业在 Apache Hadoop 的基础上进一步完善、开源自己的产品，其中，最为著名的包括 Cloudera CDH（Cloudera's Distribution Hadoop）、HDP（Hortonworks Data Platform）等。Hadoop 技术生态圈如图 4-21 所示。

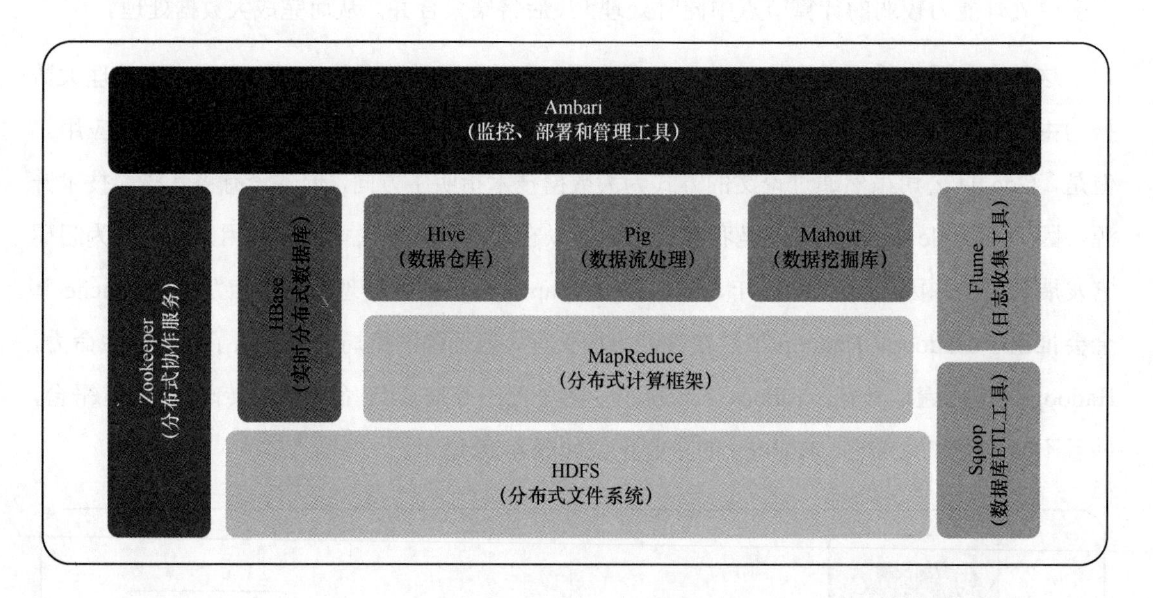

图 4-21　Hadoop 技术生态圈

（1）HDFS

Hadoop 主要是通过 HDFS 来实现对分布式存储的底层支持，对整个集群有单一的命名空间，具有数据一致性，适合一次写入、多次读取的计算环境。任务被执行时，文件会被分割成多个文件块，每个文件块被分别存储到数据节点上，而且系统会根据配置通过复制文件块来保证数据的安全。

HDFS 通过 3 个重要的角色来进行文件系统的管理：NameNode、DataNode 和 Client。NameNode 可以看成是分布式文件系统中的管理者，主要负责管理文件系统的命名空间、集群配置信息和存储块的复制等。NameNode 会将文件系统的 Metadata 存储在内存中，这些信息主要包括文件信息、每一个文件对应的文件块的信息和每一个文件块在 DataNode 中的信息等。DataNode 是文件存储的基本单元，它将文件块（Block）存储在本地文件系统中，保存了所有 Block 的 Metadata，同时周期性地将所有存在的 Block 信息发送给 NameNode。Client 是需要获取分布式文件系统中文件的应用程序。

从内部来看，文件被分成若干个数据块，这若干个数据块被存放在一组 DataNode 上。NameNode 执行文件系统的命名空间，如打开、关闭、重命名文件或目录等，也负责数据块到具体 DataNode 的映射。DataNode 负责处理文件系统客户端的文件读写，并在 NameNode 的统一调度下进行数据库的创建、删除和复制工作。NameNode 是所有 HDFS 元数据的管理者，但用户数据永远不会经过 NameNode。

（2）MapReduce

MapReduce 是一个高性能的分布式计算框架，用于对海量数据进行并行分析和处理。与传统数据仓库和分析技术相比，MapReduce 适合处理各种类型的数据，包括结构化、半结构化和非结构化数据。数据量在 TB 和 PB 级别时，传统方法通常已经无法处理。MapReduce 将分析任务分为大量的并行 Map 任务和 Reduce 汇总任务两类。系统指派 Map 任务在多个服务器上运行，指定一个 Map（映射）函数把一组键值对映射成一组新的键值对。同时，系统指定并发的 Reduce（归约）函数，用来保证所有映射的键值对中的每一个共享相同的键组，把一堆杂乱无章的数据按照某种特征归纳起来，然后处理并得到最后的结果。Map 面对的是杂乱无章的互不相关的数据，它解析每个数据，从中提取出 Key 和 Value，也就是提取了数据的特征。经过 MapReduce 的 Shuffle 阶段之后，我们在 Reduce 阶段看到的都是已经归纳好的数据。在此基础上，我们可以做进一步的处理，以便得到最终结果。

（3）YARN

YARN 是一个分布式的资源管理系统，用以提高分布式集群环境下内存、I/O、网络、磁盘等资源的利用率。严格地说，YARN 只是一个资源管理框架，并不是一个计算框架，MapReduce 计算框架需要运行在 YARN 上。YARN 最主要的作用是使各种应用可以互不干扰地运行在同一个 Hadoop 系统中，共享整个集群资源。

（4）Hive

Hive 是建立在 Hadoop 上的数据仓库基础框架，是基于 Hadoop 的一个数据仓库工具。

它提供了一系列的工具，可以用来进行数据提取、转化、加载（ETL）。这是一种可以存储、查询和分析存储在 Hadoop 中的大规模数据的机制，可以将结构化的数据文件映射为一张数据库表，并提供简单的 SQL 查询功能，进一步将 SQL 语句转换为 MapReduce 任务并运行，Hadoop 监控作业执行过程，然后返回作业执行结果给用户。Hive 定义了简单的类 SQL 查询语言（称为 HQL），便于熟悉 SQL 的用户查询数据，便于熟悉 MapReduce 的开发者自定义 Mapper 和 Reducer 来处理内建的 Mapper 和 Reducer 无法完成的、复杂的分析工作。Hive 的优点是学习成本低，我们可以通过类 SQL 语句快速实现简单的 MapReduce 统计，不必开发专门的 MapReduce 应用，十分适合数据仓库的统计分析。其最佳的应用场景是大数据集的批处理作业，例如，网络日志分析。

Hive 并非为联机事务处理而设计，不能提供实时的查询和基于行级的数据更新操作。因为 Hive 构建在基于静态批处理的 Hadoop 之上，Hadoop 通常都有较高的延迟，并且在作业提交和调度的时候，需要大量的开销，无法在大规模数据集上实现低延迟快速的查询。例如，Hive 在几百 MB 的数据集上执行查询，一般有分钟级的时间延迟。

（5）HBase

HBase 是运行在 Hadoop 上的一种分布式数据库，部署于 HDFS 之上，克服了 HDFS 在随机读写方面的缺点。与 Hive 不同，HBase 是一种 Key/Value 系统，能够在它的数据库上实时运行，而不是运行 MapReduce 任务。在 HBase 中，行是 Key/Value 映射的集合，这个映射通过 Row-Key 来唯一标识。HBase 可以利用通用的设备进行水平扩展。

每个 Key/Value 对象代表了一个 HBase 表中的一个数据单元（Cell），即含有行值（Row）、列簇（Family）、列（Column）、时间戳（Timestamp）和值（Value），这些信息在一起能够在表中唯一确定一个数据单元。在 Key/Value 对象中，Key（键）包含了一个 Value 值的 Row、Family、Column 和 Timestamp 信息，而 Value 则是该表单元格的数据。当插入一条数据时，其实就是将 Key/Value 进行序列化，然后传递给 HBase 集群，集群再根据 Key/Value 的值进行相应的操作。

（6）其他软件

Zookeeper 是分布式协作服务工具软件，提供类似于 Google Chubby 的功能，由 Facebook 创制。Avro 是新的数据序列化格式与传输工具软件，将逐步取代 Hadoop 原有的 IPC 机制。Pig 是大数据分析平台软件，为用户提供多种接口。Ambari 是 Hadoop 管理工具软件，可以快捷地监控、部署、管理集群。Sqoop 用于在 Hadoop 与传统的数据库间进行数据的传递。

Mahout 提供了一些可扩展的机器学习领域经典算法，旨在帮助开发人员更加方便快捷地创建智能应用程序，其中包含许多实现，如聚类、分类、推荐过滤、频繁子项挖掘，并可以有效地扩展到云平台中。

2. Spark 生态圈

Hadoop MapReduce 计算模型虽然大行其道，并且在海量数据分析领域成绩斐然，被很多公司广泛使用。但是，因为 Hadoop MapReduce 每次操作之后会将所有数据回写到物理存储介质（磁盘）上，从而使海量数据的处理性能大打折扣。Spark 则是一个以 MapReduce 计算模型为原型实现的高效迭代计算框架，由伯克利大学计算机系 AMPLab 实验室开发，第一个开源版本于 2010 年发布。

Spark 是在 MapReduce 的基础上发展而来的，它继承了 MapReduce 分布式并行计算的优点并改正了明显的缺陷。首先，Spark 把中间数据放到内存中，迭代运算效率高。MapReduce 的计算结果需要保存到磁盘上，影响了整体的计算速度。而且 Spark 支持有向无环图（DAG）的分布式并行计算编程框架，提高了数据的处理效率。其次，Spark 容错性高。Spark 引进了弹性分布式数据集（Resilient Distributed Dataset, RDD）的抽象概念。它是分布在一组节点中的只读对象集合，如果数据集一部分丢失，则这些弹性集合可以根据数据的衍生过程对它们进行重建。另外，在 RDD 计算时，Spark 可以通过 CheckPoint 来实现容错。最后，Spark 更加通用。MapReduce 只提供了 Map 和 Reduce 两种操作，Spark 则提供了多种操作，大致分为 Transformations 和 Actions 两类。其中，Transformations 类操作包括 Map、Filter、FlatMap、Sample、GroupByKey、ReduceByKey、Union、Join、Cogroup、MapValues、Sort 等；Actions 类操作包括 Collect、Reduce、Lookup 和 Save 等。所以，Spark 在某些计算类型上比 Hadoop 快上数倍，计算性能更加优越。

目前基于 Hadoop 和 Spark 的大数据生态日趋完善，人们对 Hadoop 和 Spark 的认识也更加完整，Hadoop 确立了大数据的处理框架，Spark 对 Hadoop 框架进行了改进。大数据技术在不断发展，计算模型也需要与时俱进，计算模型的不断更新才能适应企业数据发展的新特点。另外，Spark 丰富了企业大数据处理平台的选择，Spark 的用户和应用量一直在增加，已经被 Facebook、Twitter、Amazon、百度、淘宝等多家国际化互联网公司（包括传统工业厂商 TOYOTA 和著名 O2O 公司 Uber、Airbnb）的大数据团队使用。不仅如此，越来越多的大数据商业版发行商（如 Cloudera、Hortonworks）也开始将 Spark 纳入其部署范围，一方面，这无疑对 Spark 的商业应用和推广起了巨大作用；另一方面，也显示了 Spark 平台技术的先进性。

Spark 的体系结构不同于 Hadoop，主要包括 Spark Streaming、Spark SQL、MLlib 和 GraphX，如图 4-22 所示。

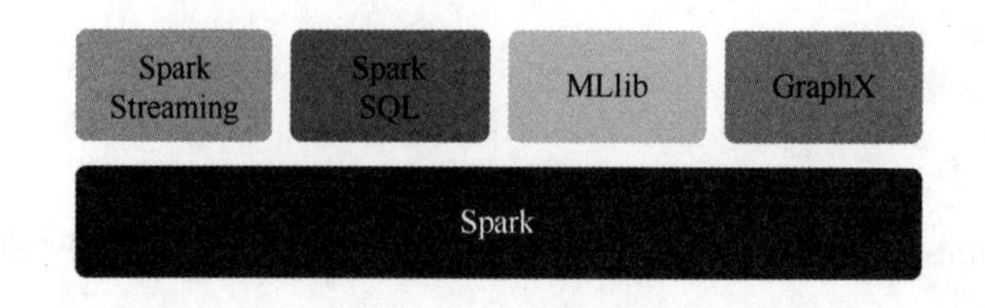

图 4-22 Spark 的体系结构

（1）Spark Streaming

Spark Streaming 是 Spark 的一个上层应用框架，使用内建 API，能像写批处理文件一样编写流处理任务，易于使用，它还提供良好的容错特性，能在节点宕机情况下同时恢复丢失的工作和操作状态。Spark Streaming 基于时间片准实时处理数据，能达到秒级延迟，吞吐量比 Storm 大，此外，还能与 Spark SQL 与 Spark MLlib 联合使用，构建强大的流状态运行即席查询和实时推荐系统。

（2）Spark SQL

Spark SQL 仅依赖于 HQL Parser、Hive Metastore 和 Hive SerDe。在解析 SQL 语句时，先生成抽象语法树（Abstract Syntax Tree，AST），之后的所有任务都由 Spark SQL 自身的 Calalyst 负责。除了 HQL 以外，Spark SQL 还内建了一个精简的 SQL Parser，以及一套 Scala 特定领域语言（Domain Specific Language，DSL）。也就是说，如果只使用 Spark SQL 内建的 SQL 语言或 Scala DSL 对原生 RDD 对象进行关系查询，用户在开发 Spark 应用时完全不需要依赖 Hive 的任何东西，因而 Spark SQL 将成为日后的发展重点。

Spark SQL 从 Spark 1.3 开始支持抽象的编程结构 DataFrames，能充当分布式 SQL 查询引擎。DataFrame 本质就是一张关系数据库中的表，但是对底层进行了多方面的优化，它能从多种数据源中转化而来，如结构型数据文件（如 Avro、Parquet、ORC、JSON 和 JDBC）、Hive 表、外部数据库或已经存在的 RDD。

（3）MLlib

MLlib 是 Spark 生态圈在机器学习领域的重要应用，它充分发挥 Spark 迭代计算的优势，能比传统 MapReduce 模型算法快 100 倍以上。MLlib 1.3 实现了逻辑回归、线性 SVM、随机森林、K-MEANS、奇异值分解等多种分布式机器学习算法，充分利用了 RDD 的迭代优势，能对大规模数据应用机器学习模型，并能与 Spark Streaming、Spark SQL 一起协作开发应用，让机器学习算法在大数据的预测、推荐和模式识别等方面应用更为广泛。

（4）GraphX

GraphX 是 Spark 上层的一个分布式图计算框架，提供了类似 Google 图算法引擎 Pregel 的功能，主要处理社交网络等节点和边模型的问题。因为 Spark 能很好地支持迭代计算，故处理效率非常高。

Hadoop 和 Spark 就像孪生兄弟，Hadoop 提供了 Spark 许多没有的功能（如分布式文件系统），而 Spark 提供了实时内存计算，速度非常快。它们的组件组成了更庞大的生态圈，如图 4-23 所示。

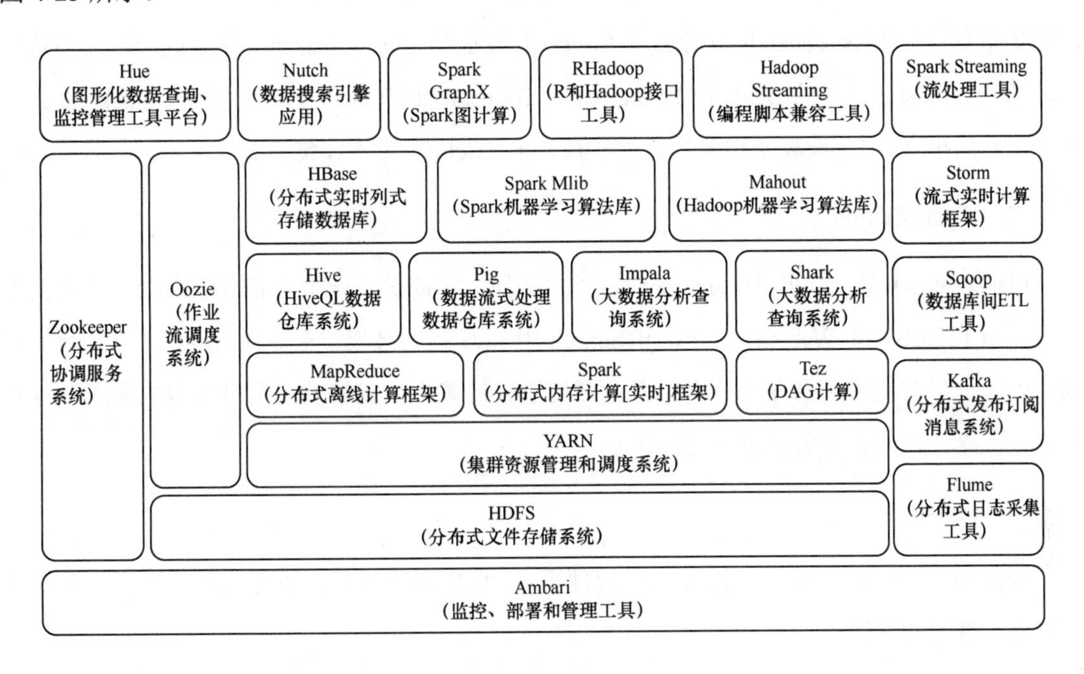

图 4-23 大数据技术开源生态圈及其组件

3. Elastic Stack 生态圈

在大数据时代，随着存储与计算集群规模的逐渐壮大，系统运维数据和设备运行日志也越来越庞大，日志数据就显得非常重要。日志数据既能反馈系统运行状态，也能帮助管理员通过日志数据来挖掘价值。日志是带有时间戳的基于时间序列的机器数据，它与 HBase 等数据库存储的半结构化数据的数据格式不一样。因此，它无法被 Hadoop HBase 数据库直接处理。技术人员在日志处理方面，运用了各种方法及方案，先后经历了以下两个阶段：①日志只用于做事后追查，使用数据库存储日志，需要对日志进行解析；②采用 Hadoop 进行日志的离线处理，缺点就是实时性差。

Elastic 是世界领先的软件提供商，致力于将结构化和非结构化数据实时用于搜索、日志记录和分析等用例。

Elastic Stack 是开源日志处理平台，包含 Beats、Logstash、Kibana 和 ElasticSearch 子框架，可配置 ElasticSearch 和 Logstash 集群用于支持大集群系统的运维日志数据监控和查询。自诞生之日起，Elastic Stack 因处理速度快、实时而被迅速发展起来，如今已成为大数据日志处理的标准解决方案。

（1）Beats

Beats 主要用于采集网络流量、文件日志等数据。Beats 获取的数据都未经处理，可以直接把数据发送给 ElasticSearch 或者通过 Logstash 发送给 ElasticSearch，然后进行后续的数据分析活动。Elastic 官方的 Beats 由 Packetbeat、Topbeat 和 Filebeat 组成。其中，Packetbeat 用于分析网络报文，Topbeat 是服务器监控程序，而 Filebeat 用于收集日志。

（2）ElasticSearch

ElasticSearch 是一个基于 Lucene 的搜索服务器。它提供了一个分布式多用户的全文搜索引擎，基于 RESTful Web 接口。ElasticSearch 用 Java 语言开发，并在 Apache 许可条款下开放源码，是当前流行的企业级搜索引擎主要用于云计算中，能够满足实时搜索的需求，具有稳定、可靠、快速和安装使用方便等特点。

（3）Logstash

Logstash 是一个日志的传输、处理、管理平台，可以用来对日志进行收集管理，提供 Web 接口用于查询和统计。

（4）Kibana

Kibana 是一个基于 Web 界面的数据展示工具，类似于 OpenFEA 的 KA 自助功能。

4. 其他开源技术

（1）Storm

Storm 是 Twitter 开源的一个分布式、容错的实时流计算系统，能够逐条接收和处理数据记录，具有很好的实时响应特性。Storm 为实时计算提供了一组通用原语，可被用于“流处理”之中，实时处理消息并更新数据。借助实时的信息交互与通信组件（如 Kafka、ZeroMQ、Netty 等），Storm 对大数据中的记录进行逐条处理，实时性响应可以达到秒级别甚至更短。

Storm 能与 HDFS、YARN 有效集成，进一步拓展了其在大数据领域的适用范围。目前 Storm 已成为 ASF 下的顶级项目。

（2）NoSQL 数据库系列

传统关系数据库的应用通常离不开 SQL。NoSQL 是 Not Only SQL 的首字母缩写。NoSQL 数据库通过降低对数据的一致性要求，相比关系数据库而言更适合用于分布式处理。这一特性使 NoSQL 数据库更能适合大数据应用。常见的 NoSQL 数据库可以按照其数据组织与结构进一步细分为键值存储数据库、列存储数据库、文档型数据库及图形数据库等。

目前，使用较为广泛的 NoSQL 数据库包括如下两种。

①MongoDB

MongoDB 是在 IT 行业非常流行的一种文档型数据库，不支持 SQL。MongoDB 很好地实现了面向对象的思想，每一条记录都是一个 Document 对象，而且性能优秀。

②Redis

Redis 是一个内存型的 key-value 数据库，也不支持 SQL。它具有优异的网络性能，可基于内存或基于持久化日志组织和存储数据，还提供多种语言的 API。

二、商业、半商业阵营

商业、半商业大数据技术平台是需要使用者向平台拥有者提供一定使用费或服务费的经营模式。拥有商业、半商业大数据技术平台的企业有 Oracle、IBM、Intel、Google、微软和阿里巴巴等。除 Oracle 公司和 Google 公司以外，其他互联网巨头的大数据技术平台几乎都是以 Hadoop 等开源框架进行二次开发，形成自己的大数据技术平台，如 Intel、Microsoft 和阿里巴巴等公司的大数据技术平台。这里只介绍 Oracle 大数据技术平台和阿里巴巴大数据技术平台。

1. Oracle 大数据技术平台

作为全球最大的数据库软件公司，Oracle 公司应时而行，推出了针对大数据的众多技术产品来满足企业需求。Oracle 大数据机（见图 4-24）与 Oracle Exadata 数据库云服务器、Oracle Exalytics 商务智能云服务器和 Oracle Exalogic 中间件云服务器一起组成了 Oracle 高度集成化的系统产品组合，可以帮助客户获取和管理各种类型的数据，并且与现有企业数据一起进行分析，获得新的价值，从而在充分获取信息的情况下做出最恰当的决策。它是一个软件、硬件集成系统，在系统中融入了Cloudera的Distribution Including Apache Hadoop、Cloudera Manager和一个开源的R。大数据机采用Oracle Linux操作系统，并配备Oracle NoSQL数据库社区版本和Oracle HotSpot Java虚拟机。

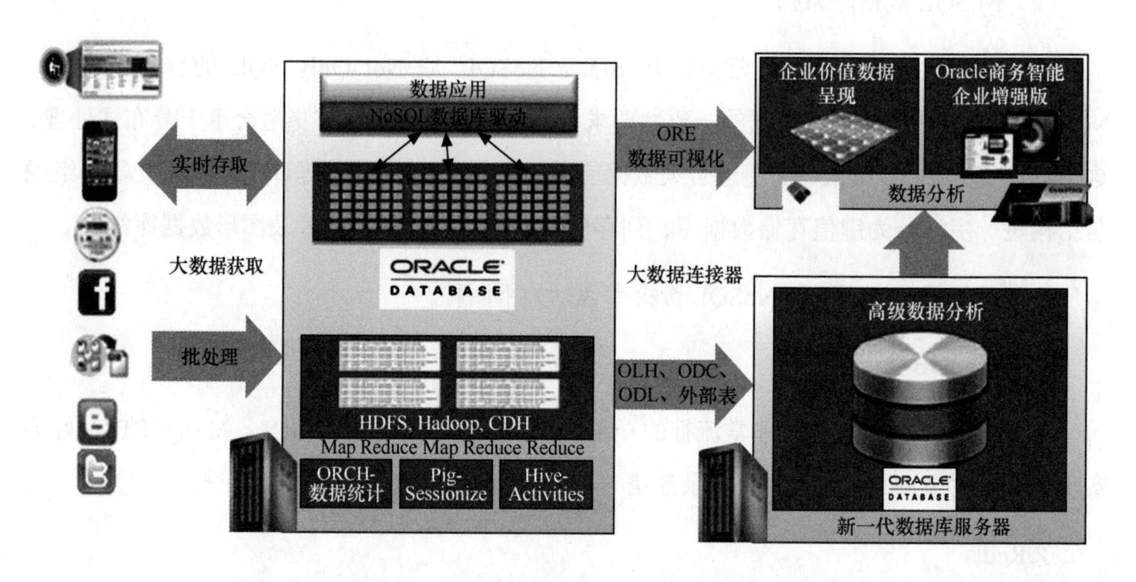

图4-24　Oracle大数据机

Oracle大数据机采用18台Oracle Sun服务器全机架配置，总共拥有864GB主内存、216核CPU、648TB原始磁盘存储空间，在节点与其他Oracle集成化系统之间采用40Gbit/s的infiniBand连接，与数据中心之间采用10Gbit/s的以太网连接，可以通过infiniBand网络连接多个机架进行升级扩展。该系统可以针对企业大数据需求而进行定制化设计，旨在简化大数据项目的实施与管理。Oracle大数据机可用于优化企业数据仓库。

Oracle大数据机拥有较强的优化企业数据仓库的能力，主要原因是其配备有Oracle Big Connectors软件，该软件旨在帮助客户利用Oracle数据库11g便捷整合存储在Hadoop和Oracle NoSQL数据库中心的数据。Oracle大数据机能够为数据管理提供一个可用性强的可扩展系统，同时提供一个使用R语言分析原始数据的平台。此外，它通过将软、硬件的所有组件集成到单一数据解决方案中，达到帮助客户控制IT成本和优化自身数据仓库的目的。

2. 阿里巴巴大数据技术平台

阿里巴巴大数据技术平台分为数据采集层、数据计算层、数据服务层和数据应用层。

（1）数据采集层

阿里巴巴是一家多业态的互联网公司，有几亿规模的用户（包括商家、消费者、商业组织等）在平台上从事商业、消费、娱乐等活动，每时每刻都在产生海量的数据。数据采集作为阿里巴巴大数据系统的第一个环节，其作用尤为重要。因此，阿里巴巴公司建立了一套标准的数据采集方案，致力于全面、高性能、规范化地完成海量数据的采集，并将其传输到大数据技术平台。阿里巴巴公司的日志采集方案包括两大体系：Aplus.JS 是 Web 端日志采集技术方案；UserTrack 是 App 端日志采集技术方案。

（2）数据计算层

数据只有在整合和计算后，才能被用于洞察商业规律，挖掘潜在信息，从而实现大数据的价值，达到赋能于商业和创造价值的目的。从采集系统中收集到的大量原始数据，将进入数据计算层被进一步整合与计算。

阿里巴巴公司的数据计算层包括两大体系：数据存储和计算云平台（含有离线计算平台 Max Compute 和实时计算平台 Stream Compute），以及数据整合和管理体系（或称之为 OneData）。其中，Max Compute 是阿里巴巴公司自主研发的离线大数据技术平台，具有功能丰富和存储能力、计算能力强大等特点，使得阿里巴巴公司的大数据技术有了强大的存储和计算引擎。Stream Compute 是阿里巴巴公司自主研发的流式大数据技术平台。OneData 是数据整合及管理的体系和工具。

（3）数据服务层

当数据被整合和计算好之后，需要提供给产品和应用进行数据消费。为了有更好的性能和体验，阿里巴巴公司构建了自己的数据服务层，通过接口对外提供数据服务。针对不同的需求，数据服务层的数据源架构在多种数据库之上（如 MySQL 和 HBase 等）。

（4）数据应用层

若数据已经准备好，则需要通过合适的应用提供给用户，可最大化地发挥数据价值。阿里巴巴公司对数据的应用表现在各个方面，如搜索、推荐、广告、金融、信用、保险、文娱、物流等。商家，阿里巴巴公司内部的搜索、推荐、广告、金融等平台，以及阿里巴巴公司内部的运营和管理人员等都是数据应用方；独立软件开发商、研究机构和社会组织等也可以利用阿里巴巴公司开放的数据和技术。

第七节　大数据安全与隐私

数字经济，安全先行。在大数据时代，各国对大数据安全的认识在不断深入，包括美国、欧盟和我国在内的很多国家和组织都制定了大数据安全相关的法律法规和政策来推动大数据利用和安全保护，在政府数据开放、数据跨境流通和个人信息保护等方向进行了探索与实践①。

一、数据泄露态势

数据泄露（Data Leakage）是互联网接入单位由于内部重要机密通过网络泄露而造成重大损失的事件。电子邮件、即时通信、可移动存储介质等计算机科学成果的广泛应用，不可避免地扩展了数据泄漏的通道，尤其是用户的主动泄密行为更是防不胜防。金雅拓公布的《数据泄露水平指数调查报告》显示，自2013年来，已有超过48亿条数据记录被外泄。2016年上半年，身份盗用占数据泄露事件总量的64%，位居数据泄露榜首，这一数据比2015年下半年高出11%。恶意外部入侵是数据泄露的主要原因。表4-1列举了2016年数据泄露大事件。

表4-1　2016年数据泄露大事件

编号	数据泄露公司	数据泄露量
1	雅虎	1500000000条账户信息
2	FriendFinder	412000000条账户信息
3	Myspace	359420698个电子邮件地址及密码
4	LinkedIn	164611595条账户信息
5	Badoo	126558846条账户信息
6	VK	100544934条账户信息
7	国家电网	1000万条用户数据
8	腾讯	7000万个QQ群、12亿个QQ号（部分重号）
9	京东	12GB数据包
10	12306	20万条用户数据

与数据安全有关的著名事件有“徐玉玉遭电信诈骗致死”“华住酒店集团近5亿条私密数

① 引自全国信息安全标准化技术委员会大数据安全标准特别工作组的《大数据安全标准化白皮书（2017）》。

据泄露”和“勒索软件（WannaCry）全球蔓延”等。

如按地区来划分，高达 79%的数据泄露事故发生在北美洲。欧洲占全球各地所有数据泄露总量的 9%，亚太地区仅为 8%。Jason Hart 表示：“随着数据泄露事件的频率增加、规模不断扩大，消费者、政府监管机构和公司更难区分无关紧要的数据泄露和真正影响重大的大规模数据泄露事故。新闻报道没有对此进行区分，但了解这点非常重要，因为每次数据泄露事故都会带来不同的后果。

二、大数据安全法规

美国在 2012 年 5 月出台了《数字政府战略》，将政府开放数据作为数字政府发展的重要支撑，它要求政府数据在默认状态处于“开放和机器可读”，从而使公众可随时随地访问高质量的政府数据信息。英国于 2000 年正式通过《信息自由法》，规定了任何人都有获取政府信息的权利，政府有答复公众请求的义务，同时给出了 25 种公开豁免情况。日本 2015 年修订的《个人信息保护法》规定，个人信息可以“传输到为日本个人信息保护委员会（PIPC）所认可的、与日本国内个人信息保护水平相当的国家或地区”。

2016 年 12 月，我国国家互联网信息办公室发布《国家网络空间安全战略》，在夯实网络安全基础的战略任务中，提出实施国家大数据战略、建立大数据安全管理制度、支持大数据信息技术创新和应用要求。《中华人民共和国网络安全法》自 2017 年 6 月 1 日起施行。其第十条要求，建设、运营网络或者通过网络提供服务，应当采取技术措施和其他必要措施，维护网络数据的完整性、保密性和可用性。《信息安全技术个人信息安全规范》自 2018 年 5 月 1 日也正式实施，其主要内容包括个人信息及其相关术语基本定义，个人信息安全基本原则，个人信息收集、保存、使用及处理等流转环节，个人信息安全事件处置和组织管理要求等。全国人大常委会和工信部、公安部等部门为加快构建大数据安全保障体系，相继出台了《加强网络信息保护的决定》《电信和互联网用户个人信息保护规定》等法规和部门规章制度。与此同时，我国还发布了国家和行业的网络个人信息保护相关标准，开展了以数据安全为重点的网络安全防护检查。

针对厘清隐私保护的边界及个人数据的归属权的问题，我国初步建立起对隐私保护的 3 层立法模式。第一层，自然人的姓名、身份证件号码、电话号码等敏感的身份信息属法律保护最高等级，任何人触犯都将受到刑事法律最严格的处罚。未经用户允许不得采集、使用和处理具有可识别性的身份信息；第二层，对除个人身份信息之外的不可识别的数据信息，按照商业规则和惯例，以“合法性、正当性和必要性”的基本原则进行处理；第三层，明确个人数据控制权，保证用户充分享有对自己数据的知情权、退出权和控制权。《网络安全法》明确规定数据控制权是人格权的重要基础性权利。

三、数据安全技术

广义的数据安全技术指一切能够直接、间接地保障数据的完整性、保密性、可用性的技术。其包含的范围非常广，传统的防火墙、入侵检测、病毒查杀、数据加密等技术，都可以纳入这个范畴。正因为如此，很多传统的安全厂家都给自己贴上“数据安全厂家”的标签。狭义的数据安全技术指直接围绕数据的安全防护技术，主要指数据的访问审计、访问控制、加密、脱敏等技术。

按数据类型的不同，数据安全技术分为非结构化数据安全技术、半结构化数据安全技术和结构化数据安全技术。对非结构化数据，主要采用数据泄露防护（Data Leakage Prevention, DLP）技术。DLP 技术发展相对成熟，国外比较具有代表性的是 Symantec 的 DLP 产品，国内也有不少类似的产品。针对结构化数据的安全技术有数据库审计、数据库防火墙和数据库脱敏等。国外主要国家研究此类技术的时间要比国内早 5~10 年。现在，国外进入市场和产品的成熟期，代表性厂家有 Imperva、IBM Guardium、Infomatica 等公司；在国内，目前勉强有国内数据安全产品能够替代国外数据安全产品，但是实际差距还比较大。针对云环境和大数据环境的数据安全研究，国内才刚刚起步，与国外的差距较大，主要技术有数据泄露防护、数据备份与容灾、云数据安全、大数据技术平台数据安全和数据安全成熟度模型。

一般单位内部核心数据大多以文件为载体，零散地分布在员工计算机及移动介质中，且以明文存储，不受管控。数据泄露防护基于文档加密，进而控制其解密权限，从根源上防止数据外泄。目前，DLP 技术已基本成熟。

数据备份和容灾系统是通过建立数据的备份及远程的容灾备份，来确保在发生灾难性事件时，数据能够被正常地恢复，从而提升数据的可用性。目前，数据备份和容灾的市场与技术都相对成熟，国内厂家较多，产品的可选择余地较大，基本可以完全替代国外产品。

在云端，数据所面临的威胁被进一步放大。对云运营商来说，云数据库租户存放在数据库中的数据，几乎完全被开放。因此，对云端数据安全的防护，最好由第三方承担。“第三方”就是指云数据安全的防护措施不由云运营商提供，而由其他独立厂商提供，以避免管理上和技术上存在后门。在国外，云端数据安全厂家中比较有代表性的有 Ciper Cloud 和 Skyhigh Networks；在国内，云端数据安全才刚刚起步，有一些审计类的产品开始部署，加密类的产品还处在研发阶段。

在 Hadoop、Cloudera 和 Splunk 等大数据技术平台中，数据存储和处理的方式发生了很大的变化，数据可以存储在新型的 NoSQL 数据库（如 HBase、MongoDB、Cassandra、Hive 等）中。当采用新型 NoSQL 数据库时，数据就会面临新的安全问题。目前，国外有专门针对 Hadoop 和 Cloudera 环境中的数据库审计、数据库防火墙等产品。国内在此领域只有极少数公司在进行试探性的研发，尚未有相对成熟的产品上市。

四、数据安全成熟度模型

为了提高大数据行业整体安全水平，在全国信息安全标准化技术委员会牵头下，阿里巴巴公司提出了数据安全成熟度模型。它作为国家标准正式进入征求意见稿阶段，该标准日后有望成为行业数据安全管理的重要依据。

信息早期的“数据安全”多指“数据库安全”，主要是针对存储状态为静态的数据在数据库层面开展的安全保护，侧重于对数据库中的数据进行访问控制和加密存储，该阶段的数据安全多为对关系数据库中存储的结构化数据的安全管理。伴随着云计算和大数据技术的发展与普及，企事业单位也开始关注对半结构化数据和非结构化数据的价值挖掘，数据逐渐成为组织机构的重要资产，在业务发展、企业运营等关键环节中产生着更多的价值。

然而，在云计算、大数据、多样化工作方式等的冲击下，企事业单位的电子化数据不再仅仅存储于单一的信息系统和工作环境中，数据会经由政府、企事业单位及相关的业务流程和应用，在各业务系统、云平台、工作终端、员工的个人终端等不同的系统环境中进行流转和处理。同时，数据作为组织的重要资产，面临着内外部的双重风险，外部日益复杂的攻击形式，甚至国与国之间的安全对抗，以及恶意或误操作引发的内部风险，对企事业单位的数据安全能力提出了更高的要求。

一方面，传统“边界安全防护”的思想所指导的安全工作聚焦于对承载数据的资产对象（如网络、系统）的独立安全控制，重点关注资产对象之间的边界安全。在大数据环境下，数据在各安全边界之间的流转则是在打破原有的安全边界，边界安全防护的思想无法实现对数据的有效保护。另一方面，伴随着大数据产业的发展，对数据的安全保护面临着诸多合法合规要求，与国家安全、经济利益和个人隐私保护等利益相关的数据往往都需要符合数据的留存地点、留存时长等要求，数据的价值特性决定了大数据环境下安全工作的开展需要合法合规。企事业单位需要围绕数据的生命周期、结合大数据业务的需求及监管法规的要求，持续不断地提升组织整体的数据安全能力。以数据为核心的安全是大数据环境下企事业单位数据安全工作开展的核心。

数据安全成熟度模型（Data Security Maturity Model，DSMM）的整体架构如图 4-25 所示。该模型包含 3 个维度：①数据生命周期维度，即企事业单位在数据生命周期各阶段开展的数据安全实践构成了数据安全的过程域；②数据安全能力维度，即企事业单位完成数据安全过程域所需要具备的能力；③能力成熟度等级维度，即对企事业单位的数据安全能力进行成熟度等级评估的标准。

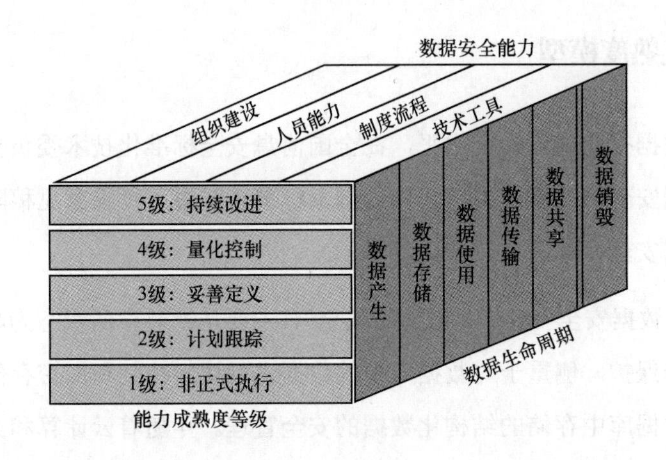

图 4-25 数据安全成熟度模型的整体架构

该模型可以帮助企事业单位了解其整体的数据安全风险，有针对性地制订解决方案；建立、健全企事业单位内部整体的数据安全管理体系；明确自身的数据安全管理水平并确定后期建设的方向。基于大数据环境下数据在企事业单位业务中的流转情况，可以定义数据的 6 个生命周期，如图 4-26 所示。各阶段的定义：①数据产生指新的数据产生或现有数据内容发生显著改变或处于更新阶段；②数据存储指非动态数据以任何数字格式进行物理存储的阶段；③数据使用指企事业单位在内部针对动态数据进行的一系列活动的组合；④数据传输指数据在企事业单位内部从一个实体通过网络流动到另一个实体的过程；⑤数据共享指数据经由企

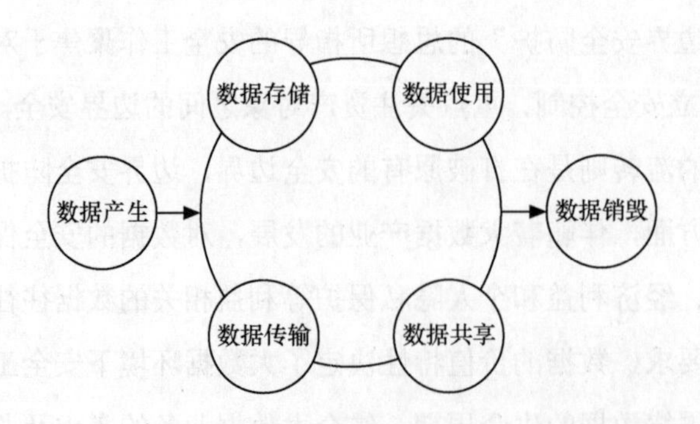

图 4-26 组织数据生命周期的 6 个阶段

事业单位与外部单位及个人产生交互的阶段；⑥数据销毁指利用物理或者技术手段使数据永久或临时性不可用的过程。

数据安全能力维度是通过对各项安全过程所需具备安全能力的量化，可供企事业单位评估每项安全过程的实现能力。数据安全能力从组织建设、人员能力、制度流程及技术工具 4 个维度展开。①组织建设：涉及数据安全组织的架构建立、职责分配和沟通协作。②人员能力：指执行数据安全工作人员的意识及专业能力。③制度流程：指组织关键数据安全领域的制度规范和流程落地建设。④技术工具：指通过技术手段和产品工具固化安全要求或自动化实现安全工作。数据安全成熟度模型具有 5 个成熟度等级，如表 4-2 所示。

表 4-2 模型成熟度等级

成熟度等级	详 述	特 征
等级 1：非正式执行	组织只具备一些约定俗成的流程； 在响应特定业务需求时才会进行数据安全方面的考虑； 仅依据特定项目来非正式地进行数据安全过程； 不依据表面安全过程的执行过程得到持续性的优化； 无明确的与数据安全相关的岗位或职责定义	随机、被动的安全过程
等级 2：计划跟踪	组织对数据安全进行风险评估，并根据安全过程实施了正式的控制和管理； 大部分安全控制仍依赖人工执行，只有部分安全过程通过实现工具和系统化执行； 在组织层面具有清晰的数据安全相关的岗位和职责定义	主动、非正式的安全过程
等级 3：妥善定义	基本具备与安全过程配套的流程制度，并能够随着时间的推移得到改进； 安全过程经过有效的评估和定制，能够与组织的数据安全风险保持一致； 对安全过程的执行结果进行持续的衡量，以保证执行效果； 关键岗位具有兼职和专职的数据安全人员	正式的、规范的安全过程
等级 4：量化控制	数据安全流程制度具有一定的自动化能力，支持落地操作，且能够覆盖关键的业务领域； 关键岗位的数据安全人员具备应有的能力素质要求，可保证安全过程的执行； 数据安全与业务方向一致，并向下分解，同时通过持续测量和跟踪得到及时更新； 技术控制过程应用在关键控制环节，并正确使用了新技术与新产品	安全过程可控
等级 5：持续改进	数据安全的整体管理是一个可以调整的过程； 通过数据安全控制提升业务价值，并满足技术和业务的变化； 持续地评估数据安全风险，并进行控制与改进； 通过新技术的创新与应用驱动业务的创新； 密切关注国内外最新的数据安全标准及规范，结合本组织特点合理采纳并更新组织内的数据安全解决方案	安全过程可调整

目前，针对“数据安全成熟度模型”，阿里巴巴公司已完成在内部业务、生态圈、各行业领域内 20 多家组织机构的实践，在各行各业试点落地，帮助企业提升自身数据安全能力。当前该模型已覆盖了制造、软件、金融、文娱、零售、物流、冶金矿产、服务、互联网+新型企业等多个行业，并有伊利、南方电网、广发证券等龙头企业及其他行业的典型代表企业参与实践。

五、大数据安全标准

数据安全以数据为中心，重点考虑数据在生命周期各阶段中的数据安全问题。大数据应用中包含海量数据，存在对海量数据的安全管理，因此在分析大数据安全相关标准时，需要对传统数据采集、组织、存储、处理等相关安全标准进行适用性分析。此外，在大数据场景下，个人信息安全问题备受关注。由于大数据场景下的多源数据关联分析可能导致传统的个人信息保护技术失效，因此大数据场景下更需要考虑个人信息安全问题，必须对现有个人信息保护技术和标准进行适用性分析。大数据应用作为一个特殊的信息系统，除存在与传统信息安全一样的保密性、完整性和可用性要求外，还需要从管理角度研究大数据场景下信息系统的安全，传统信息系统的大部分信息安全管理体系和管理要求类标准仍然适用。大数据安全标准涉及传统数据安全标准、个人信息保护标准和专门为大数据应用制定的大数据安全相关标准。

目前，多个标准化组织正在开展大数据和大数据安全相关标准化工作，主要有国际标准化组织/国际电工委员会下的 ISO/IEC JTC1 WG9（大数据工作组）、ISO/IEC JTC1 SC27（信息安全技术分委员会）、国际电信联盟电信标准化部门（ITU-T）、美国国家标准与技术研究院（NIST）等。国内正在开展大数据和大数据安全相关标准化工作的标准化组织，主要有全国信息技术标准化委员会（以下简称“全国信标委”，委员会编号为 TC28）和全国信安标委（TC260）等。

小结

目前，我国部分行业和领域还存在着信息孤岛，大数据技术的开发与应用需要有统筹规划、设计和运维，以及制定相应的技术标准，这样才能进一步促进大数据的开放和应用。大数据强调的是全体数据，而非随机样本：大数据不严格要求所有数据的精准性，强求数据的多样性、混杂性，因为数据量巨大，少部分不准确的数据并不会对最终结果产生重大影响，相反在小数据下，一个不准确的数据可能带来灾难性的后果；众多大数据技术开源平台已大大降低了大数据产业准入门槛；大数据不是因果关系，而是关联关系，世界万物都相互关联。

第五讲 典型案例解析

大数据具有多样性特征，包含结构化数据、半结构化数据和非结构化数据，相关的内容已在前几讲进行了阐述。本讲围绕结构化数据和非结构化数据，列举 7 个经典案例，让读者通过实例进一步理解大数据。你会发现大数据其实就在自己的身边，而且也非常有趣。

第一节　结构化数据案例：贵阳花果园户主信息分析

贵阳花果园是贵阳市目前规模最大的城中村改造工程，改造建成后的花果园已成为贵阳主城占地面积为 6000 亩、总建筑面积为 560 万平方米、总户数约 4 万户的罕见大楼盘[①]。这里只涉及住户数据，不涉及花果园里的商城、写字楼等配套设施。我们可以这样假设，这 4 万户，每户平均 3 口人，合计 12 万人口，与贵州玉屏县的人口相当[②]。相关报道称，花果园的入住率已超过 80%。

当客户在花果园购买房屋时，买卖双方都必须核对清楚最为基本的几个关键信息，见表 5-1。值得注意的是，这些都是模拟数据，不是真实数据，仅仅用于说明实际问题。实际上，在购买房屋时需要填写的数据远不止这些。表格一共记录了 4 万个户主的基本信息，即表格中一共有 4 万行（记录）。这些数据是再简单不过的结构化数据了，并且已经满足数据的完整性、准确性、一致性和及时性等性质。有了这些数据，可做如下简单的数据分析。

表 5-1　　户主基本信息（不是真实数据）

序号	姓名	性别	购买面积（平方米）	身份证号	婚姻状况	是否购买车位	房号
1	王伟	男	180	52212819830112101X	否	是	A 区-01-1001
2	李晴娇	女	110	522101198501121012	否	否	A 区-02-1001
…							
40000	黄大明	男	200	370181197711131017	是	是	M 区-10-1102

① 数据引自百度百科中的“花果园（贵阳市中心住宅与办公区）”主题。

② 数据引自贵州省 2018 年人口统计的数据。

单从户主的“身份证号”信息来做分析。如果从 4 万个户主的身份证号信息中筛选出前 3 位为“52*”（*表示通配符，可通配一个或多个字符）的户主有 2 万条记录，就可以初步认定这 2 万个户主来自于贵州，这似乎太具普遍性，也没有针对性。接下来可以进一步筛选，如果筛选出前 6 位为“522128*”的户主有 1000 条记录，涉及约 3000 人（一户平均 3 口人）。根据全国身份证号编排规则，我们可以认定这 1000 个户主来自于贵州湄潭县，或者这些人群会与湄潭存在千丝万缕的联系。根据这些信息，一个合法的湄潭籍小汽车司机就可以做这样的一件事情，建立一条私车专线，即拿到这 1000 个户主对应的房号信息，亲自递上一张名片，组建一个私车专线微信群，告诉他们有一辆专车在花果园随时候驾，可做到精准推送、高效服务。类似地，其他县或者地区可以效仿。

我们还可以从身份证号信息中筛选出前 3 位为“35*”的户主，有 2000 条记录。根据全国身份证号编排规则，我们可以认定这 2000 个户主来自于福建，涉及约 6000 人。我们可以根据房号信息，推断这些户主主要集中在花果园的哪个区。根据这些信息，一个做餐饮的老板就可以在该区开一家适合福建人口味的“闽菜餐厅”，餐厅的规模和口味等尽在老板的掌握中，生意想不火都难。

接下来，做一点稍微复杂的关联分析，这在大数据技术的算法中阐述过。如关联户主的“购买面积”和“是否购买车位”两个信息。如果筛选出一个户主既购买了一套大面积的房屋，并且购买了一个车位，如表中的户主“黄大明”，就可以断定该户主的购买能力一定很强。获得此信息后，产品推销员应该向该用户推销自己的高端产品，不能向其推销低端产品。相反，如果一个户主只在花果园购买了一个小面积的房屋，也没有购买车位，可以认为该户主的购买能力比较弱，建议向其推销自己的低端产品。

只要拥有大量户主的基本信息，即使拥有如表 5-1 中所列的简单基本信息，不同的人群站在自己的角度，都可以分析出许许多多与自身业务、生活相关的有用信息。完成此类分析对技术要求不高，现有的很多工具或方法都能实现。

第二节　结构化数据案例：货车帮

“货车帮”是贵阳货车帮科技有限公司旗下的公路物流互联网信息平台，建立了覆盖全国的货源信息网络，为货车司机和货主提供综合服务，致力于建设中国公路物流基础设施。“货车帮”通过匹配车源和货源，促进快速达成交易，减少车辆空跑及配货等待时间，提升货运效率。贵州省实施大数据战略以来，“货车帮”已成为贵州省内企业中最为靓丽的名片之一，值得很多传统企业效仿。

一、传统公路物流存在的弊端

此前，我国传统公路物流存在三大痛点：①信息严重不畅通、配货率低；②物流信息成孤岛、不匹配；③资源浪费（空车率大）。数据显示，我国物流费用占 GDP 的 14.9%，物流成本占制造成本的 30%~40%，是欧美发达国家的 2 倍以上。中国公路物流市场居全球之首，运费约 8 万亿元，而公路运输是最普遍的运输方式，占总物流费用的 75%。我国货车司机数量庞大，约 3000 万人，货车总量约 2000 万辆。然而，货车空载率约 40%，配货平均需要 3~5 天，大量的货车空驶乱跑、趴窝等待，货运信息交易效率很低。并且，我国的运输货车 90% 由个人经营，物流信息成为孤岛，信息不匹配，直接导致货车司机可获得的货源信息少，而货主可获得的货车司机信息则更少。

二、"货车帮"实现车货的精准匹配

"货车帮"通过"大数据、云计算、移动互联网"等现代信息技术手段，以"互联网+物流"破解了"企业找车难，司机找货难"的问题，实现了车源和货源的精准匹配，提升了货运效率。

"货车帮"将公路运输业最为重要的货车司机和货主通过移动互联网信息平台牢牢地整合在一起，只要一部安装有货车帮 App 的智能手机，即可实现货运源信息的实时共享，达到资源的有效利用，如图 5-1 所示。"货车帮"还提供 ETC 服务（不停车电子收费系统）、新车、保险、加油及相关金融产品和服务。整个组织架构涉及货车帮 App、物流 QQ App 和 PC 端，以及线下服务网点。

1. "货车帮" App

针对货车司机端推出了"货车帮" App，服务涵盖：查找货源、发布空车、货运保险、车辆保险、新车团购、钱包金融、二手车交易、维修救援、汽配购买、代收回单等。

2. 物流 QQ 的 App 和 PC 端

针对货主端推出了物流 QQ 的 App 和 PC 端，服务涵盖：找货找车、发布货源、发布车源、身份验证、货运保险、在线车库、车辆定位、物流名片、钱包金融等。

3. 线下服务网点

“货车帮”在线下竭力打造智慧物流示范园区和服务网点。秉承合作共赢的理念，“货车帮”在国内打造领先的 O2O 物流园区，为全国的传统物流园区展示了未来园区的发展方向，输出了管理模式。

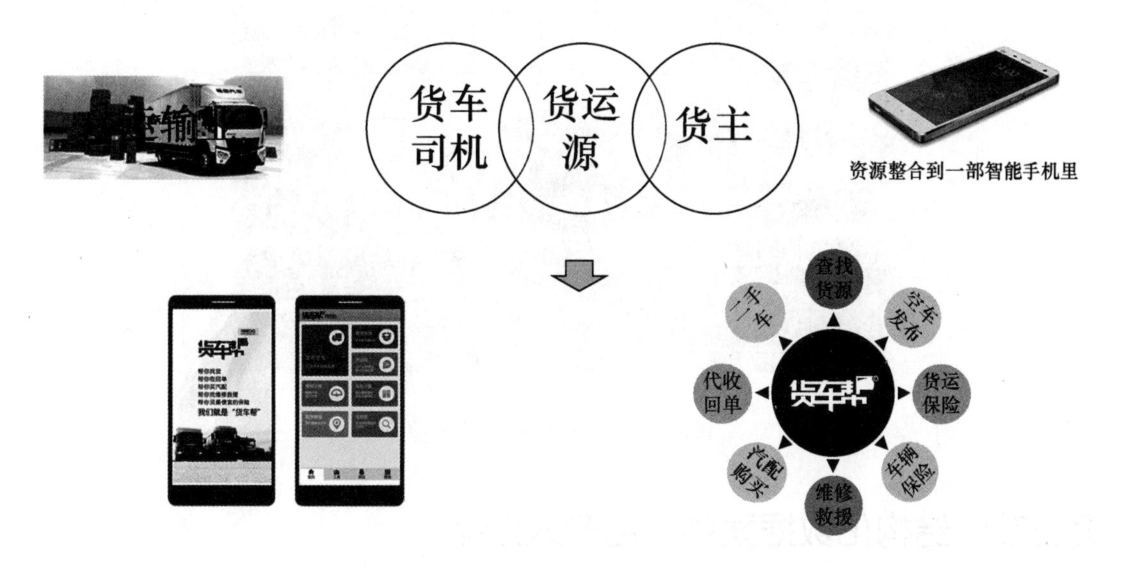

图 5-1 “货车帮”的核心业务

“货车帮”利用大数据进行精准匹配，大大节约了社会资源。2016 年，“货车帮”为中国节省燃油 615 亿元，减少碳排放 3300 万吨，成为“互联网+物流”行业的“独角兽”。“货车帮”官方数据显示，其通过整体组织架构进行资源整合，现已征集诚信司机会员 520 万人、认证货主会员 125 万人，每日货源信息 500 万条，线下服务网点 1000 家，全国精英团队 6000 人。“货车帮”每日促成货运交易超 14 万单，日成交货运运费超过 17 亿元，覆盖全国 360 个大、中、小城市。

三、“货车帮”发展情况

随着数据的不断积累，“货车帮”将逐步搭建打通中国公路物流的互联网生态体系。“货车帮”以车货精准匹配为基础，整合中国的卡车销售、商用轮胎、卡车汽配、卡车挂靠、甩挂分离后的挂车运营及货车保险市场等千亿或万亿级的市场，打造 O2O 闭环和中国公路物流行业的“阿里巴巴”，如图 5-2 所示。

2017 年 11 月 27 日，“货车帮”与江苏满运软件科技有限公司（运满满）联合宣布战略合并，双方共同成立一家新的集团公司（满帮集团），合并后的第一轮融资金额为 19 亿美元。

至此，作为全国最大的车货匹配信息平台，满帮集团开始持续致力于为用户提供准确、便捷的信息交互平台服务，通过覆盖车油、ETC、新车、金融、保险、园区等服务领域，为货车司机提供一站式服务。

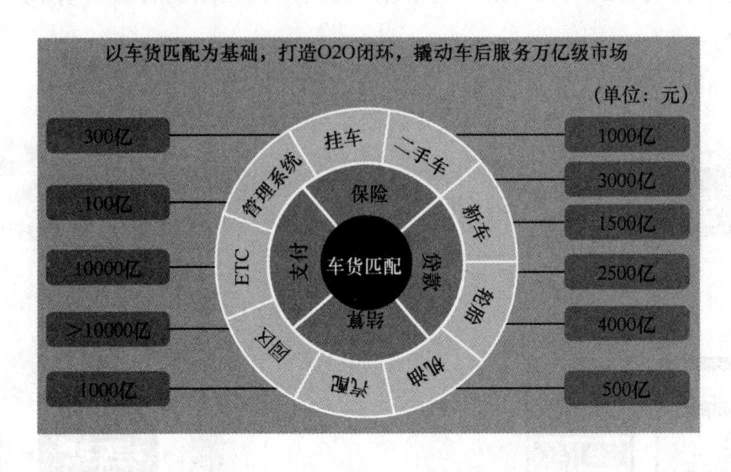

图 5-2　货车帮的互联网生态体系

第三节　结构化数据案例：百度大迁徙

中国人总在年关之际关注一个问题，那就是春运，人们像候鸟一样，集中在一段时间内，踏上返乡路程，铁路、航空都高负荷运转，铁路更是一票难求。现在百度公司可以利用大数据技术记录中国人口迁徙的一举一动。

百度地图春节人口迁徙大数据（简称“百度大迁徙”），是百度公司在 2014 年春运期间推出的一项技术项目。“百度大迁徙”利用大数据技术，对通过基于地理位置的服务（Location Based Services，LBS）技术获取的春节期间人口流动大数据进行计算分析，采用可视化呈现方式，动态、即时、直观地展现中国春节前后人口大迁徙的轨迹与特征。

在功能上，“百度大迁徙”利用区域和时间两个维度，通过 LBS 技术开放平台分析手机用户的定位信息，映射出手机用户的迁徙轨迹，可用于观察当前及过往时间段内，全国总体迁徙情况，以及各省、直辖市、自治区的迁徙情况，直观地确定迁入人口的来源和迁出人口的去向。

一、人口迁徙的数据来源

百度地图拥有过亿装机量，还拥有其他 13 个用户数过亿的 App，如手机百度、百度手机助手、安卓市场、百度魔图、百度手机浏览器、百度输入法、安卓优化大师、爱奇艺等。同时，百度地图的 LBS 开放平台为数十万款 App 提供免费定位服务，日处理定位请求近 35 亿次。众多 App 向手机操作系统请求定位信息，获取用户经纬度，并上传到百度地图，请求解析为地址信息，这就形成了人口迁徙的数据来源。根据实际情况，这些数据来源几乎能反映我国人口迁徙的全样本数据，这是铁路、航空和高速公路等独立的相关主管部门无法获取的全样本数据。

二、"百度大迁徙"地图的实现

"百度大迁徙"项目获得如上所述的数据后，对用户位置变化的时间、轨迹、身份等进行分析，通过可视化图表展示出不同城市之间、不同时间段的迁移轨迹。简单地说，只要一部智能手机里装有使用百度地图 API[①]的所有应用 App，人们在长距离移动时，位置的变化轨迹就会在"百度大迁徙"地图里产生一条城市之间的连接线。

三、应用价值

"百度大迁徙"官方介绍显示，"百度大迁徙"希望能通过对大数据的创新应用服务于政府部门的科学决策，赋予社会学等学科研究以新的观察视角和方法工具，同时为公众创造近距离接触大数据的机会，科普数据价值。

四、"百度大迁徙"发展情况

"百度大迁徙"于 2015 年 2 月 15 日上线，在功能上包含人口迁徙、实时航班、机场热度和车站热度四大板块。百度迁徙动态图包含春运期间全国人口流动的情况与排行，实时航班的详细信息，以及全国火车站、飞机场的分布、热度排行，能直观地显示迁入人口的来源和迁出人口的去向。

"百度大迁徙"的一个亮点就是加入了"百度天眼"功能，这是百度开发的一款基于百度地图的航班实时信息查询产品。通过"百度天眼"，用户可以看到全国范围内的飞机实时动态和位置；单击要查询的航班图标，还可以查看航班的具体信息，包括起降时间、飞机型号和机龄等。

---

① API（Application Programming Interface，应用程序编程接口）是一些预先定义的函数，目的是为应用程序与开发人员提供基于某软件或硬件访问一组例程的能力，无须访问源码，或理解内部工作机制的细节。

“百度天眼”的推出，将以往航班查询软件冷冰冰的航班信息变成了可视化的全图形界面，不仅让接/送机的家人和乘坐飞机归家的游子更加方便快捷地掌握航班的最新信息，还能直观了解到航班当前所在的位置。可见，“百度天眼”是百度地图、大数据技术结合传统出行信息的全新呈现形式。

第四节　结构化数据案例：保利生活圈

大数据在房地产行业释放出的巨大价值引起了诸多房地产行业管理者的兴趣，触动着他们的神经，搅动着他们的思维，如何让大数据为房地产行业经营管理服务已成为主题。2014 年 9 月，万科公司的首个以移动互联网思维为核心的项目在杭州良渚落地，并且定名为“未来城”。“未来城”的命名显示出这个项目是万科公司基于对大数据的研究，对未来生活方式的一种探索。对这一新项目，目前可知的消息是，它从项目拿地、产品的设计研发，到目标人群的洞察、项目的推广营销和公关环节的设置，全部过程都用移动互联网思维进行指导。

保利地产公司目前的大数据应用主要集中在商业地产。保利地产公司掌握着多年来积累的数以百万计、千万计的购房者信息。这些信息的有效整理和挖掘，能在大数据时代为保利地产公司带来新的盈利模式和发展空间。这里重点介绍保利地产公司的保利生活圈大数据产品。保利生活圈大数据产品（以下简称保利生活圈）的主要作用有：①构建更加人性化的社区服务体系；②利用大数据定制住宅产品，转型为预测型地产；③大数据下的精准营销。

一、融合线上与线下

根据互联网思维，传统产业要实现转型和振兴，必须做到线上、线下的融合，打通信息共享的壁垒，实现信息对称。保利地产公司也不例外，如何更好地服务小区业主，如何将线下的数以百万计、千万计的业主整合到线上来，形成庞大的流量，最终实现数字经济盈利模式，是保利地产公司转型之路上的一个核心命题。

保利生活圈需要一个准确的定位。在移动互联网时代，移动 App 需要具备核心功能才能将线下小区里的所有人群牢牢地吸引到一个平台上来。如图 5-3 所示，如果保利生活圈做虚拟服务，它将无法和大众点评（已与美团合并）相提并论；如果做商业服务，它更是无法与淘宝、京东等电商平台竞争；如果做连锁经营，涉及连锁店的规模大小，它与肯德基、麦当劳等连锁店相比，非常不经济。

图 5-3 保利生活圈定位分析

经过对比和筛查，保利生活圈唯一可以选型的就是智能管家，认真做好小区里业主的物业管理才具有核心的竞争力。最终，智能管家被定位为“基于大数据环境，提供社区个性化服务”。以下列举 3 个情景。

情景 1：业主忘记带门卡

之前，智能管家已设定二维码或 Wi-Fi 登录号（就是业主的身份验证），当业主忘记带门卡时，业主只需扫描门禁旁的二维码或登录社区 Wi-Fi，就可以打开小区的门禁进入小区。这样业主就再也不用担心忘记带门卡了。其实，业主在扫码或者登录社区 Wi-Fi 的过程中，不经意间就被整合到了保利生活圈中。

情景 2：信息自动推荐

小区大数据已经积累业主每次去小区超市消费的物品及日期，如果得出业主的日食用油量，我们就可以推断出某业主家这两天快没食用油了。可实现自动推荐：今日，保利水城（超市）××食用油半价！

情景 3：小区灯光明暗调整

大数据分析发现，小区里总有那么几个“加班狂”，在晚上 11 点钟会走某条路回家。系统建议：夜晚 11 点时，将这条路的灯光调整为最亮。

智能管家还推出“零物管费”概念，变“管理”为“服务”，变“服务”为“经营”，使物业服务更加人性化、合理化。至此，保利生活圈以物业管理为核心，打造基于“社交沟通”的用户行为统计分析系统，达到了低成本和高效率，实现圈层营销为目的，使服务更贴合业主的社交需求，其功能模块如图 5-4 所示。

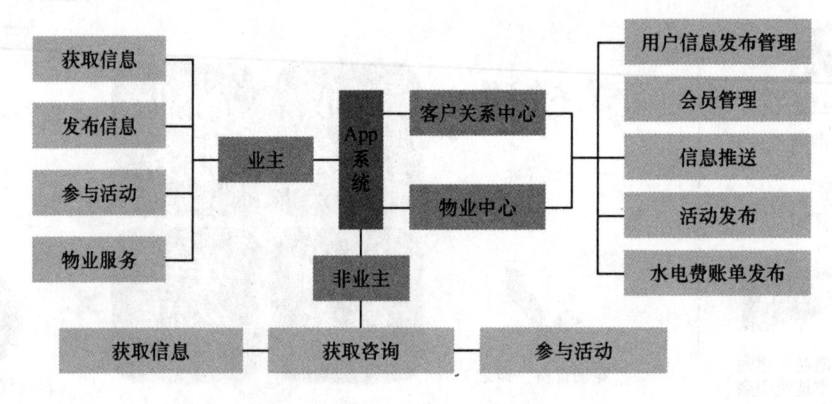

图 5-4 保利生活圈 App 的功能模块

二、建立特有的支付方式

我国电子商务能得到迅猛发展，一个主要原因是利用互联网金融技术打通了支付壁垒，建立起方便、快捷的支付方式。对保利生活圈而言，如果利用现有的支付方式（如支付宝、微信支付），就很难掌握社区业主们的消费情况和消费能力等信息，这些信息是进行数据分析至关重要的部分。因此，保利生活圈必须拥有自己的支付方式，于是开发出了保利宝产品，如图 5-5 所示。

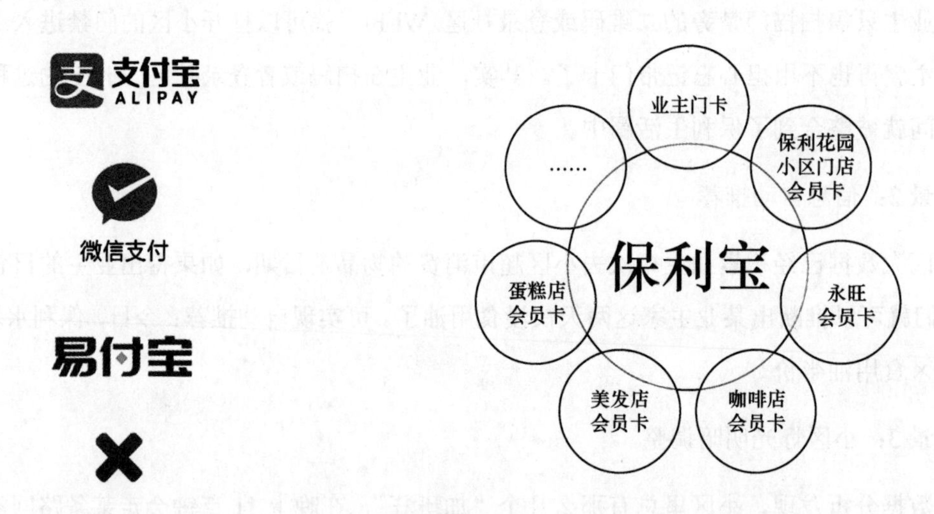

图 5-5 保利宝

保利宝是一个“虚拟会员卡”，以“业主门卡”为核心，集成社区内各类商业门店的会员优惠卡（如蛋糕店会员卡、理发店会员卡和咖啡店会员卡等），拥有独立支付的钱包功能，可以在保利生活圈内所有门店使用。业主只要用手机登录账号，就可体验一站式服务，出门再也不需要带会员卡及现金，轻松使用手机虚拟会员账号支付。最为核心的是，保利宝能采集业主们的消费等信息，如某业主在什么时间、什么地点、消费了什么和涉及的金额。

三、建立免费 Wi-Fi 网络

让智能手机免费、便捷地连接到互联网，也是保利生活圈必须考虑的问题。当业主或者会员的智能手机在保利生活圈内自动连接上 Wi-Fi 后，后台就能自动识别并统计分析出会员的生活习惯，进出保利生活圈的具体时间、地理位置、早晚餐店家选择及口味，购物的喜好等重要消费数据。

四、组建精准的营销系统

当客户进入售楼部时，只要用手机号码验证即可免费使用 Wi-Fi。验证时首页弹出项目介绍，客户就能立即进行“现场产品问卷调查”。保利地产公司利用长期积累的大量数据，深研每一座城市的特有生活方式，对产品进行定向设计。例如，针对一户有多少个阳台、阳台有多宽、卧室里有多少个插座比较合适等问题，保利工作人员不再需要凭经验去猜测，只要通过对千万家庭的需求数据进行统计分析，即可得出最优的答案。根据移动互联网思维的本质，住宅的开发就是以客户需求为导向，在精密分析各种数据的基础上，把产品和服务做到极致。

综上所述，保利生活圈以历史积累的客户大数据为基础，以物业管理为核心，在小区全域免费 Wi-Fi 的辅助下，集成生活圈 App 和保利宝等产品，组建起线上、线下融合互动的生态系统，把社区里的所有人群牢牢地吸引到一个平台上来，形成数字经济盈利模式，如图 5-6 所示。这种模式，也值得很多传统企业所效仿。

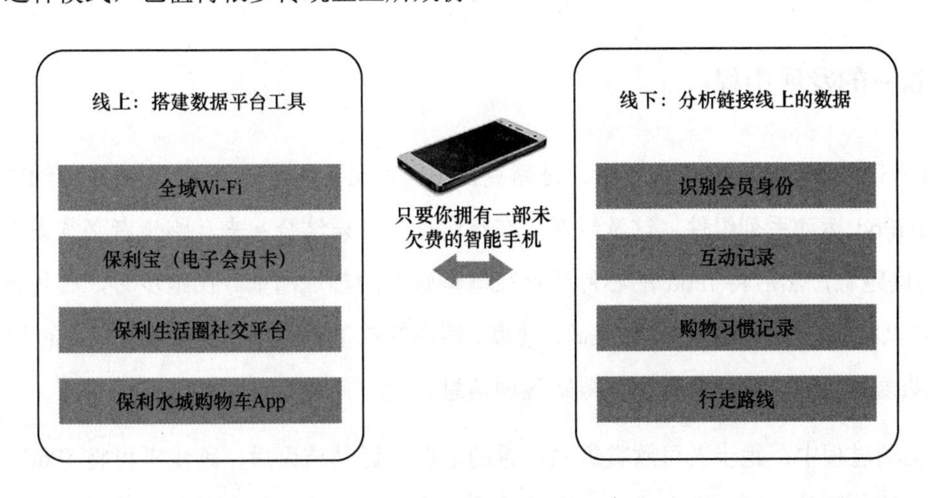

图 5-6　保利生活圈

第五节 结构化数据案例：耐克公司的 Nike+

本节将介绍一个非常传统的制鞋企业——耐克公司，了解它是如何利用大数据让传统公司产生新的活力和生机的。耐克公司作为一家提供传统消费品的企业，早就先知先觉地捕捉与挖掘新时代的消费者行为特征，率先推出 Nike+产品，可堪称品牌数字化的典范。Nike+通过大数据取得营销成功的案例，为传统消费品行业在数字化环境下实施营销变革提供了有益的启示，耐克公司也凭借这个新产品变身为大数据营销的创新公司。Nike+是一种以“Nike 跑鞋或腕带+传感器”的产品，只要运动者穿着 Nike+的跑鞋运动，iPod 就可以存储并显示运动的日期、时间、距离和热量消耗值等数据。用户上传数据到耐克社区后，就能与具有相同爱好的其他用户分享、讨论，如图 5-7 所示。

图 5-7 Nike+电子产品

一、Nike+的发展历程

Nike+iPod 是目前 Nike+的前身，是耐克公司与苹果公司于 2006 年 5 月在纽约联合发布的 Nike+iPod 运动系列组件。这款组件旨在将运动与音乐结合起来。跑步者必须先拥有一双 Nike+的慢跑鞋，然后将 iPod 的芯片放置在鞋垫底下的芯片槽里。在跑步时，芯片进行无线感应，可以将各种跑步的信息（如距离、速度、消耗的热量等数据）传输至跑步者的 iPod nano 里，借助语音回馈，跑步者就可以得知各项信息。

在运动过程中，跑步者可欣赏事先设置的歌曲。运动结束后，跑步者可将 iPod nano 与计算机连接，登录 Nike+网上社区，上传此次跑步数据，或者设定各项分析功能。另外，跑步者可以关注朋友的跑步进度，也可以查看世界各地拥有这款产品的用户的运动信息及排行榜。深受青少年喜爱的 Nike 跑鞋加上风靡全美的 iPod，这次合作大获成功。

然而，随着智能手机的崛起，Nike+iPod 开始陷入市场危机。RunKeeper 和 Endomondo 等一批功能类似的运动类应用开始崭露头角。与此同时，随着用户数量的增长、高额风投的涌进，这些创业公司开始推出自营品牌的便携设备和运动服饰，与耐克公司形成直接竞争。Facebook 和 Twitter 等社交媒体从 2004 年兴起，移动互联网的发展突飞猛进，青少年开始逐渐习惯数字化的生活方式，而耐克公司的主要消费群体正是这些走在时代前端的青少年们。因此，对耐克公司而言，数据的重要性开始突显，其中蕴藏着无限商机。此时，由于数据在 Nike+iPod 中曾经扮演着重要角色，耐克公司开始调整 Nike+的定位与思路。耐克公司于 2010 年率先成立了与研发、营销等部门同属一个级别的数字运动部门（Digital Sport）。至此，运动数字化正式成为耐克公司的战略发展方向。

接着，Nike+发力运动电子产品。耐克公司在 2012 年，率先推出重量级产品 FuelBand 运动功能手环。与以往不同的是，这款产品旨在面向非运动人群，几乎能够测量佩戴者所有日常活动中消耗的能量。耐克公司还推出了拥有自主知识产权的全新能量计量方法 NikeFuel。这是一种标准化的评分方法，无论参与者的性别或体型如何，同一运动项目的参与者的得分相同。

其后，Nike+布局数字运动王国。如果说 FuelBand 运动手环和 NikeFuel 是耐克布局大数据时代的最初举措，那么它之后发布的多款产品，则进一步巩固了耐克公司数字运动王国的地位。2012 年 2 月，耐克公司将 Nike+从跑步延伸到了篮球和训练产品上，推出了 Nike+Basketball 和 Nike+Training 应用，构建起两套全新的运动生态子系统。就功能而言，与之配套的运动鞋可以测量如弹跳高度等更多的运动数据。

另外，耐克公司与知名导航产品供应商 TomTom 合作，推出了具有 GPS 功能的运动腕表、FuelBand 第二代产品 FuelBandSE 等，这些都是对其数据产品上的进一步完善。值得注意的是，作为运动服饰品牌的耐克缺乏互联网基因，需要借助外部力量来提升实力。一方面，耐克公司将合作范围从苹果公司扩大到其他平台，进一步扩大用户基础。2012 年 6 月下旬，耐克公司将自己在 iOS 平台上最受欢迎 Nike+Running 软件移植到了 Android 平台上，同时展开与微软公司的合作，推出 Nike+KinectTraining 健身娱乐软件。另一方面，耐克剑指未来，与美国第二大孵化器 TechStars 合作推出了 Nike+Accelerator 项目，鼓励创业团队利用 Nike+平台开发出更加创新的应用，以期在运动数字化浪潮中一举确立领导地位。

至此，我们可以看到 Nike+的诞生并非基于大数据浪潮的时代背景，而且耐克公司的运动数字化历程比我们想象的更为久远。当前，Nike+是顺应了大数据时代趋势、发展运动数字化战略而推出的系列产品，包括各类可穿戴设备、Nike+应用软件、Nike+运动社交平台等。用户对 Nike+的使用，使耐克公司能够对数据形成从产生、收集、处理、分析到应用的 O2O 闭环。

二、Nike+筑牢客户关系

围绕 Nike+构建的品牌社区，其最重要的作用是吸引忠实粉丝源源不断地向耐克公司贡献身高、体重、运动信息、社交账户数据等海量用户数据。除此之外，人们还主动分享与上传自己的经验与建议。耐克公司由此对消费者个体有了深刻的洞察。

以 Nike+社区的 Nike+Running 为例，该软件可通过 GPS 数据计算出个人跑步的次数、公里数、平均速度及消耗的能量，以便用户安排私人运动计划。另外，内置的徽章激励制度还给跑步运动增加了几分趣味，也使用户产生了自我突破的动力。该软件在加强社区用户间的互动关系、增加使用热度和频率上也做足了功夫。用户除了能够自行查看运动数据与虚拟成就，也可将运动记录图像实时分享至 Twitter、新浪微博等社交网站，附上心情符号与文字解说，吸引好友关注，满足交际的需求与展示欲望。排行榜更是一项激发好友们不断挑战运动记录、互相鼓励、较劲的有趣设置。在中国，微信的强大力量再次为 Nike+注入社交血液。2013 年“双十一”期间，微信公众服务账号 Nike Run Club 上线，短短 10 天就吸引了数以万计的跑步爱好者。通过账号内置的跑团组建功能，这些用户迅速创建了超过 1000 个跑步主题的微信群组。目前，耐克还推出了自己的篮球公共账号 NikeBasketball。

Nike+社区粉丝们的互动给耐克公司带来两点好处：第一，用户主动上传的大量运动数据为耐克公司深刻理解消费者的行为奠定了厚实的基础；第二，互动让用户相互之间建立起非常牢固的关系，强化了品牌忠诚度，并在一定程度上转化为购买力。耐克公司负责全球品牌管理的副总裁 Trevor Edwards 介绍，通过 Nike+iPod 计划，40%的 Nike+用户在再次购买运动鞋时选择了耐克运动鞋。

三、Nike+已融入价值链

起初亚马逊网站通过整合读者和出版社资源而获得赢利。与之不同的是，Nike+平台发源于传统行业，其创造者耐克公司则是平台连接的一方。这也是 Nike+在短时间内能吸引大量用户关注及使用的重要原因。通过网上社区，原本就与消费者建立了密切关系的耐克公司能够轻易汇聚与自身品牌精神一致的忠诚用户，实现同边网络效应，最终累积大量与品牌、运动体验有关的高质量数据。这些数据正是 Nike+宝贵的战略资源。

不同于 Netflix 将对用户数据的挖掘结果回馈于主营的视频业务本身，也不同于淘宝网单独推出的数据魔方咨询服务，Nike+数据带来的赢利可能是多方面的：一方面，通过对用户数据的分析，耐克公司能够获得关于消费者的更深邃洞察，将这些发现应用于营销活动的各个环节，全面实现数字化营销，从而享受到顾客忠诚度增强、销售收入上涨等喜人成果；另一方面，数据也为耐克公司开辟了可能的新利润来源。耐克完全能够发挥原有品牌资产的杠杆作用，将对顾客行为的全面理解融入运动计划制订、健身软件开发、运动型可穿戴设备设计等与消费者运动生活有关的各项业务中，从传统的服装行业进军到更加新兴的“蓝海”领域。同时，同处于运动产业的其他公司也可受益于 Nike+平台累积的用户数据。耐克公司甚至可以开辟行业咨询服务，发展更多可能盈利的点。但是，如何发掘现有丰富的 Nike+用户资源，加强跨边网络效应，吸引同业公司参与其中，开拓新的盈利模式，是耐克公司接下来需要思考的重要问题。

身处于数据充斥时代的很多企业，目前仍停留在空谈概念或手握大把数据但不知从何用起的阶段。Nike+的案例却生动地说明，品牌确实能直面大数据浪潮并受益其中。据耐克公司年报，2012—2014 年间，公司盈利一直呈增长趋势，而增长的动力正是 Nike+旗下的各类产品，以及由此带来的消费者与品牌间的日益紧密的联系。正如耐克公司首席执行官 Mark Parker 所说：“对耐克而言，运动数字部门是至关重要的。它将成为消费者体验耐克产品时的关键因素。”

第六节　非结构化数据案例：套牌车查找

以上 5 个案例均是对结构化数据进行分析，接下来要阐述的是针对非结构化数据的分析。

图像和视频是非结构化数据的主要组成部分，围绕它们而产生的研究领域数不胜数，行业应用更是潜力巨大。图像数据是客观对象的一种相似性的、生动性的描述或写真，是人类社会活动中最常用的信息载体，是人们最主要的信息源。视频数据由视频传感器（如摄像机）采集而得，是连续的图像序列，其实质是一组组连续的图像，而对图像本身而言，除了其出现的先后顺序，没有任何结构信息。以视频形式来传递信息，能够直观、生动、真实、高效地表达现实世界，所传递的信息量非常丰富，远远大于文本或静态的图像。这里仅仅阐述视频的一个研究领域——智能视频分析，案例也仅仅涉及智能视频分析下一个很小的研究方向在实际行业中的应用。

一、智能视频分析简介

智能视频分析是接入各种摄像机，以及 DVR、DVS 和流媒体服务器等各种视频设备，并且通过智能化图像识别处理技术，对各种安全事件主动预警，通过实时分析，将报警信息传到综合监控平台及客户端。具体来讲，智能视频分析系统通过摄像机实时“发现警情”，并“看到”视野中的监视目标，同时通过自身的智能化识别算法判断出这些被监视目标的行为是否存在安全威胁，对已经出现或将要出现的威胁，及时向综合监控平台或后台管理人员通过声音、视频等形式发出报警。智能视频分析是计算机图像视觉技术在安防领域应用的一个分支，是一种基于目标行为的智能监控技术，也属于人工智能五大核心研究领域之一（计算机视觉）的重要研究分支。

智能视频分析技术用于视频监控方案通常有两种。第一种是基于智能视频处理器的前端解决方案，在这种工作模式下，所有的目标跟踪、行为判断、报警触发都由前端智能分析设备完成，只将报警信息通过网络传输至监控中心；第二种是基于工业计算机的后端智能视频分析解决方案，在这种工作模式下，所有的前端摄像机仅仅具备基本的视频采集功能，而所有的视频分析都必须汇集到后端或者关键节点处由计算机统一处理。在市场中，第一种方式的应用居多，视频分析设备被放置在 IP 摄像机之后，就可以有效地节约视频流占用的带宽。而基于工业计算机的解决方案只能控制若干关键的监控点，并且对计算机性能和网络带宽要求比较高。

智能视频分析技术的研究分支有人脸识别、物体识别、遗留物检测、入侵检测、视频检索、人数统计和车型检测等，如图 5-8 所示。其中，人脸识别（可利用手机、iPad 等终端设备对人员进行识别，读取相关信息）可用于公路管理员查看人员身份，协助抓捕和寻找目标人物；入侵检测是通过对监控图像序列进行处理和分析，识别人或物体入侵的行为，并且对有潜在危险的行为进行报警，以避免危险事故的发生，从而有效地保证安全；物体识别是通过对物体的识别（如识别出刀具、枪支、危险品），在银行、商场、超市等场所协助安保人员提前预防危险事件的发生，保障人员和商场的安全。

智能视频分析技术广泛应用于公共安全、建筑智能化、智能交通等相关领域。但是，在实际环境中，光照变化、目标运动的复杂性、遮挡、目标与背景颜色相似、杂乱背景等因素，都会增加目标检测与跟踪算法设计的难度。其难点问题主要体现在背景的复杂性、目标特征的取舍、遮挡问题，以及兼顾实时性与健壮性。接下来介绍安防中的一个重要任务——套牌车查找。

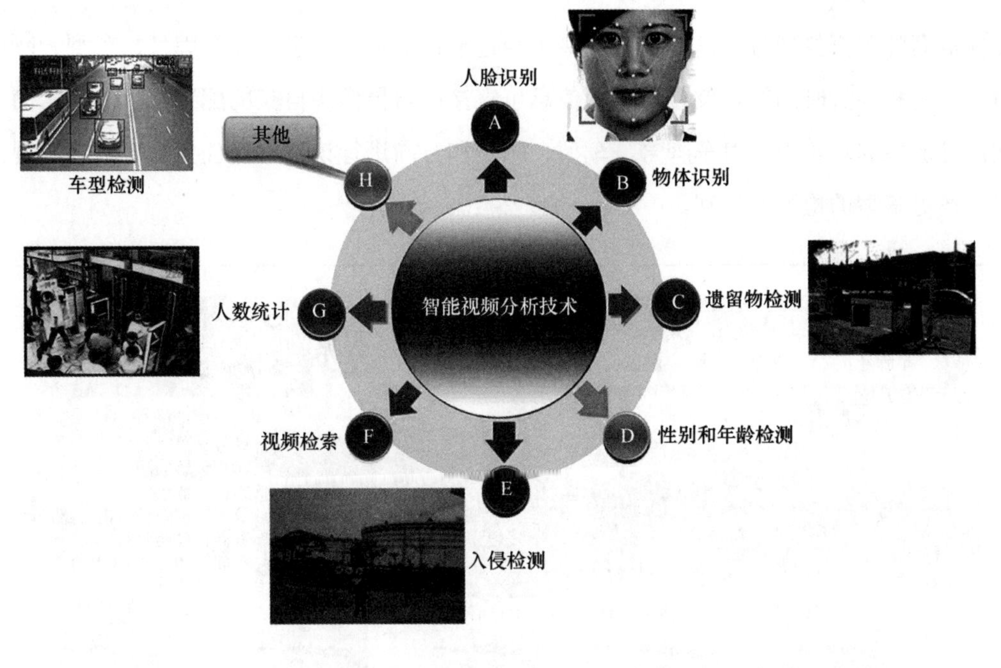

图 5-8 智能视频分析技术

二、套牌车查找

套牌车又叫“克隆车”，简称“套牌”。在现实生活中，不法分子伪造和非法套取真牌车的号牌、型号和颜色，使走私、拼装、报废和盗抢来的车辆在表面披上了“合法”的外衣。套牌行为严重扰乱公安机关对公共安全的管控，扰乱运输市场的经营秩序，扰乱国家的经济秩序，损坏真车主的合法权益，制造社会不稳定因素，已被国家坚决禁止。伪造、变造、买卖机动车牌证及机动车入户、过户、验证的有关证明文件的，构成犯罪的，依照《中华人民共和国刑法》第二百八十条第一款（伪造、变造、买卖国家机关公文、证件、印章罪）的规定处罚。“买赃车套牌上路行驶，问题就不仅仅是套牌那么简单，已经构成共犯，要受到刑律的严惩!”

套牌车查找是协助公安机关，利用大数据技术在茫茫车海中找出套牌车。实例中的车流数据来源于“天网监控系统”[①]，范围限定在山东省 17 个地市所有交通卡口采集的视频数据，如图 5-9 所示。这里的交通卡口指主要道路、重点单位和热点位置等，如主干道的十字路口。

① “天网监控系统”是利用设置在大街小巷的大量摄像头组成的监控网络，可以对城市各街道辖区的主要道路、重点单位、热点位置进行 24 小时监控，是公安机关打击街面犯罪的一项法宝，是城市治安的坚强后盾。现在，各大城市基本上都在运行此套系统，该系统是“科技强警”的标志性工程。

为了完成套牌车查找任务，需要捕获一辆车经过卡口的关键信息，如车牌号、车型、颜色、位置、方向和经过时间等。位置和时间信息可直接取自摄像头自身的配置信息，非常简单。在实际开放性的场景中，对车牌号、车型、颜色和方向进行识别，是任务的核心和关键，这里只阐述对车型的检测和识别。

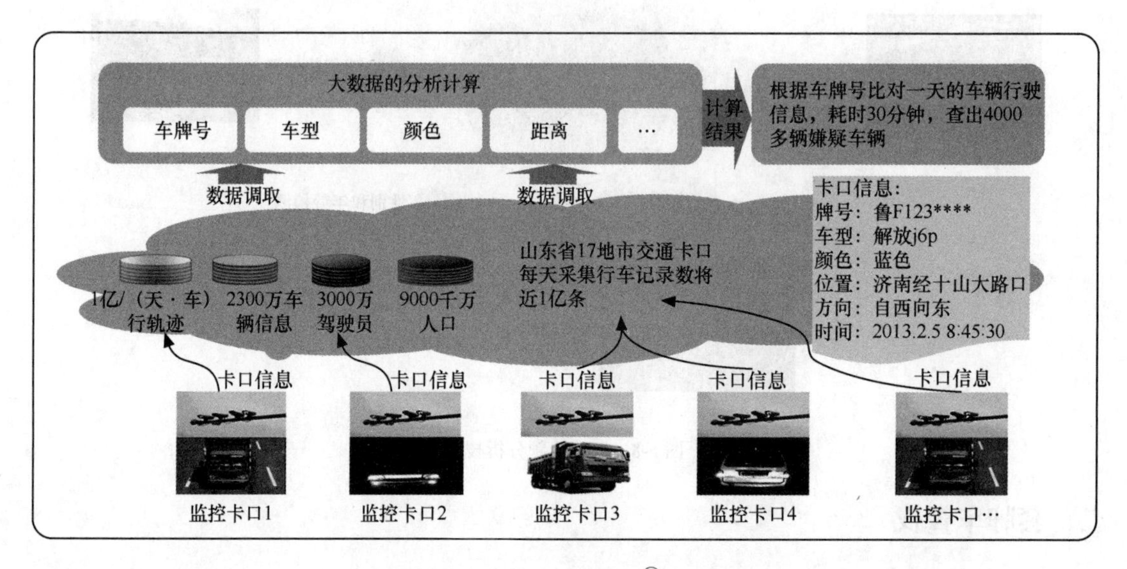

图 5-9 套牌车查找[①]

1. 数据采集

天网监控系统在每个卡口的上方安置有摄像头，每个摄像头源源不断地采集视频数据。如果是一个 8Mbit/s 的摄像头，一小时能采集 3.6GB 的数据，一个城市每月产生的数据达上千万 GB，整个山东省 17 个地市每月采集的数据量非常庞大。

2. 数据分析

根据大数据处理的一般流程，我们需要先进行视频数据的预处理，再进行数据分析与挖掘。这里直接进入数据分析，是因为在做数据分析前必须做的一个核心工作是进行模型训练。针对车型检测而言，训练模型就是要告知计算机，什么样的汽车是第一类车、第二类车等，或者是小型车、微型车等。数据分析主要涉及车型模型训练、车型检测和套牌车筛查。

（1）训练模型

训练模型是数据分析的核心，可分为两个环节——训练和建模。通过已知的数据和目标，

① 引自张瑞新教授 2015 年的《大数据与安全生产综述》PPT 文档第 35 页。

调节算法的参数，这就是训练。这里的算法实际指的是一个函数，简单的函数有初中阶段就接触的一元一次函数、一元二次函数等，复杂的函数就如同第四讲介绍的 K-Means、支持向量机和深度学习算法（如卷积神经网络）等。

以一元一次函数为例。当我们选定一个函数来拟合一堆历史数据时，如选择 $y = kx + b$ 函数，需要将历史数据分成 x 部分的值和 y 部分的值，组成实数对（也叫训练数据），如（0,−1）、（1,0）、（2.1,0.9）等。在训练时，任意指定 k 和 b 的初值，并将众多的实数对送入函数，取代 x 的值和 y 的值，经过无数次的迭代等处理，让误差或者损失函数减少到某个特定的范围值内，这时可以认为 k 和 b 的值（即函数参数）就确定了下来。

接下来，系统将训练出来的参数值 k 和 b 映射到函数中，就得到针对特定问题的模型。因此，一旦函数 $y = kx + b$ 的参数 k 和 b 被确定，整个函数的图像也就完全被确定，并能得出函数的性质，如能确定直线经过的象限、斜率等信息。同时，系统将预留的部分实数对（也被称为测试数据）送入函数中，进一步判断函数对历史数据拟合的优劣程度。

针对车型检测，实现的思路也是一样的，但要复杂得多。从天网监控系统采集到的视频数据被命名为生数据，也就是未经加工处理的数据集。系统将生数据分成两个部分，分别是训练数据集和测试数据集；数据量可按 2∶1 的比例分配，即训练数据占 2 份、测试数据占 1 份，也可以按 9∶1 分配，分配比例没有严格的界定。接下来，系统需要对训练数据集和测试数据集进行加工处理（专业的称呼是标注），这也是将生数据转化为熟数据的过程。视频数据标注的工作量往往非常庞大，原因如下：①需要人工进行标注；②需要标注的视频帧数量大。这就像人类学习一样，需要见多才能识广，机器学习同样也需要积累大量不同的数据进行比对，来增加预判的准确性。

视频标注需要人工参与，可以利用某种工具或者软件，在训练数据集和测试数据集视频帧中标注出一辆车的轮廓，一般用矩形框框出，同时需要捕获该辆车在视频帧中的位置信息，如矩形框左上角的顶点位置信息、矩形框的长度和宽度信息，这些信息能确定视频帧中的一张子图，这样便可告知计算机，像子图这样的一个实例就是某类车型（如小型车）。数据标注完成之后，将所有子图实例按照某种规则提取出特征向量，该特征向量就是函数自变量 x 的值，小型车用“+1”标记，成为因变量 y 的值。自变量 x 和因变量 y 组成数据对，形成数据集的一个正样本。与此同时，我们还得告知计算机，哪些是不属于某类车型的实例，形成负样本。在负样本中，y 被标注为“−1”，也就是“$y = -1$”；x 是一张负实例子图片的特征向量，这张负实例子图片往往是视频帧中的背景子图或者是残缺的部分车型图。图 5-10 仅仅列举了几张实例样本。若用于科学研究或者工业应用，样本数量往往应有几十万个、几百万个，甚至上亿个。

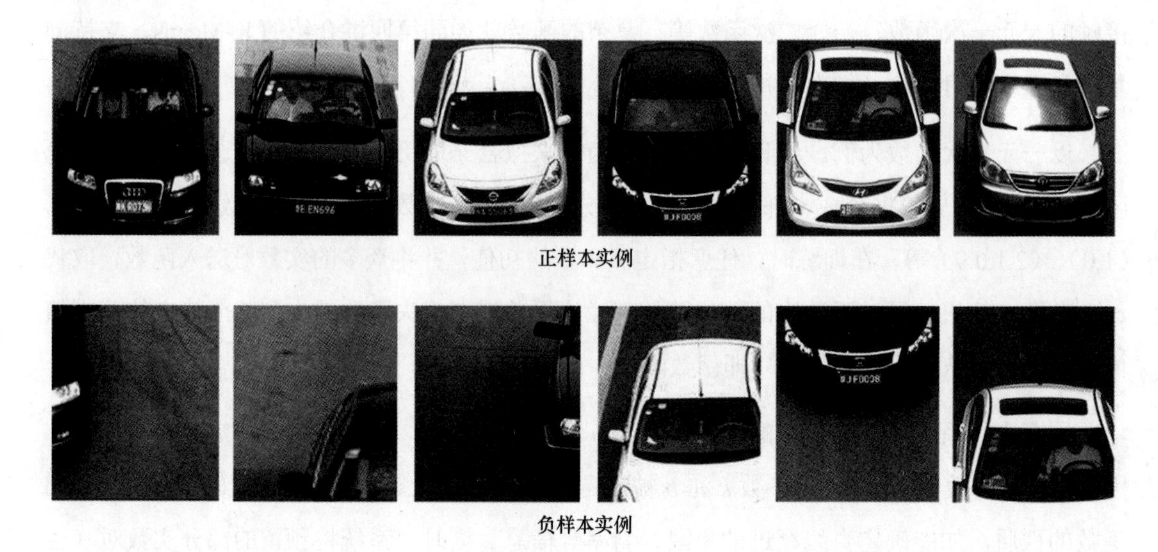

图 5-10　熟数据库中的正负样本集

准备好熟数据后，我们要从众多机器学习算法中选择一个合适的算法，将标注好的训练数据集送入到算法中进行训练，这个过程往往需要庞大的计算量（计算量大小根据选择的算法模型和训练数据集规模的不同而不同）。如果选择深度学习中的卷积神经网络算法，当网络层数增加时，参数的数量也急剧增加，有时需要对上亿个参数进行估计；如果训练数据集的规模庞大，还需要借助 Hadoop 等平台计算框架。机器学习中几个经典的算法，在训练阶段都非常复杂，有时需要好几天的时间才能把模型训练出来。但是，其训练原理和上述找一元一次函数表达式中的 k 和 b 的值类似，这里不做详细阐述。

（2）车型检测

模型训练完毕后，需要进一步检验模型的准确性和其他性能，即进入测试阶段（也是车型检测阶段）。模型测试是将熟数据中作为测试数据集的数据送入模型中，模拟真实场景下模型对车型检测的准确性。

有时，视频帧在送入模型中检测时，还需要对视频帧进行预处理，主要涉及有白化处理、几何变换、归一化、平滑、复原和增强等，主要目的是消除视频帧中的无关信息，恢复有用的真实信息，增强有关信息的可检测性和最大限度地简化数据，从而改进特征抽取、图像分割、匹配和识别的可靠性。为了阐述核心问题，这里做了简化，舍掉了这个环节。

整个测试过程如图 5-11 所示。检测过程涉及过多的专业名词需要解释，这里也做了省略，读者可以通过图中步骤及图中子图下面的简略解释，粗略了解其含义。在检测结果子图中，我们能看到一个矩形框将小汽车框住，说明该检测模型已准确地检测到小汽车，并且检测到指定的车型。同时，该框附有检测结果信息，如矩形框左上角位置信息，以及矩形框的长度、宽度信息。模型的准确率判断就是将矩形框的位置信息和测试数据集中预先人工标定的矩形框位置信息进行比较，如果检测出来的矩形框与人工标定的矩形框重叠，重叠面积比例大于一个阈值（一般为 0.5 以上）时，就可以判断出检测正确，否则判断为检测错误。如果准确率达到行业领域的实际应用标准，该模型就可以在行业中进行推广，为安防、民生服务。

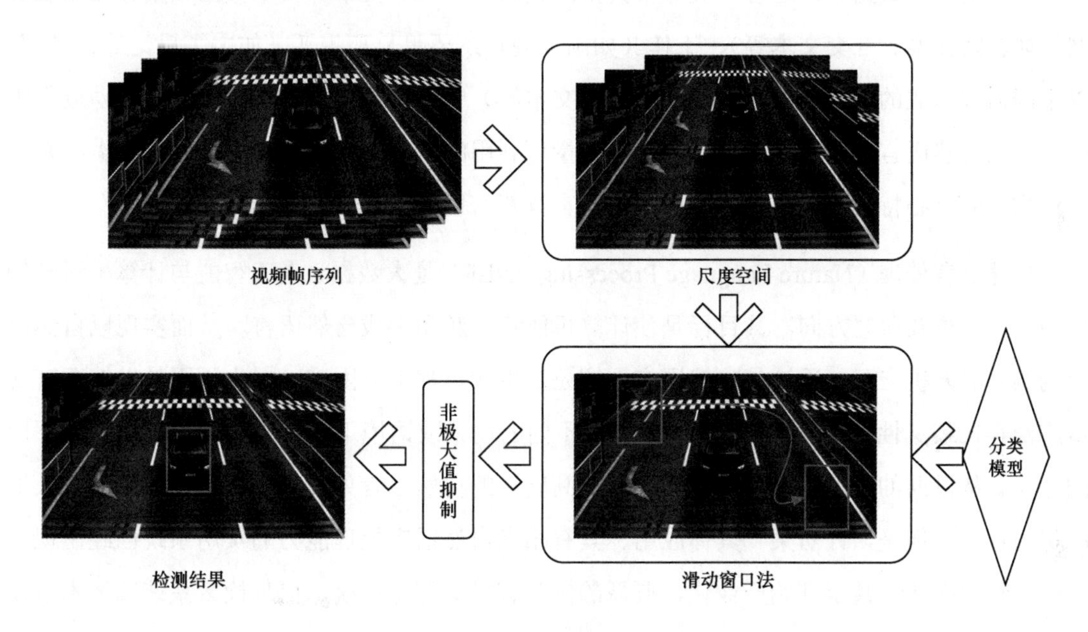

图 5-11 模型测试

以上过程仅仅完成对车型的检测，对车牌号、颜色和方向等的识别，可以选择类似的思路，也可以参照其他的方法。经过某卡口的一辆车，系统最终能捕获到它的车牌号、车型、颜色、位置、方向和时间等信息。同时，系统也将非结构化数据转换成了结构化数据。在山东省 17 个地市所有交通卡口中，每天采集到的这样的结构化数据（行车记录数据）将近 1 亿条，涉及 2300 万车辆信息、3000 万驾驶员和 9000 万人口。

（3）套牌车筛查

有了结构化数据后，哪怕记录条数上亿，完成套牌车筛查已经不是问题。在结构化数据下，针对套牌车的筛查，可以设置很多规则，这里仅仅列举一个规则。例如，在行车记录中，有一辆车牌号为鲁 A*****的黑色小型车，在 2017 年 8 月 27 日 18 时 48 分 01 秒经过山东省济南市龙奥南路 1 号卡口。从行车记录中查到，同样是一辆车牌号为鲁 A*****的黑色小型车，在2017年8月27日18时50分58秒经过山东省淄博市淄博齐园牛山路2号卡口。时间间隔不到3分钟，但是实际距离约120千米。这就是说，如果这辆车是同一辆车，它不可能在不到3分钟的时间内，跑完120千米，套牌车嫌疑便产生。

这样，系统根据车牌号比对一天的车辆行驶信息，耗时30分钟便可查出4000多辆嫌疑车。

第七节　非结构化数据案例：汉英机器翻译

在非结构化数据中，还有一类非常典型的数据类型——文本。文本数据大量存在于互联网（如新闻文本、社交文本等）、工作（如国家规划纲要等）和生活（如电子日记等），以及以不同语言形成的文本（如汉语文本、英语文本等）中。这些文本是人类在网络活动过程中产生、以自然语言形式存在的数据，含有大量可利用的信息。一般认为，语言是人类区别于其他物种的核心特性，人类的智能行为与语言有着密切的关系。

自然语言处理（Nature Language Processing，NLP）是大数据、人工智能与计算机科学领域中的一个重要研究方向，其目标是使计算机能够理解和生成自然语言，从而实现以自然语言为媒介的人机交互。无论是自然语言理解还是生成，都十分困难，根本原因是自然语言文本广泛存在歧义性（Ambiguity）。例如，在不同的场景或语境下，一段文本可以理解成不同的意义。从目前的发展情况来看，通用的、高质量的自然语言处理系统，仍然是人们较长期的努力目标。但是，针对某一具体应用、具有相当自然语言处理能力的实用系统已经出现，有些已经商品化，甚至开始产业化，典型的例子有机器翻译系统、信息检索系统等。本节以汉英机器翻译系统为例，介绍其如何从大量的非结构化的自然语言文本中学习翻译所需的知识。

随着全球化进程的加速和互联网的迅速发展，各国之间的信息交流日趋频繁，高效、快速的翻译逐渐成为人们的日常需求之一。机器翻译（Machine Translation）指利用计算机自动将一种自然语言（源语言）转换为另一种自然语言（目标语言）的过程，是人类长久以来的一个梦想。纵观机器翻译的发展历程，先后出现了基于规则的机器翻译、基于实例的机器翻译、统计机器翻译和神经网络机器翻译。从利用数据的角度来看，后3类又可被统称为基于大数据的机器翻译。目前，比较成熟的是基于短语的统计机器翻译，且已经产生了大量的实用系统。

如图5-12所示，基于短语的统计机器翻译系统的构建包括以下几步：①基于大量的双语平行句对（互为翻译的句子对，有时也称为双语平行语料）学习词对齐；②基于词对齐的双语平行句对学习短语翻译表；③基于词对齐的双语平行句对学习调序模型；④基于大量目标语言的句子（有时也称为单语语料）学习语言模型。在翻译阶段，译文生成算法调用短语翻译表、调序模型、语言模型，自动生成源语言句子的译文，如图 5-12 中虚线上面部分所示。与基于规则的系统相比，基于短语的统计机器翻译系统不再需要语言专家人工定义翻译规则，只需基于大量的双语平行句对（通常几百万到几千万，但较难获得）和目标语言的句子（通常达到几千万句级别甚至更多，但较容易获取），即可学习翻译知识。得益于这一特性，百度翻译、搜狗翻译和谷歌翻译等能够很方便地实现多种语言对之间的翻译。例如，谷歌翻译支持英语到 100 多种其他语言之间的翻译。

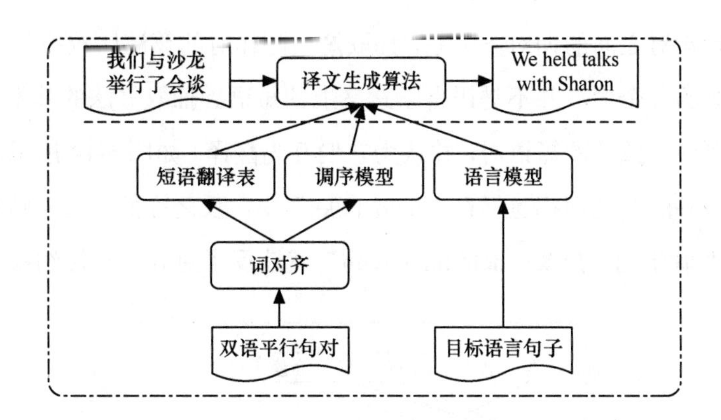

图 5-12　基于短语的统计机器翻译系统

下面分别介绍基于短语的统计机器翻译系统的几个关键构件：词对齐、短语翻译表、调序模型、语言模型和译文生成算法。

一、词对齐

基于大量的双语平行句对[见图 5-13（a）]，利用 EM 算法（Expectation-Maximization Algorithm）可以学习到每个句对的词对齐[见图 5-14（a）]。EM 算法认为，共现频率越高的词之间互为翻译的可能性越大。例如，对图 5-14 给出的 3 个汉英双语句对，首先对汉语句子进行分词处理①；然后，通过分析词之间的共现关系，可以发现“布什－Bush”同时出现在第 1 和第 3 个句对；最后，通过对大量的双语平行句对中词之间的共现关系进行统计和分析，就可以推算出每个句对中词的对齐关系。

① 注意：不同于英语，汉语词组之间没有空格隔开，可以使用清华大学中文词法分析工具包先进行分词。

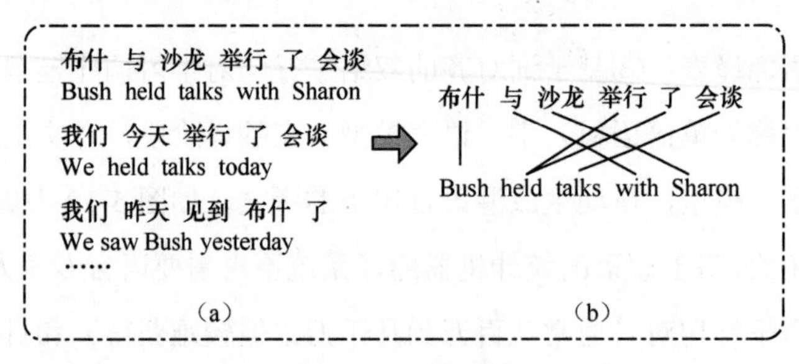

图 5-13　词对齐

二、短语翻译表

基于双语平行句对之间的词对齐关系，抽取短语翻译对的算法比较简单。需要说明的是，这里的短语指连续的几个词，并不是语言学意义上的短语。抽取算法的基本思想：在双语句对中寻找符合词对齐一致性的短语对，并认为它们互为翻译。如图 5-14 所示，短语“举行 了会谈”中每个词对齐的英文词都包括在“held talks”中，反之亦然，这一特性称为词对齐一致性。而短语对“举行 了 会谈－held talks with”就违反了对齐一致性约束。

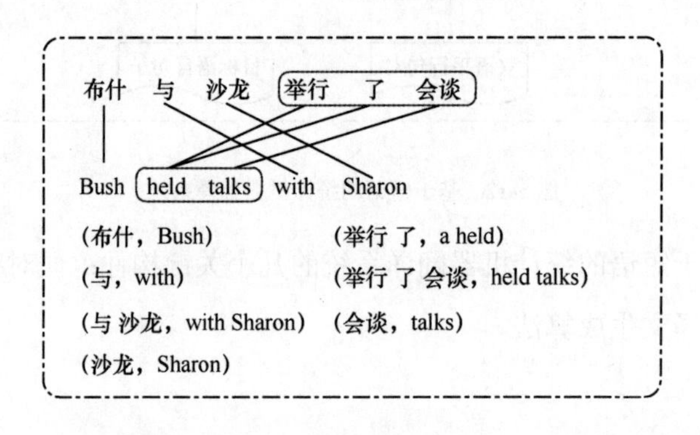

图 5-14　短语翻译对示例

一方面，自然语言是非常灵活的，对同一句子，不同的人可能会给出不同的翻译；另一方面，自然语言中一词多义现象普遍存在。因此，同一个短语（或词）通常具有多个翻译，如英语单词“bank”大部分情况下翻译为“银行”，少部分情况下翻译为“河岸”。那么，如何衡量某种翻译的可能性大小呢？机器翻译系统在完成互为翻译的短语对的抽取后，通过计数的方法，使用极大似然估计计算短语对的翻译概率，计算公式为：

$$P(t \mid s)=\frac{c(s,t)}{\sum_{t'} c(s,t')}$$

在上式中，s 表示源语言短语；t 表示目标语言短语；$c(s,t)$表示短语对(s,t)在双语平行语料中出现的次数；$\sum_{t'} c(s,t')$ 表示 s 所有可能的翻译出现的次数。表 5-2 给出了短语翻译表中的一个片段示例。

表 5-2 短语翻译表中的一个片段示例

源语言短语 s	目标语言短语 t	出现次数 c	翻译概率 $P(t\|s)$
我们	we	3	0.6
我们	us	2	0.4
举行 了 会谈	held talks	1	0.5
举行 了 会谈	held a talk	1	0.5
...	...	...	...

三、调序模型

不同语言之间的词序通常具有很大的不同，如汉语中介词短语通常位于谓语的前面，而英语中则常位于谓语的后面。因此，机器翻译系统不能机械地从左至右生成译文，而应该具有调序能力，能够适时地调整译文中短语的顺序。基于短语的统计机器翻译系统使用调序模型处理这一问题。

首先，系统把生成译文时两个相邻的短语片段之间是否需要调序看作一个二分类问题。其次，系统基于具有词对齐关系的双语平行句对收集调序实例，即哪些相邻的短语对在翻译时调序了，哪些没有调序。如图 5-15 所示，“与 沙龙”和“举行 了 会谈”的译文调序了。最后，系统基于收集的需要调序的实例和不需要调序的实例，训练一个二分类器，用于在生成译文时预测相邻的短语片段之间需要调序的概率。这个概率可用于对整个句子的译文进行打分、排序，从而筛选出较好的译文。

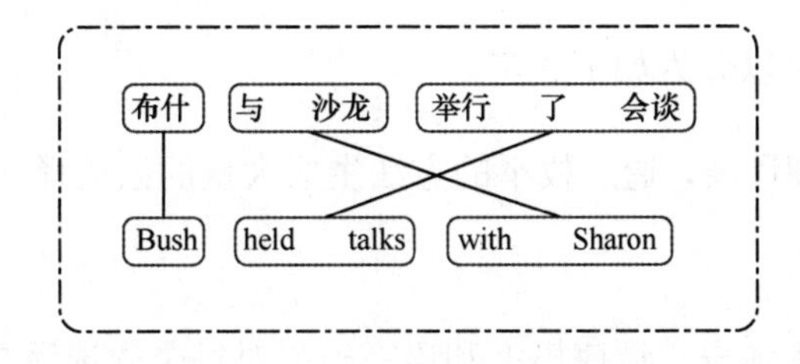

图 5-15 短语调序示例

四、语言模型

简单地说，语言模型就是用来计算一个句子的概率的模型，即 $P(w_1 \cdots w_i \cdots w_n)$ 。其中，w_i

为句子中的第 i 个词。换言之，语言模型可用于计算自动生成的词序列是合理的句子的可能性。在机器翻译中，给定汉语句子“布什与沙龙举行了会谈”，系统生成的候选译文可能是“Bush held talks with Sharon”和“Bush with Sharon held talks”等。根据语言模型计算得 P(Bush held talks with Sharon)> P(Bush with Sharon held talks)，所以系统将选择前一译文。那么，如何计算一个句子的概率呢？根据链式规则，给定句子 $s = w_1 w_2 \cdots w_n$ 的概率可以表示为：

$$P(s) = P(w_1)P(w_2 \mid w_1)\cdots P(w_i \mid w_1 \cdots w_{i-1})\cdots P(w_n \mid w_1 \cdots w_{n-1})$$

上式可以直观地解释为人类在生成一个句子时，首先以概率 $P(w_1)$ 给出第 1 个词，然后以概率 $P(w_2 \mid w_1)$ 根据第 1 个词生成第 2 词，依次类推，也就是根据前面已经生成的 i-1 个词生成第 i 个词，所有这些概率相乘得到整个句子的概率。在实际应用中，根据马尔可夫假设，上式常常简化为：

$$P(s) = P(w_1)P(w_2 \mid w_1)\cdots P(w_i \mid w_{i-k} \cdots w_{i-1})\cdots P(w_n \mid w_{n-k} \cdots w_{n-1})$$

在上式中，k 常取 3，即在生成下一个词时只考虑前面的 3 个词。经过简化后，关键的问题变成如何计算 $P(w_i \mid w_{i-k} \cdots w_{i-1})$，这个概率可以理解为词串 $w_{i-k} \cdots w_{i-1}$ 后面出现词 w_i 的概率。与计算短语翻译概率类似，我们同样可以使用基于计数的方法，通过最大似然估计计算这一概率，即

$$P(w_i \mid w_{i-k} \cdots w_{i-1}) = \frac{c(w_{i-k} \cdots w_{i-1} w_i)}{\sum_{w_i'} c(w_{i-k} \cdots w_{i-1} w_i')}$$

在上式中，$c(w_{i-k} \cdots w_{i-1} w_i)$ 是词串 $w_{i-k} \cdots w_{i-1} w_i$ 用于训练语言模型时在单语语料中出现的次数。

五、译文生成算法

译文生成算法大致可以分为如下 3 步。

（1）系统根据短语翻译表，通过枚举的方法生成大量的候选译文。图 5-16 共列举出 5 种候选译文。

（2）系统基于短语翻译表、调序模型和语言模型对每个候选译文进行综合打分。例如，调序模型和语言模型对候选译文 2 给出的得分会比较低，因为“with Sharon/ held talks”的语序不正确。

（3）选择综合得分最高的候选译文作为最终译文。

需要说明的是，候选译文的数量非常庞大，不可能枚举所有的候选译文。假设一个句子

可以分成 10 个短语，每个短语又有 10 个不同的翻译，那么所有可能的候选译文的个数就是 10^{10}。这还不包括短语之间可能需要调序的情况，也不包括一个句子不同的短语划分的情况。因此，在生成候选译文的过程中，我们常常通过剪枝的方法提前过滤掉一部分得分比较低的候选译文。

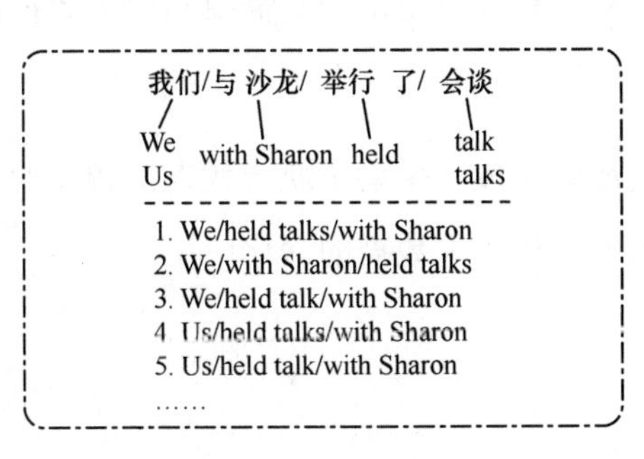

图 5-16 译文生成示例

基于短语的统计机器翻译系统从大量的非结构化文本（双语、单语）中学习翻译知识。具体来说，基于双语平行句对学习的词对齐，实质上是一个双语词典；基于词对齐的双语平行句对学习的短语翻译表和调序模型，分别相当于一个双语短语词典和调序知识库；基于目标语言单语句子训练的语言模型，实质上是一个目标语言的语法知识库。从机器翻译这一领域可以看出，合理地分析与利用大量非结构化的自然语言文本数据，就可以产生很多实际的应用，从而创造巨大的经济效益和社会效益。

小结

本讲列举了 7 个大数据应用案例，涉及 5 个结构化数据案例、2 个非结构化数据案例，其中有 4 个案例属于大数据在传统行业中的实际应用。

本讲重点想突出如下几点。

（1）杜绝“数据从未缺少，只是还未被记录”，应从基础做起，重视历史数据的积累。

（2）大数据商业价值实现的关键在于连接。需要打破企业传统数据的边界，连接自身业务的上游和下游，实现线上与线下的深度融合，改变过去商业智能分析仅仅依靠企业内部业务数据的局限。

（3）要让数据分析与业务紧密结合，成为业务的一部分，把数据分析作用于业务系统运行过程。真正做到以数据为驱动，实现业务的把控和决策，而不是“拍脑袋”办事，也不仅仅是把数据分析当作运营或管理的一个工具。

（4）大数据商业价值实现的核心在于分析，数据的价值在于发现其背后的规律。

（5）在大数据时代，要认清自己的商业行为是在创造价值，还是在传递价值。创造价值部分需要利用大数据实现创新，传递价值部分则需要利用大数据提高效率和降低商品的定倍率。定倍率越低，效率越高。

（6）大数据与人工智能相辅相成，推动了新一代人工智能的发展，大数据为人工智能发展提供充足的养料，人工智能推进了大数据的深化应用。

第六讲

贵州省大数据产业发展概况

实际上，贵州省发力大数据产业布局早有苗头。从 2013 年开始，中国电信、中国联通、中国移动三大电信运营商数据中心在贵州省开工建设，中关村贵阳科技园成立，富士康第四代产业园落户，国家级数博会连年召开，国家级大数据综合试验区获批等一系列大手笔，正助推贵州省迈上“云端”，成为发展大数据产业的黄金宝地①。

第一节　发展优势

长期以来，贵州省欠发达、欠开发、欠开放，虽然生态环境良好，但又十分脆弱，绝不能走“先污染后治理”的老路。大数据时代的到来，让贵州省与发达地区真正站在了同一起跑线上。同时，贵州省发展大数据产业具备三大优势，即先天优势、先发优势和先行优势，如图 6-1 所示。先天优势已在第二讲阐述过，这里不再进一步介绍。

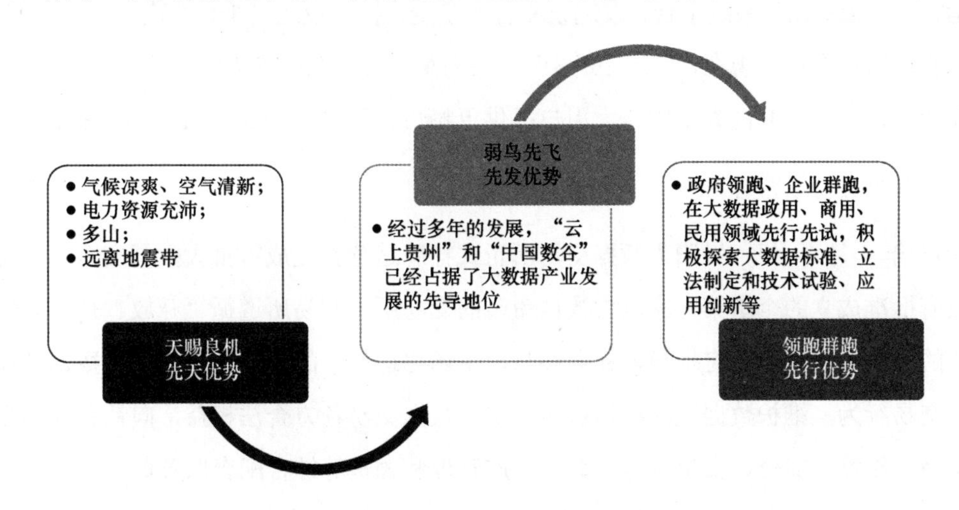

图 6-1　贵州省发展大数据的优势

① 说明：本讲总结了与贵州省大数据相关的规划纲要、政策文件、法律法规、时任领导的专题报告和媒体报道等资料。

1. 先发优势

经过几年的发展，贵州省已经占据了大数据产业发展的先导地位。贵州省具有发展大数据产业的先天优势，吸引了众多国内外著名企业入驻贵州。

（1）中国数谷已形成

2013 年，中国电信、中国联通、中国移动三大运营商先后将自己的南方数据中心落户贵州省贵安新区。2013 年 10 月 21 日，总投资 70 亿元的中国电信云计算贵州信息园在贵安新区开工，一期服务器容量为 100 万台。2013 年 12 月 16 日，中国联通（贵安）云计算基地正式开工，计划投资约 50 亿元。2013 年 12 月 16 日，总投资 20 亿元的中国移动（贵州）数据中心项目也在贵安新区开工。随后，富士康、腾讯、华为和苹果等企业也纷纷将自己的数据中心落户贵州。2015 年 2 月 12 日，经工信部批准，贵阳、贵安新区共同创建国家级大数据产业发展集聚区，标志着“中国数谷”正式落户贵阳。

（2）云平台已初具规模

2014 年 11 月 3 日，“云上贵州”大数据产业发展有限公司在贵州省贵安新区市场监督管理局登记成立。“云上贵州”致力于推动大数据电子信息产业发展，构建大数据产融生态体系，建设运营“云上贵州”系统平台，发起设立各类基金，搭建投融资平台，建设运营双创基地，孵化培育项目和企业。现在，“云上贵州”已成为苹果公司在中国大陆运营 iCloud 服务的唯一合作伙伴，双方将共同为中国广大用户提供更畅快、更可靠的 iCloud 服务体验。

（3）数据交易成常态

2015 年 4 月 14 日，贵阳大数据交易所正式挂牌运营并完成首批大数据交易，它是经贵州省政府批准成立的全国第一家以大数据命名的交易所。交易所遵循“开放、规范、安全、可控”的原则，采用“政府指导，社会参与、市场化运作”的模式，旨在促进数据流通，规范数据交易行为，维护数据交易市场秩序，保护数据交易各方合法权益，向社会提供完整的数据交易、结算、交付、安全保障、数据资产管理和融资等综合配套服务。

2. 先行优势

（1）政府领跑、企业群跑，大数据生态链逐步形成。贵州省在大数据政用、商用、民用领域先行先试，积极探索大数据标准、政策制定和技术试验、应用创新等，政、商、民共赢格局正在形成。

（2）贵州省先后出台了规划纲要和多份政策文件、法律法规，为大数据产业发展提供指引。贵州省支持大数据企业引进专业人才和急需人才，政府、学校、企业联动订单式培养大数据中高级人才和基础人才，为大数据产业提供强有力的人才保证和智力支撑；紧扣大数据应用的现实需求和发展趋势，对数据采集、数据共享开发、数据权属、数据交易、数据安全等做出了宣示性、原则性、概括性和指引性规定，把大数据产业在发展之初就纳入了法治轨道。

（3）在组织机构方面，贵州省成立大数据产业发展领导小组，并设立了大数据产业发展办公室、大数据产业发展中心和国有性质的云上贵州大数据公司、贵阳大数据交易所，全力推动贵州大数据产业的发展。随后，贵州省大数据发展管理局、贵阳市大数据发展管理委员会和贵阳高新区大数据发展办公室等机构也相继成立。

（4）在国家大数据战略的引领下，贵州省高度重视大数据产业的发展，先后出台专门的大数据相关政策文件、法律法规。

第二节　数博会

中国国际大数据产业博览会（简称“数博会”），作为全球首个大数据主题博览会，已连续成功举办了四届，2017 年正式升格为国家级博览会，现已成长为全球大数据发展的风向标和业界最具国际性、权威性的平台之一。数博会永恒的主题为“数据创造价值、创新驱动未来”。

数博会通过展示、交流大数据发展的新产品、新成果、新技术、新模式，来探讨推进我国大数据发展的发展路径和发展趋势，为贵州省构建以大数据为引领的产业体系提供了重要资源集聚平台，推动大数据与各行各业的融合，加快贵州数字经济发展和治理能力的现代化。数博会能深化国际交流合作，汇聚全球资源，助力中国大数据发展，提升我国在大数据领域的国际影响力，促进全球大数据创新发展。

1. 2015 年数博会

“2015 年贵阳国际大数据产业博览会暨全球大数据时代贵阳峰会”于 2015 年 5 月 26 日至 29 日在贵阳国际会议展览中心举办。会议由贵阳市人民政府、遵义市人民政府、贵安新区管委会、贵州省经济和信息化委员会、中国国际贸易促进委员会北京市分会、中国互联网协会共同主办。会议主题为“互联网+时代的数据安全与发展”，以“专业展会、国际平台、促进合作、共谋未来”为目标，定位于全球化、专业化，吸引全球大数据领先企业和领军人物参与，展示国际大数据发展最新成果、最新技术，探讨大数据未来发展趋势，聚焦大数据发展过程中的关键和共性问题，挖掘全球大数据产业商机，推动国际性资源和要素向贵州聚集。

数博会设置展览展示、峰会及论坛、展期活动三大活动板块。展览展示板块邀请国内外大数据相关领域优秀企业，展示最新技术、新产品、新成果、应用和解决方案，包含以下展示区：国际精英馆、大数据应用馆、大数据设备馆、大数据软件与服务馆。峰会及论坛板块由一个峰会和若干个分论坛组成。峰会邀请国内外大数据行业知名企业家、行业机构、专家学者代表，发表主旨演讲并展开高峰互动对话交流，形成最新思想成果。论坛邀请专题领域专家学者和企业家代表，就大数据领域细分专题进行探讨。论坛期间发布的大数据产业方面的最新观点、政策、标准、规范等，被集合成册。展期活动板块以贵州省经信委大数据商业模式创新大赛为基础，以“云上贵州·数聚贵阳”为主题，围绕数据开放和数据交易，吸引国内、国际优秀企业、团队参加。会议有 250 余家国内外企业参展，其中包括阿里巴巴、惠普、戴尔等国际顶级企业，贵阳经开区签下两个大数据产业项目，签约金额达 2.5 亿元人民币。

2. 2016 年数博会

大数据上升为国家战略，2016 年数博会升格为“国家级”博览会，由国家发改委、贵州省政府共同主办，贵阳市、贵安新区、贵州省经信委等单位承办，全称变更为“2016 年中国大数据产业峰会暨中国电子商务创新发展峰会”，主题定为“大数据开启智能时代”。数博会期间，李克强总理出席峰会并致辞，英、美等国家派出代表参加，国家部委领导、国内外企业家、专家学者及具有重要影响力和行业代表性的协会组织、机构、媒体共聚贵阳，共话大数据、发展新未来。

2016 年数博会共举办了 68 个论坛，如中国智慧城市数据安全与产业合作高峰论坛、互联网金融数控创新高峰论坛等，涉及工业互联网创新与发展、云计算与大数据融合发展、大数据创新生态体系、大数据时代政府治理创新、从财经的角度看数据的价值及电子商务发展、农业大数据等专题。峰会云集了全球知名企业高管、大数据领军人物、专家学者等 2 万多人，包括高通公司全球总裁德里克·阿伯利、戴尔公司总裁迈克尔·戴尔、微软原全球执行副总裁陆奇、HPE 中国区董事长毛渝南、富士康总裁郭台铭、腾讯公司董事会主席马化腾、百度公司董事长李彦宏、京东集团首席执行官刘强东、奇虎 360 科技有限公司总裁齐向东等在内的国内外企业嘉宾。会议吸引了清华大学、香港中文大学、澳门大学、复旦大学等 58 所高校学者，45 个国内外新闻媒体董事长、主编，3000 多家权威机构、130 多个城市代表、10 余位院士、1.5 万多位论坛专业观众，共同传播大数据价值。

3. 2017 年数博会

2017 年数博会正式升格为国家级博览会。该届数博会以“数字经济引领新增长”为年度主题，围绕“同期两会、一展、一赛及系列活动”，举办了开幕式、高峰对话会和电商峰会，以及 77 场论坛、31 场展馆发布活动、15 场系列活动。据不完全统计，仅数博会开幕当天，不同媒体各渠道转载发布信息点击浏览量达到 16.978 亿人次。会议针对最新行业发展趋势，围绕核心嘉宾举办了“智能制造”“机器智能”“区块链”“工业大数据与人工智能”“数字经济”5 场高峰对话；设专业展馆 6 个，参展企业共 316 家，其中有国际企业 51 家，超过 5 万人次前来观展。会议达成签约意向项目 235 个，意向金额 256.1 亿元人民币，签约项目 119 个，签约金额 167.33 亿元人民币。

期间，来自 20 多个国家和地区的参会嘉宾、专业公众 2.1 万人参加活动。23 位省部级领导出席数博会相关活动。马云、马化腾、李彦宏等百余名国内知名企业负责人，苹果、微软、谷歌、亚马逊、英特尔、甲骨文、IBM、戴尔、思科、高通、以太坊、新思科技、通用电气、通用汽车等世界 500 强企业、互联网企业和大数据企业等 146 位全球高管，以及白春礼、邬贺全、倪光南等 18 位两院院士，北京大学、清华大学、复旦大学、香港中文大学等 66 所国内知名高校的负责人及专家学者，哈佛大学、麻省理工大学、斯坦福大学等国外著名学府 30 名专家及联合国开发计划署驻华代表处、美国全国移动通信系统协会、印度软件服务业企业协会、日本贸易振兴机构、美国 CSA 研究院、世界经济论坛、印度国家信息学院等知名行业协会及研究机构的负责人参加了活动。

2017 年数博会评选出的“十大黑科技”分别是小 i 机器人、光量子计算机、柔性显示屏、黑盒化物联终端、蜂能智能用电网络平台、海尔无人操控中央空调、360 新一代防火墙、京东 3D 商品展示、海云唇语识别技术、石墨烯柔性手机。从技术上看，人工智能开始崭露头角。

4. 2018 年数博会

2018 年数博会以“数化万物，智在融合”为主题，举办“同期两会、一展、一赛及系列活动”，4.7 万名代表和嘉宾参会，388 家企业参展，其中共有来自 28 个国家的外宾 536 人，活动规模创历史新高。FAST 首秀 2018 年数博会。

“同期两会”即中国国际大数据产业博览会与中国电子商务创新发展峰会同期举办，其中数博会包含 1 场高峰会议、开（闭）幕式、8 场高端对话、50 余场专业论坛，电商峰会包含 1 场主论坛、8 场分论坛、年度盛典及 CEO 沙龙活动。“一展”即中国国际大数据产业博览会专业展，展览面积达 6 万平方米，共设置了国际综合馆、数字应用馆、前沿技术馆、数字硬件馆、国际双创馆、数字体验馆，以及“一带一路”国际合作伙伴城市展区。“一赛”即 2018 中国国际大数据融合创新·人工智能全球大赛。“系列活动”即在数博会期间以企业为主举办的各类活动、大数据发展成果观摩、“数博会之旅”“数谷之夜”、系列成果发布展示等活动。

在会议期间，还发布了 360 数据安全重点实验室等单位共同研究的 2018 城市数据安全指数，发布了《中国数字经济指数 2018 年度白皮书》《数字经济与数字治理白皮书 2018》和《2018 先进制造业产业发展白皮书》等大数据研究成果。《2018 先进制造业产业发展白皮书》紧密结合美国、德国和中国工业互联网发展特征，在分析美国 GEPredix 为代表的工业互联网模式和德国西门子 MindSphere 为代表的工业互联网模式后，提出中国的“互联网+先进制造业”更符合互联网时代新经济的发展逻辑，重点体现拥有大数据、云计算优势的互联网公司是发展工业互联网的新趋势。2018 年数博会成功签约项目 199 个，金额达 352.8 亿元人民币，发布了电子信息产业、大数据融合现代服务业、大数据融合农业、大数据融合工业、大数据核心业态等 100 个重点招商引资项目，投资规模达 1680 余亿元人民币。

会议期间举办的人工智能全球大赛，共吸引了来自全球 15 个国家和地区的 1000 余支团队报名参赛，参赛项目涵盖智慧城市、智慧医疗、智慧金融等在内的 13 个实际应用领域，并展示了“AI 时代的智能客服”和“数据可视化解决方案”等 62 个人工智能优质项目。会议发布的“十大黑科技”分别是 AI 智能平台新型图计算技术、基于大数据的通信信息诈骗防范打击技术研究与应用、智能助老服务机器人软硬件核心技术、智联万物的 AI 虚拟助理、AI 金融安全大数据技术平台、天眼新一代威胁感知系统（临检版）、最接近真实场景的模拟测试、保证身份真实的电子签名、超级微粒计算机、大数据基因预测未来的疾病和“人像大数据”识别系统。

综上可以看出，从 2017 年开始，人工智能逐渐成为主题，是数博会新的风向标。

第三节　中国数谷（贵阳、贵安）

经工信部批准，贵阳市、贵安新区于 2015 年 2 月 12 日共同创建国家级大数据产业发展集聚区，标志着“中国数谷”正式落户贵阳市。正在崛起的“中国数谷”创造出 5 个“中国首个”，即中国首个大数据战略重点实验室、中国首个全域公共免费 Wi-Fi 城市、中国首个块上集聚的大数据公共平台、中国首个政府数据开放示范城市和中国首个大数据交易所。贵州省已打开新的发展突破口，抓住互联网、大数据发展机遇，重构产业格局，引爆新技术、新业态、新模式。

1. 发展历程

2013 年 9 月，贵阳市与中关村国家自主创新示范区签署战略合作框架协议。

2014 年 3 月 1 日，贵州 • 北京大数据产业发展推介会在北京举行。

2015 年，国家工信部和科技部分别批复贵州建设贵阳 • 贵安大数据产业发展集聚区和贵阳大数据产业技术创新试验区。

2015 年 8 月底，国务院发布的《国务院关于印发促进大数据发展行动纲要的通知》明确提出“推进贵州等大数据综合试验区建设”。

2016 年 2 月，国家发展改革委、工信部、中央网信办联合批复贵州省建设全国第一个大数据综合试验区——国家大数据（贵州）综合试验区。

2016 年 5 月，工信部授予“贵州 • 中国南方数据中心示范基地”称号。

2016 年 11 月，工信部批复同意设立贵阳 • 贵安国家级互联网骨干直联点；国家发展改革委批复贵州组建全国第一个大数据国家工程实验室——提升政府治理能力大数据应用技术工程实验室。

2017 年 5 月，公安部批复同意贵阳市开展大数据及网络安全示范试点城市建设。

2018 年 5 月 22 日至 29 日，贵阳市举办了主题为“让世界看见数谷之光，听见数谷之声，大数据让民族文化更自信”的 2018 数博会“数谷之夜”系列活动，实现“硅谷、数谷”双谷对话。

2. 发展理念

（1）用创新的理念抓大数据，进一步厘清大数据与产业、治理、民生、智慧城市、共享发展等的关系，明确需要集中突破的领域和科技、集中发展的产业和服务、集中打造的载体和平台。

（2）用融合的理念抓大数据，推动互联网、大数据、人工智能和实体经济深度融合，结合电子商务、全域旅游、健康医药、智能制造等发展，引领传统产业转型升级，加快新兴产业发展壮大。

（3）用共享的理念抓大数据，更加注重将大数据与共享经济、共享服务、共享发展结合起来，与社会治理、民生服务结合起来，探索打造数字共享社区、数字共享村寨，让人民群众最大限度地享受到大数据红利。

（4）用“聚通用”的思维抓大数据，把各方面智慧力量聚合起来，把各方面资源要素整合起来，促进数据聚集、融通、应用，推动形成更多新业态、新模式。要用论干结合的思维抓大数据，通过办好、用好数博会，提高“论”的高度，提升“干”的实效。

“中国数谷”致力于用大数据打造电子政务、智能交通、智慧物流、智慧旅游、工业、电子商务、食品安全这七大领域。它给贵州省带来新的气象，也给人们带来便利的生活，在高科技时代，贵阳、贵安紧跟脚步，将成为人们期待的智慧城市，进一步把贵州省推向世界。

第四节　国家大数据（贵州）综合试验区

国家发展改革委、工信部、中央网信办于2016年3月1日发函批复，同意贵州省建设国家大数据（贵州）综合试验区，这也是首个国家级大数据综合试验区。此举旨在贯彻落实《国务院关于印发促进大数据发展行动纲要的通知》（国发〔2015〕50号），加快实施国家大数据战略，促进区域性大数据基础设施的整合和数据资源的汇聚应用，发挥示范带动作用。

综合试验区紧紧依靠创新驱动，以技术创新、制度创新为引领，以开展7项实验为抓手，通过5年时间的努力，逐步形成大数据全产业链、全治理链、全服务链，走出一条西部地区利用大数据实现弯道取直、后发赶超、同步小康的发展新路，在全国形成大数据发展示范引领和辐射带动效应，具体目标为建成4个中心、4个示范区，如图6-2所示。

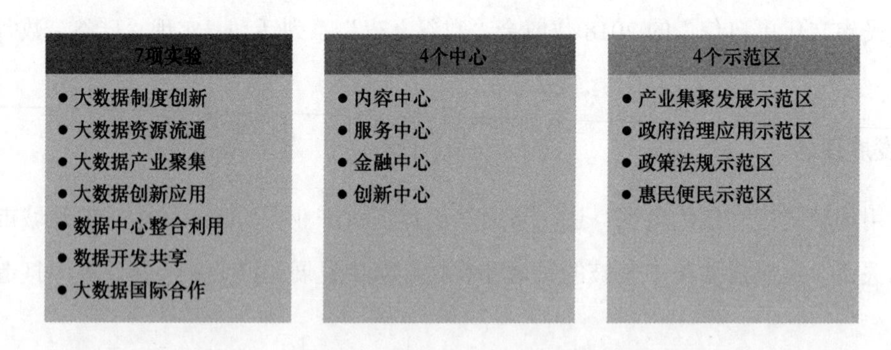

图6-2　综合试验区的目标任务

贵州省依托综合试验区，先后出台《贵州省大数据发展应用促进条例》《贵州省信息基础设施条例》《关于加快大数据产业发展应用若干政策的意见》《关于加快建成“中国数谷”的实施意见》等15个相关政策。同时，设立贵州省大数据发展管理局，确保贵州大数据管理机构和政策框架日臻完善。贵州省依托“云上贵州”共享平台，初步建成全省一体化政府政务数据中心，成为全国首个实现全省政府数据“统筹存储、统筹共享、统筹标准和统筹安全”的云计算平台，首个签约建设的国家电子政务云国家级骨干节点。省政府数据开放平台上线运行，率先开放了省级政府可机读活数据集。贵州省还建成了覆盖省、市、县、乡、村 5 级的省网上办事大厅，集中了 51 万项服务，群众只需“一张网”就能办全部事。贵州省打造的“云上贵州移动服务平台”，涵盖健康医疗、交通出行、法律服务等 3856 项政务民生服务，贵阳“筑民生”为市民提供 173 项民生服务。贵州国家大数据综合试验区不断推动政务信息资源互联开放共享进程，强化社会治理和公共服务大数据应用，为群众提供智能、精准、高效、便捷的公共服务。在政用领域，贵州重点实施“数据铁笼”“信用云”“项目云”“党建红云”“社会和云”“多彩警务云”等一批典型应用示范工程[①]。

目前，国家大数据（贵州）综合试验区呈现出如下 7 个“新”模式[②]。

一、数据资源共享开放形成“聚通用”新模式

贵州省在全国率先探索一体化数据中心建设，开展“聚通用”攻坚会战，实行省、市、县 3 级“云长制”，建设“云上贵州”平台，率先接入国家数据共享交换平台。

1. 政府和公共数据加速集聚

省、市两级政府非涉密应用系统接入“云上贵州”平台 736 个，成为国家电子政务云数据中心南方节点。

2. 数据共享开放、加快推进

建成全省统一的数据共享交换平台和开放平台，率先接入国家数据共享交换平台，率先开放省级政府可机读活数据集。《2018 中国地方政府数据开放报告》数据显示，开放平台在省级数据开放指数中总分排名第二，较 2017 年排名上升 13 位，获“数”开成荫奖二等奖。其中，优质数据集数量全国第二，开放方式与机制全国领先。

3. 推进数据资源管理创新

在全国率先探索数据调度机制，建设块数据调度平台。注重统筹数据管理与数据安全，建设安全靶场、开展攻防演练，贵阳市获批全国首个大数据安全试点示范城市。贵州成为国

① 引自《国家大数据综合试验区发展报告（2018 版）》。

② 引自贵州省人民政府网，贵州省政府新闻办于 2018 年 8 月 7 日召开的新闻发布会。

家政务信息系统整合共享应用试点省、国家公共信息资源开放试点省和第一个国家电子政务云国家级骨干节点。“贵州政务信息系统整合实践”被中央网信办、国家发展改革委评为“数字中国建设”年度最佳实践。

二、数据中心整合利用打造了大数据发展新支撑

贵州省充分发挥中国南方最适合建数据中心的先天优势，加快引进落地数据资源，加快关键网络基础设施建设，为加快大数据发展提供了有力支撑。

（1）成为中国南方数据中心示范基地，初步形成以贵安为核心，贵阳、黔西南为补充的数据中心布局。腾讯、苹果、华为 3 家公司的数据中心齐聚贵安，贵安新区是全国第一个三大电信运营商数据中心落地的地方。48 个国家部委、行业和标志性企业数据资源落户贵州。全省数据中心服务器超过 7 万台，数据中心 PUE 均值降幅优于国家标准，绿色数据中心数量位居全国第二。富士康绿色隧道中心成为全国唯一获得美国 LEED 最高等级认证的绿色数据中心建筑。

（2）信息基础设施迈入全国第二方阵。建成贵阳 • 贵安国家级互联网骨干直联点，跻身全国 13 个互联网顶层节点的行列，全省信息基础设施发展水平从全国第 29 位上升到 15 位。被称为“中国天眼”的 500 米口径球面射电望远镜在贵州建成，每秒产生 3.9GB 数据，吸引全世界天文科学家的关注和参与。贵州在全国率先完成前 3 批电信普遍服务，实现行政村光纤宽带和 4G 网络全覆盖，通信光缆达到 92.64 万千米，出省带宽达到 7330Gbit/s，光端口数达 1306 万个，占总端口比例达 94%，超过国家规定的全光网省 80%的指标 14 个百分点，光网贵州全面建成。广电云实现“村村通”，目前正全力推进“户户用”。

三、数据创新应用成为助推高质量发展的新引擎

贵州紧扣“融合”这一新时代大数据发展的最大特征和价值所在，推进“四个加快融合”，努力推动高质量发展。

1. 加快推进大数据与实体经济深度融合

贵州实施“千企改造”“千企引进”和“万企融合”，在全国第一个全省覆盖推进大数据和实体经济深度融合，探索建立全国首个面向大数据与实体经济深度融合指标评估体系，贵阳海信、航天电器等企业打造数字化工厂、数字化车间，发展柔性制造，达到国家先进水平。到 2022 年，贵州每年将实施 100 个融合标杆项目、1000 个融合示范项目，带动 10000 户以

上实体经济企业与大数据深度融合，促进实体经济向数字化、网络化、智能化转型。

2. 加快推进大数据与社会治理深度融合

贵州运用大数据提升政府管理、服务、决策水平，涌现了“智慧法院”“多彩警务云”“社会和云”“数据铁笼”等一批提升政府治理能力的优秀应用，被国家授予“全国健康医疗大数据区域中心建设及互联互通试点省”“国家互联网+政务服务试点示范省”“国家社会信用体系与大数据融合发展试点省”。

3. 加快推进大数据与民生服务深度融合

贵州运用大数据推进扶贫，“精准扶贫云”实现23个部门数据实时共享交换，为贫困户精准画像，扶贫政策自动精准兑现。“医疗健康云”成为国内首家以省为单位的统一预约挂号平台，全省实现“一窗式”预约挂号。远程医疗实现省、市、县、乡4级公立医院全覆盖，群众在家门口就可以看大病、治急病。从2016年6月实施远程医疗起，已经有5万多群众受惠，是之前历年累计数的80倍。省网上办事大厅“进一张网、办全省事”，注册用户631万户，日均办件量近6万件。云上贵州移动服务平台、筑民生等便民应用实现“一机在手，服务到家”。省级政府网上政务能力连续两年排名全国前3位。

4. 加快推进大数据与乡村振兴深度融合

贵州运用大数据有效促进乡村振兴“八要素”的落实，助力产销对接，加快乡村旅游发展。在贵阳市修文县，385个果园都拥有终身唯一的身份证码。“修文猕猴桃大数据技术平台”已覆盖全县5.2万亩果园，可追溯历史用肥、用药、农事活动、气候信息、灾害等数据。农产品借助大数据，走出大山，走向世界。

四、大数据产业集聚发展孕育经济增长新动能

贵州坚持以供给侧结构性改革为主线，全力推动数字产业化和产业数字化，数字经济蓬勃发展。

1. 大数据产业快速发展

2014—2017年，全省规模以上电子信息制造业增加值、软件业务收入和网络零售交易额年均复合增长率分别为78.9%、35.9%和38.2%，大数据对全省经济增长的贡献率超过20%。2017年，电子信息制造业对工业增长贡献率达到15.3%，拉动工业增长1.5个百分点，成为工业第二大增长点。电信业务收入增长14.3%，电信业务总量增长146.2%，两项增速均列全

国第一，成为支撑省 GDP 增长的重要支柱产业。中国信通院发布的数字经济“白皮书”显示，2015—2017 年，贵州省数字经济增速连续 3 年获得全国第一。2017 年，贵州省数字经济增速达到 37.2%。

2. 新市场主体如雨后春笋般出现

国际巨头顶天立地，创新企业铺天盖地，新业态不断涌现。苹果、高通、微软、戴尔、惠普、英特尔、甲骨文等世界知名企业落户贵州发展，阿里巴巴、华为、腾讯、百度、京东等全国大数据、互联网领军企业也扎根贵州发展。苹果 iCloud 中国用户数据正式迁入云上贵州，业务在贵州结算，云上贵州公司成为苹果公司在中国大陆运营 iCloud 服务的唯一合作伙伴。华芯通 10 纳米服务器芯片流片试产，有望短期内推向市场。货车帮连续两年入选全球科技创业“独角兽”企业，市场占有率全国第一。白山云“云链服务”覆盖国内 300 多个城市，服务中国 70%的互联网用户，被世界著名咨询机构高德纳（Gartner）评为“全球级”服务商。易鲸捷研发的数据库产品有了摩根大通、亚马逊、国电等顶级客户。全省大数据相关企业从 2013 年的不足 1000 家增长到 8900 多家。

五、探索新机制，打通数据资源流动新通道

贵州深入推进大数据资源流通与交易服务试验，建设大数据流通与交易服务平台，培育大数据资源流通市场主体。

1. 大数据资源流通与交易服务市场迅速发展

贵州设立全国首个大数据交易所——贵阳大数据交易所。截至 2018 年 3 月，交易所在全国 12 个省区设有大数据交易服务分中心，会员达到 2000 家，可交易数据产品突破 4000 个，累计交易额突破 1 亿元，交易框架协议金额突破 3 亿元。贵安新区“数据宝”获得 18 个国家部委级授权的数据加工资质。

2. 数据资产化、金融化快速推进

贵州推出“贵州金融大脑”，设立贵阳数据投行，建立数据投融资平台，支持众筹金融交易发展。贵州金融城入驻众筹金融、大数据征信、移动支付等创新金融企业 100 多家。

3. 积极探索交易制度标准

贵州推出全球第一个数据商品交易指数——黄果树指数。

六、为大数据交流合作搭建国际化新平台

贵州深入推进大数据国内外交流合作试验，为大数据发展营造环境、争取资源。

1. “数博会”成为行业国际性盛会

贵阳连续 4 年成功举办数博会，2018 年，国家领导人专门发来贺信，标志着数博会迈上了新台阶，成为国际大数据领域规格最高、影响力最大、专业性最强、业界精英汇聚最多的盛会之一。

2. 搭建了资本、技术、思想交流合作平台

贵州成功举办中国国际大数据挖掘大赛、痛客大赛、人工智能大赛等活动，为一切有意致力于大数据研究、发展的创业创新者搭建交流合作的平台，降低实现梦想的门槛和成本。

3. 推进国际国内交流合作

贵州积极与其他国家大数据综合试验区、长江经济带以及其他省市开展多领域、多层次、多形式的横向联合与协作，促进区域数字经济协调发展；推动数字“一带一路”战略合作，共建网络空间命运共同体，既引进了一批国际知名的大数据企业，也推动了贵州大数据走向世界。

七、推进大数据制度创新，开创新机制

贵州将服务模式创新、政策制度突破、体制机制探索作为大数据制度创新的重点，加快建立有利于推动大数据创新发展的政策法规体系。

1. 管理体制不断完善

全省形成了“一领导小组一办一局一中心一企业一智库”的大数据发展管理机制。各市（州）、贵安新区、各县（市、区）均成立或明确了专门的大数据发展主管机构，统筹推进大数据发展。

2. 立法实践填补空白

贵州颁布全国首部大数据地方法规《贵州省大数据发展应用促进条例》、全国首部政府数据共享开放地方法规《贵阳市政府数据共享开放条例》；率先开展大数据安全管理地方立法，《贵阳市大数据安全管理条例》已于 2018 年 10 月 1 日实施；启动了健康医疗大数据地方立法、数据资源权益保护地方立法。

3. 标准引领抢占规则创新制高点

贵州组建全国首个地方大数据标准委员会——贵州省大数据标准化技术委员会，获批建设全国首个大数据国家技术标准创新基地（贵州大数据）。贵州申报、发布了一批地方标准，并承担了多项国家标准的制定、试点，启动区块链等地方标准研制，还编制了一批大数据相关管理规范、指南、体系，被全国信标委授予“大数据交易标准试点基地”。

总之，大数据综合试验区将通过不断地总结可借鉴、可复制、可推广的实践经验，最终形成试验区的辐射带动和示范引领效应。

第五节　产业发展现状

贵州省引导各领域、各行业实体经济企业融合升级，在政用、商用、民用方面推进大数据产业发展。

一、贵阳市大数据产业布局

如前所述，从技术角度上看，大数据产业链分为大数据采集，大数据存储、管理和处理，大数据分析和挖掘，大数据呈现和应用。贵阳市大数据产业布局遵循“统筹安排、集约资源、突出特色、形成合力”的原则，规划建立“一轴两基地多园”的大数据产业空间布局，形成合理的大数据产业发展布局，促进产业快速发展。

一轴指大数据产业轴。它贯穿中关村贵阳科技园“一城、两带、六核”的贵阳市大数据产业轴，沿西南方向的贵安新区大数据产业基地启动，在贵阳市形成大数据产业的主轴，并向北方的遵义市传动轴延伸。

两基地指大数据存储基地和云平台应用基地。贵安新区着力发展大数据存储基地；高新开发区、白云区和综合保税区统筹贵阳高新云平台应用基地发展。

多园指大数据特色产业园。在贵阳市大数据产业主轴中形成的大数据特色产业园群，包括观山湖区大数据商务与金融产业园、经济技术开发区的大数据终端与物联网产业园、花溪区的大数据软件与服务产业园、南明区的大数据创意产业园、云岩区的大数据网络产业园、乌当区的大数据智慧应用产业园、三县一市的大数据物流与生态应用产业园等。多园区之间差异发展，形成各具特色、功能互补、竞争合作、资源共享、协同发展的格局。

二、大数据产业发展现状

2017年，贵州省以大数据为引领的电子信息制造业增加值增长86.3%，成为工业经济的第三大增长点。截至2018年初，贵州省的大数据企业达到8900多家，大数据产业规模总量超过1100亿元。

如前所述，在政府政策的支持下，贵州已吸引了包括苹果、华为、高通、腾讯、阿里巴巴在内的上百家公司，前来拓展大数据市场。一系列大数据前沿技术不仅在商业领域，也在电子政务和公众服务方面得到了广泛运用，为居民和政府提供了更多便利。2017年，苹果公司投资10亿美元在贵州省建立中国首个数据中心。2017年8月，全球著名的电信设备制造商之一的华为公司在贵州启动了其数据中心项目，以满足华为公司日益增长的云服务需求。2018年1月，苹果公司宣布与云上贵州大数据产业发展有限公司合作，云上贵州为中国内地的苹果用户提供iCloud服务。

预计到2022年，贵州省将带动超过1万户实体经济企业与大数据深度融合，并将进一步发展云计算产业和超级计算机中心，数字经济增加值占全省GDP比重将达到33%；力争实现贵州城乡3G网、4G网的互联互通；进一步发展大数据技术，包括云计算、物联网、人工智能等，推动大数据安全的发展。

三、代表性大数据企业

自大力发展大数据产业以来，贵州省涌现出了一批非常优秀的大数据企业。由于篇幅有限，这里仅介绍3家代表性的企业（货车帮已在第五讲中介绍过）。

1. 云上贵州大数据产业发展有限公司

云上贵州大数据产业发展有限公司致力于推动大数据电子信息产业发展，构建大数据产融生态体系，建设运营云上贵州系统平台，发起设立各类基金，搭建投融资平台，建设运营双创基地，孵化培育项目和企业。通过全方位的大数据基础设施、数据处理与存储、数据挖掘与交易、产业投资与基金管理、信息技术咨询、通信网络设备租赁、互联网接入、软件开发及信息系统集成服务、专业的云平台及云应用服务，满足各级政府部门和各类企业客户的差异化需求。

云上贵州大数据产业发展有限公司于2014年11月经贵州省人民政府批准成立，注册资金为人民币2亿3500万元，由贵州省大数据发展管理局履行出资人职责，贵州省国有企业监事会进行监管。2017 年 7 月 12 日，贵州省政府与苹果公司共同签订《贵州省人民政府 苹果公司 iCloud 战略合作框架协议》。云上贵州大数据产业发展有限公司成为苹果公司在中国大陆运营 iCloud 服务的唯一合作伙伴，双方将共同为中国广大用户提供更畅快、更可靠的 iCloud 体验。从 2018 年的 2 月 28 日起，苹果公司将中国内地的 iCloud 服务交由云上贵州公司负责运营。2018 年 6 月，云上贵州牵手中国电信天翼云为 iCloud 提供云存储服务，签署《基础设施协议》。

自成立以来，云上贵州公司迄今已发展成为拥有资产人民币 5 亿多元，各类人才云集的先锋企业。公司员工平均年龄 28 岁，专业技术人员占 90%以上，具有硕士及以上学历、海外留学经历的占 40%，高层次管理人员有 5 人。目前，公司有贵州中软云上数据技术服务有限公司等共 17 家全资、控股及参股公司，贵州大数据金融发展有限公司、贵州金融云数据有限公司共两家二级子公司，贵州省登记结算有限责任公司 1 家三级参股公司。设立贵州云上贵通大数据产业引导基金、云上贵州大数据产业 1 号私募投资基金、云上贵州大数据产业母基金、贵州云上大数据双创投资基金、贵州华芯集成电路产业发展基金共 5 支基金，业务涉及大数据电子信息产业链和大数据金融等多个领域。

2. 贵阳大数据交易所

贵阳大数据交易所（Global Big Data Exchange，GBDEx）在贵州省政府、贵阳市政府的支持下，于 2014 年 12 月 31 日成立，2015 年 4 月 14 日正式挂牌运营，是我国乃至全球第一家大数据交易所。2017 年 4 月 25 日，交易所入选国家大数据（贵州）综合试验区首批重点企业。

交易所坚持在国家监管监督的框架下，打造“一个交易场所+多个服务中心”的新模式，总部位于贵阳，已在全国各地设立 12 个服务分中心，服务全国的会员单位。贵阳大数据交易所秉承“贡献中国数据智慧、释放全球数据价值”的理念，积极推动政府数据融合共享、开放应用，激活行业数据价值，志在成为全国重要的数据交易市场，打造国际一流的综合性大数据交易服务平台。

交易所通过自主开发的电子交易系统，面向全球提供 7×24 小时永不休市的专业服务，提供完善的数据确权、数据定价、数据指数、数据交易、结算、交付、安全保障、数据资产管理等综合配套服务。按照《贵州省数字经济发展规划（2017—2020 年）》的统一部署，贵阳大数据交易所实施“数+12”战略，不断完善经营模式与大数据交易产品体系，健全数据交易产业链服务，助力贵州数字经济的发展。

截至2018年3月，贵阳大数据交易所发展会员数目突破2000家，已接入225家优质数据源，经过脱敏、脱密，可交易的数据总量超过150PB，可交易数据产品有4000余个，涵盖30多个领域，成为综合类、全品类数据交易平台。贵阳大数据交易所已连续4年（2015—2018）承办“数博会”专业论坛——中国（贵阳）大数据交易高峰论坛，发布《中国大数据交易产业白皮书（报告）》《贵阳大数据交易观山湖公约》《大数据交易区块链技术应用标准》等成果，引领大数据交易产业发展。

贵阳大数据交易所参与了国家大数据产业“一规划四标准”的制定，分别是工信部《大数据产业发展规划（2016－2020年）》和全国信标委《大数据交易标准》《大数据技术标准》《大数据安全标准》《大数据应用标准》，于2016年5月26日成为全国信标委“大数据交易标准试点基地”，2017年3月18日荣膺“全国信标委大数据标准工作组2016年优秀单位”。2018年初，贵阳大数据交易所应邀参加国家科研项目“科技成果与数据资源产权交易技术”。

贵阳大数据交易所坚持产学研一体化发展道路，已同中国工程院院士沈昌祥合作创建我国大数据领域第一个院士工作站，联合相关方发起成立“大数据交易商（贵阳）联盟”“数据资产安全应用研究中心”“城市大数据产业发展联盟”“大数据交易联合实验室”“大数据不作恶同盟”“数据星河生态圈暨跨区域、跨行业数据融合共享应用生态圈”，启动“城市数字引擎”，与中信银行共建“金融风险大数据实验室”，与欧比特宇航共建“卫星大数据交易平台”，经农商银行发展联盟授权成立“全国农商银行金融风险联合实验室”，共同激活我国亿万数据的资产价值。

3. 朗玛信息技术股份有限公司

朗玛信息技术股份有限公司（以下简称朗玛信息）成立于1998年，注册资金人民币3.3亿元，是贵州创业板上市的高科技先进企业。2018年7月27日，中国互联网协会和工信部公布了“2018中国互联网企业100强”榜单，朗玛信息排名第39位。

2013年底，朗玛信息开始向互联网医疗领域转型，依托实体医疗机构提供远程医疗服务，一共建立了5类主要医疗产业：医疗资讯、视频问诊、实体医院、医药电商、智能硬件。2014年，朗玛信息与贵州省卫计委共建贵州省医疗健康云公众服务平台，自主开发结合智能穿戴设备的手机App“贵健康”，实现在线测量、查询、问药、挂号、体检、问诊等功能于一体的健康管理服务模式；2015年5月，在线问诊和健康管理服务的创新平台——贵州（贵阳）互联网医院正式上线运营，开展免费视频问诊及慢性病管理，以实体医院为依托，全面打造线上与线下相结合的全新O2O诊疗模式，如图6-3所示。

图 6-3　朗玛信息的大数据医疗产业

其旗下的 39 健康网是中国领先的医疗健康垂直类门户网站，每月为过亿用户提供医疗资讯和在线咨询等服务；基于疑难重症二次问诊平台的 39 互联网医院，是国内提出"医医会诊"模式的平台，截止目前已为超过 10 万患者提供会诊服务；贵州互联网医院在贵阳市日视频问诊量突破 6000 人次，累计问诊量超过百万人次。朗玛信息本着"敬畏医疗"的核心价值观，遵循互联网医疗的本质还是医疗的原则，连续 3 年入围中国互联网 100 强，连续 5 年被国家部委联合认定为"国家规划布局内重点软件企业"和"贵州医疗健康云"建设运营单位。

第六节　理论和实践创新

近年来，贵州省的大数据发展走在全国前列，大数据已经成为贵州加快发展的重要战略支撑，推动了大数据创新应用和产业发展的主要理念、理论思考与实践探求，成为贵州省一张闪亮的名片。

一、理论创新

理论创新主要涉及贵州省大数据产业发展的顶层设计、块数据理论和大数据综合试验区的先行先试。大数据综合试验区已在前面单列一节进行了阐述，这里只阐述顶层设计和块数据。

1. 顶层设计

贵州省大数据发展顶层设计按照"345333"思路发展，如图 6-4 所示。

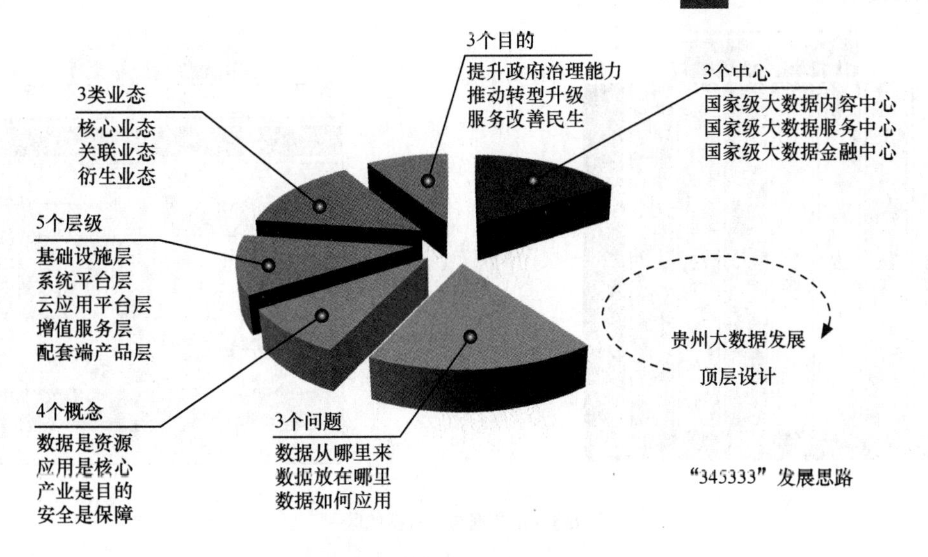

图 6-4 贵州省大数据发展顶层设计

第一，理清 3 个问题：数据从哪里来、数据存储在哪里、数据如何应用。

第二，理解 4 个概念：数据是资源、应用是核心、产业是目的、安全是保障。

第三，划清 5 个层级：基础设施层、系统平台层、云应用平台层、增值服务层和配套端产品层。

第四，依托 3 类业态：核心业态、关联业态、衍生业态。

第五，明确 3 个目的：提升政府治理能力、推动转型升级、服务改善民生。

第六，实现 3 个中心：国家级大数据内容中心、国家级大数据服务中心、国家级大数据金融中心。

2. 块数据

在很长一段时间内，人们所讨论的数据几乎都是“条数据”，即在某个行业和领域被链条串起来的数据。在未来，大数据发展的趋势是“块”上的“条”融合，即一个物理空间或者行政区域内形成的涉及人、事、物的各类数据的总和。条数据与块数据的区别如图 6-5 所示。

块数据就是以一个物理空间或行政区域内形成的涉及人、事、物的各类数据的总和，包括点数据、条数据、面数据。对比块数据，现在政府信息资源多为条数据。这些数据被困在一个个孤立的条上，相互之间不能连接起来。大数据强调开放共享，但在“条时代”，大数据的发展面临共享难度大、垄断程度高、融合能力差、应用价值低及安全风险大等一系列制约因素。

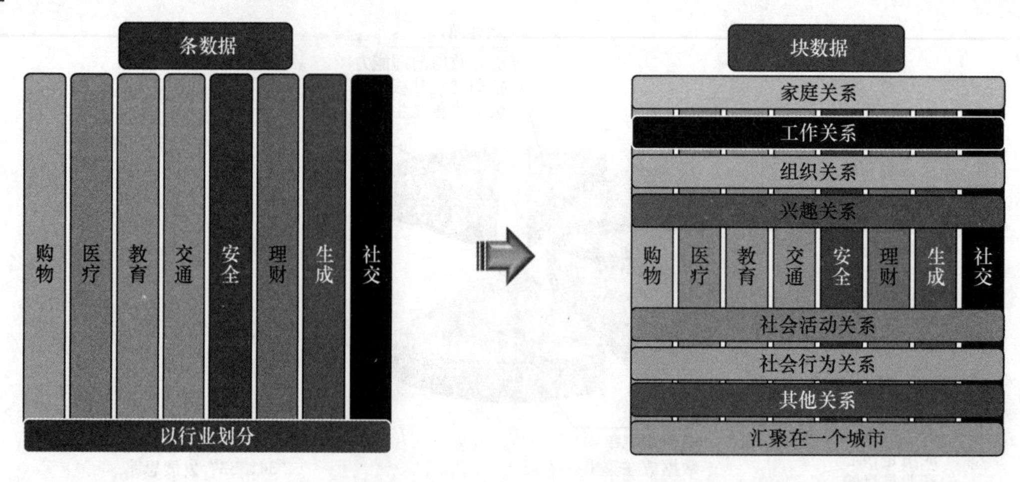

图 6-5　条数据与块数据的区别

块数据比条数据的大数据特征更为明显，是具有高度关联性的数据在特定平台上的持续集聚，既是数据集聚的结果，也是数据聚合的过程。这个过程持续进行，伴随而来的是数据的不断更新、新数据的汇集和原有数据组合后衍生数据的产生。这个过程既是块数据自我重构和自我修复的过程，也是对条数据组合、纠偏、选择的过程。块数据的关联性集聚，将打破传统的信息不对称和物理区域、行业领域对信息流动的限制，通过对不同类型、不同领域数据的跨界集聚，极大地改变了信息的生产、传播、加工和组织方式，进而给各个行业的创新发展带来新的驱动力，推动各个领域的彻底变革和再造。

数据作为国家基础性战略资源，正在形成以块数据价值链为核心的安全产业链、全服务链和全治理链，发挥着引领全局、覆盖全面、贯穿始终的独特作用。特别是数据作为一种创新驱动力，推动了“从 1 到 *N*”向“从 0 到 1”的转化。根据贵阳市主要领导提出的块数据概念及其理论，贵阳市人民政府和北京市科学技术委员会共建的大数据战略重点实验室组织编写了《块数据》和《块数据 2.0》，并正式出版。基于《块数据 2.0》中的理论，贵阳市 40 多个政府部门正在探索实践权力数据化的“数据铁笼”。

二、实践创新

大数据实践创新主要体现为“三链”和“三用”。“三链”指全产业链、全治理链、全服务链，贵州省正积极打造“三链融合”的产业新模式；“三用”指政用、商用、民用。

1. 全产业链

打造大数据全产业链的主要任务是培育发展大数据核心业态、大力发展大数据关联业态、全面发展大数据衍生业态，如图 6-6 所示。

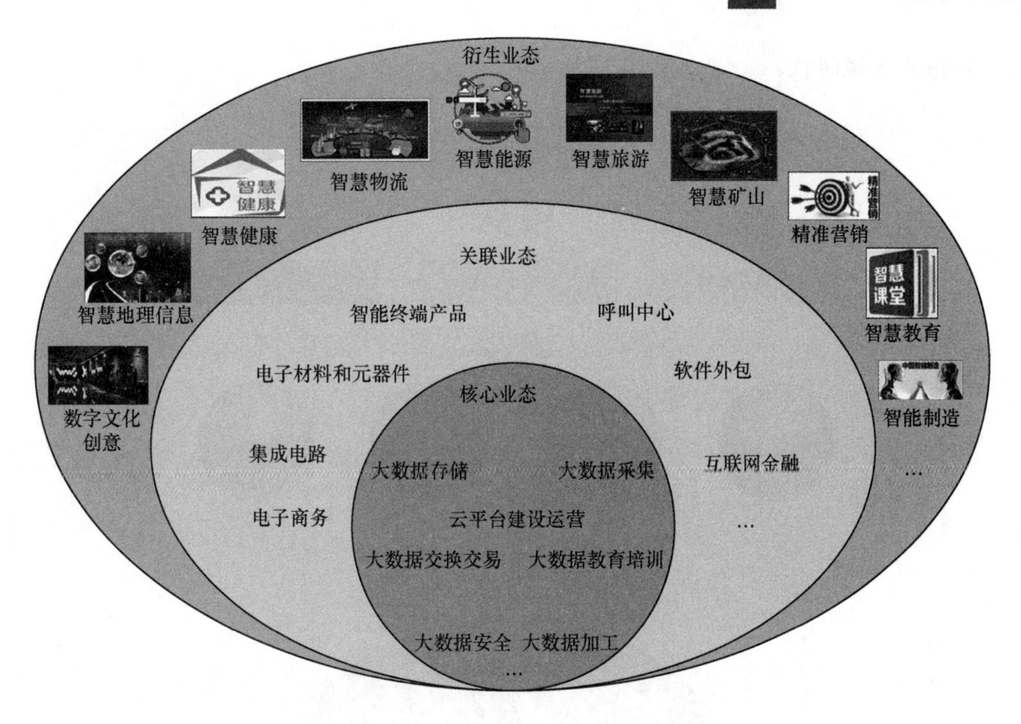

图 6-6 大数据全产业链

大数据核心业态主要有大数据采集、大数据存储、大数据加工、大数据交换交易、大数据安全、大数据教育培训和平台建设运营等；关联业态主要有智能终端产品、呼叫中心、软件外包、互联网金融、电子材料和元器件、集成电路、电子商务等；衍生业态主要有数字文化创意、智慧地理信息、智慧健康、智慧物流、智慧能源、智慧旅游、智慧矿山、精准营销、智慧教育、智能制造等。

2. 全治理链

如图 6-7 所示，打造大数据全治理链的主要任务是围绕数据治理的问题在哪里、数据在哪里、办法在哪里 3 个核心问题，坚持用数据说话、用数据决策、用数据管理、用数据创新，充分运用大数据优化政府职能，提升治理能力。

3. 全服务链

打造大数据全服务链的主要任务是推动大数据在社会民生领域的广泛应用，精准实时发现需求、提供服务，打造大数据民生保障综合平台，构建大数据民生服务管理体系，如图 6-8 所示。

全服务链涉及社区服务领域、医疗领域、交通领域、政务服务领域、扶贫领域和社保领域等。贵州省正积极推动大数据在社会民生领域的应用，精准、实时发现和提供服务，推动民生保障进入长尾时代。

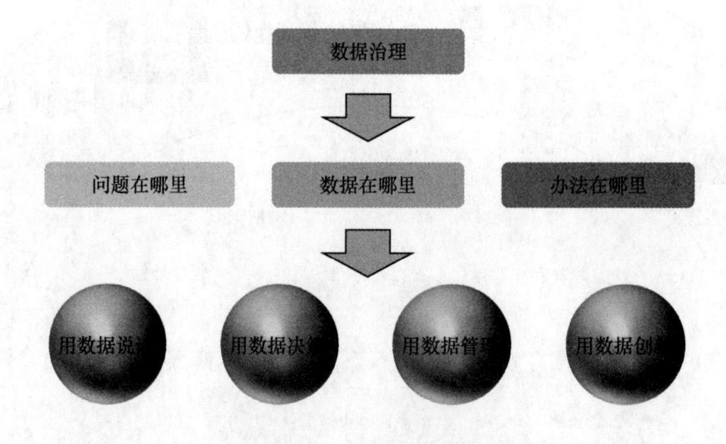

图 6-7 大数据全治理链

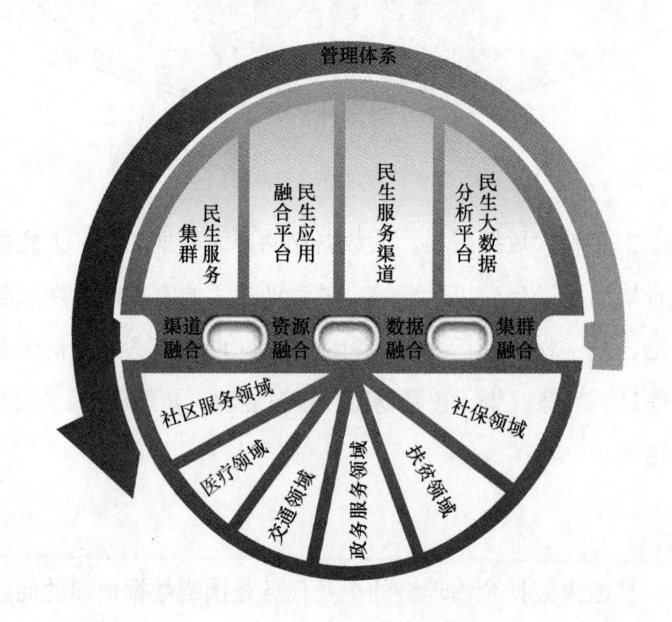

图 6-8 大数据全服务链

4. 政用

大数据的政用为解决政府的难题提供了很好的契机。政府利用大数据可以推动政府管理从传统向现代转型，从粗放化管理向精细化管理转型，从单兵作战型管理向协作共享型管理转型，从被动响应型管理向主动预见型管理转型，从纸质文书管理向电子政务管理转型，从廉政风险隐蔽型管理向风险防范型管理转型。大数据的集中和整合，将加快政府职能、流程的改变，打破政府各部门间、政府与民众间的边界，打开民众参与监督管理的渠道，提高政府各机构协同办公的效率和为民办事的效率，帮助政府在简政放权的同时由管理型向服务型转变，为社会带来巨大效益。

贵州省政用大数据采用“四步曲”策略。

第一步：夯实基础设施。政府应通过实现政务流程信息化，为政务流程的数据再造提供基础和平台。

第二步：强化数据关联。政府应提高数据结构化水平，并通过数据留痕记录权力运用的过程，找到数据之间的关联。

第三步：推荐流程自动化。政府应做到身份数据化、行为数据化、数据关联化、思维数据化和预测数据化。

第四步：实现跨界融合。政府应打破数据孤岛，实现数据按需、按契约、有序、安全开放，形成不断闭合的跨部门数据共享机制。

5. 商用

商业的发展天生就依赖于大量的数据分析来做决策，大数据打破了企业传统数据的边界，改变了过去商业智能仅仅依靠企业内部业务数据的局面，同时，大数据使数据来源更加多样化，不仅包括企业内部数据，也包括企业外部数据，尤其是和消费者相关的数据，这本质上要求企业能够从根本上彻底颠覆过去的观点。大数据在未来企业中绝对不仅仅起支撑作用，而且还将在企业商业决策和商业价值的决策中发挥决定性的作用，主要原因如下。

大数据能够明显提升企业数据的准确性和及时性；大数据能够降低企业的交易摩擦成本；更为关键的是，大数据技术能够帮助企业分析大量数据并进一步挖掘细分市场，最终能够缩短企业产品的研发时间，提高企业在商业模式、产品和服务上的创新力，大幅提升企业的商业决策水平，降低企业经营的风险。

6. 民用

大数据正在催生以数据资产为核心的多种商业模式。数据生成、分析、存储、分享、检索、消费构成了大数据的生态系统，每一环节产生了不同的需求，新的需求又驱动技术创新和方法创新，通过大数据技术融合社会应用，让数据参与企业决策，发掘大数据真正有效的价值，进而改变人们的生活模式，对社会产生积极影响。近年来，伴随着物联网的蓬勃发展、移动互联网的流行、社交媒体的发展、交互式媒体的快速发展，大数据展现出独有的时代特性，放射出巨大的延伸价值，越来越成为时代的焦点，引起人们的广泛关注，已深刻影响并改变了电子商务、新媒体、医疗和教育等民生领域。

第七节　数据铁笼

数据铁笼是运用大数据思维和相关技术，将行政权力运行过程数据化、自动流程化、规范化，对权力清单、责任清单、“三重一大”事项清单、风险清单、行政业务流程等权力运行过程的环节实现监管、预警、分析、反馈、评价和展示，构建大数据监管技术反腐体系，减少和消除权力寻租空间，推进落实“两个责任”和“一岗双责”，促进党风廉政建设，提升政府治理能力。

2015 年 2 月，李克强总理在贵州考察北京・贵阳大数据应用展示中心，在详细了解贵阳利用执法记录仪和大数据云平台监督执法权力情况后，评论道：“把执法权力关进‘数据铁笼’，让失信市场行为无处遁形，权力运行处处留痕，为政府决策提供第一手科学依据。依托大数据产业优势和云平台系统，强化权力运行监督，实现权力运行全程电子化、处处留‘痕迹’，切实做到‘人在干、云在算、天在看’。”为确保权力在阳光下运行，贵州省对省直属部门的权力清单和责任清单进行全面梳理和确认，于 2016 年 6 月 29 日将 55 家省直属部门的“两清单”公布在互联网上。贵阳市从 2015 年 2 月 1 日起正式实施“数据铁笼”行动计划，运用大数据编织制约权力的笼子。“数据铁笼”第一批试点工作在贵阳市公安交通管理局、市住房和城乡建设局开展。截至目前，“数据铁笼”已覆盖 40 家市政府部门。在总结“数据铁笼”省级试点部门和贵阳市建设的成功经验基础上，省大数据发展领导小组印发了《贵州省“数据铁笼”工作推进方案》，决定在贵州省全面推广“数据铁笼”工程建设，把“数据铁笼”工程打造成为大数据综合创新试验区的有力支撑和载体。

一、应用场景（酒驾治理流程化[①]）

公安交警队伍的工作与人民群众的生活息息相关，民警的工作态度、方式、行为、效率是为民、务实、清廉的最直接表现，为了杜绝“门难进、脸难看、话难听、事难办”的这些基层服务老大难问题，相关部门通过编织权利运行笼子来构筑执法诚信档案，有利于规范公安交警业务办理窗口、业务受理地点警务人员的言行举止，实现真正的“阳光警务”。执法公开、公平、公正，加强法制队伍建设是公安队伍的发展方向，交管局通过“数据铁笼”的有效监督，可以提高民警的服务理念和法制意识，进一步加强民警工作的纪律性、严谨性，使工作合理化、合法化、高效化，全面提高贵阳市交警队伍的整体法制水平。

---

① 引自大数据战略重点实验室连玉明主编的《重新定义大数据》。

公安交警在处理酒驾案件时，可能滋生权钱交易、权力寻租等问题，有主观的原因，也有客观的原因，甚至有来自上级领导的不正当决定或命令，这些问题在以前主要通过信访等渠道解决，一般要等出现后果之后才能够发现。贵阳市交管局建立了“数据铁笼”酒驾案件监督系统，降低了不及时送检、不及时立案、不规范办理等执法风险，通过系统的及时发现、预警和推送，使酒驾案件的管理更加科学化和系统化。公安交警在交通现场查获违法嫌疑人，让其进行酒精测试，结果上传至酒精测试管理系统。若呼吸测试达到酒驾标准，公安交警应开具执法文书，保存至全国交通管理信息系统，形成最终的罚款、吊销、暂扣等处罚依据。“数据铁笼”融合平台提取酒精测试数据、执法数据和处罚数据等酒驾相关数据，并对数据进行融合分析，可以从异常结果中发现执法过程中的违法违规行为。例如，酒精测试管理系统中存在酒驾数据，而交通管理信息系统中没有文书数据，就可以说明交警未按照相关规定进行调查处理。酒驾模块对类似的近20种风险进行了防控。

通过对权力清单、责任清单和负面清单的梳理，“数据铁笼”排查出权力运行过程中存在的风险，利用大数据技术平台建立不同类型的业务数据制约模型，实现权力的有效监督。通过大数据技术平台的融合和分析，“数据铁笼”使权力运行的制约和监督更加具有针对性和时效性，变人为监督为数据监督、事后监督为过程监督、个体监督为整体监督，对权力运行实行全程、实时、自动监控。“数据铁笼”对存在的风险及时发现、预警和推送，不仅使行政管理更加科学化和系统化，而且使党风廉政建设和反腐败工作在基层有了更加具体、更加有力的抓手。

二、完善“制度铁笼”

按照中央部署的要求，贵州省逐步完善“制度铁笼”。对照新修订出台的《中国共产党问责条例》《中国共产党党内监督条例》《巡视工作条例》《关于新形势下党内政治生活的若干准则》等党内法规，贵州制定了《中共贵州省委贯彻落实〈中国共产党问责条例〉实施办法(试行)》《中共贵州省委关于学习贯彻落实〈关于新形势下党内政治生活的若干准则〉〈中国共产党党内监督条例〉的意见》《贵州省实施〈巡视工作条例〉办法》等规范性文件。针对干部管理中的新情况、新问题，贵州制定了《关于建立工作目标、岗位责任、正向激励保障、负向惩戒约束“四位一体”从严管理干部机制的意见》和《关于推动构建新型政商关系的意见（试行)》等规范性文件。

小结

贵州省从无到有，再到枝繁叶茂，从艰难起步到不断壮大，借助大数据闯出创新发展之路，为中西部地区的产业转型升级提供了新范例。贵州省将继续擦亮大数据这张靓丽的世界名片，坚定不移地推进大数据战略行动，强化大数据发展要素集聚，加快推进大数据与各行各业的融合，推动贵州大数据发展跃上新台阶。

第七讲

大数据的其他重要话题

前面阐述了大数据的 3 个核心问题，分别是：①大数据是什么；②大数据从哪里来；③大数据要到哪里去。除此之外，大数据还有诸如国家大数据政策、大数据人才培养、大数据标准化等重要话题。

第一节 国家大数据政策解读

据不完全统计，我国已有 63 个国家级文件涉及大数据发展与应用。以发文主体统计，国务院发文 29 个、国办发文 30 个、中央或联合国务院发文 4 个；以文件名称统计，文件名中包含“大数据”3 个、文件名中不包含“大数据”60 个；以文件内容统计，国家层面顶层规划 4 个、国家大数据发展顶层设计 1 个、重点行业领域发展应用 31 个、重点工作推进 25 个，重点区域发展 2 个[①]。

大数据发展应用的重点行业领域主要涉及新能源汽车、商业健康保险、内贸流通、高校双创教育改革、城市公立医院改革、民营银行发展、融资租赁业、金融租赁业、商贸流通、电动汽车充电基础设施、互联网领域侵权、农村电子商务、农村一二三产业融合、医药产业、流通、健康医疗、生产性服务业、物流业、科技服务业、服务外包产业、云计算、服务贸易、展览业、电子商务、制造业、“互联网+”、快递业、普惠金融、中医药、制造业与互联网融合、战略性新兴产业。

大数据推进的重点工作主要涉及统计、投资监管、安全生产监管、网络提速降费、市场主体服务和监管、公共资源交易平台、产品追溯、众创空间、全民科学素质、政务服务、科技成果转移转化、创业创新、品牌、政务公开、审计、小微企业、就业创业、简政放权、新消费、全民健身、政务信息资源。

大数据发展的重点区域主要涉及长江经济带、泛珠三角区域。

① 参照中国电子信息产业发展研究院安晖博士的总结。

一、党中央国务院高度重视大数据发展

2013年7月，中央领导人视察中国科学院指出，大数据是工业社会的“自由”资源，谁掌握了数据，谁就掌握了主动权。

2014年2月27日，中央网络安全和信息化领导小组第一次会议指出，网络信息是跨国界流动的，信息流引领技术流、资金流、人才流，信息资源日益成为重要的生产要素和社会财富，信息掌握的多寡成为国家软实力和竞争力的重要标志。

2015年5月，国家领导人给国际教育信息化大会的贺信：当今世界，科技进步日新月异，互联网、云计算、大数据等现代信息技术深刻改变着人类的思维、生产、生活、学习方式，深刻展示了世界发展的前景。

2016年5月25日，国务院总理李克强在贵阳出席中国大数据产业峰会暨中国电子商务创新发展峰会开幕式并致辞。

2016年10月9日，中共中央政治局第三十六次集体学习：以数据集中和共享为途径，建设全国一体化的国家大数据中心，推进技术融合、业务融合、数据融合；做大做强数字经济，拓展经济发展新空间。

二、我国大数据政策的特点

1. 对大数据促进经济社会创新发展寄予厚望

我国“十三五”规划纲要指出，实施国家大数据战略，把大数据作为基础性战略资源，全面实施促进大数据发展的行动，加快推动数据资源共享开放和开发应用，助力产业转型升级和社会治理创新。规划纲要中20次提到“大数据”这个词。

2. 重视重点行业领域大数据应用，不断细化应用内容

我国将大数据视为促进经济发展及转型升级、发展共享经济、打造民生服务体系、强化信息安全的利器。

（1）鼓励有条件的大型零售企业开办网上商城，积极利用移动互联网、地理位置服务、大数据等信息技术提升流通效率和服务质量。（引自《国务院关于大力发展电子商务 加快培育经济新动力的意见》）

（2）创新应用互联网、物联网、云计算和大数据等技术，加强统筹，注重实效，分级分

类推进新型智慧城市建设，打造透明高效的服务型政府。（引自《国务院关于加快推进“互联网+政务服务”工作的指导意见》）

（3）促进工业互联网、云计算、大数据在企业研发设计、生产制造、经营管理、销售服务等全流程和全产业链的综合集成应用。（引自《中国制造2025》）

（4）深化工业云、大数据等技术的集成应用。（引自《国务院关于深化制造业与互联网融合发展的指导意见》）

3. 多方位推进大数据发展和应用

（1）加强数据平台建设和数据整合

加快发展物联网、大数据、云计算等平台，促进各类孵化器等创业培育孵化机构转型升级。（引自《国务院办公厅关于建设大众创业万众创新示范基地的实施意见》）

（2）以大数据促进信息收集和预警监测

①广泛运用大数据开展监测分析，建立健全产品质量风险监控和产品伤害监测体系。（引自《国务院关于积极发挥新消费引领作用 加快培育形成新供给新动力的指导意见》）

②利用大数据加强中药材生产信息搜集、价格动态监测分析和预测预警。（引自《国务院关于印发中医药发展战略规划纲要（2016—2030年）的通知》）

（3）以大数据推动生产模式转型升级

①运用互联网、大数据等信息技术，积极发展定制生产，满足多样化、个性化消费需求。（引自《国务院关于加快发展生产性服务业促进产业结构调整升级的指导意见》）

②应用大数据、云计算、互联网、增材制造等技术，构建医药产品消费需求动态感知、众包设计、个性化定制等新型生产模式。（引自《国务院关于促进医药产业健康发展的指导意见》）

（4）以大数据推动产品、服务和业态创新

①支持科技咨询机构、知识服务机构、生产力促进中心等积极应用大数据、云计算、移动互联网等现代信息技术，创新服务模式，开展网络化、集成化的科技咨询和知识服务。（引自《国务院关于加快科技服务业发展的若干意见》）

②鼓励金融机构运用大数据、云计算等新兴信息技术，打造互联网金融服务平台，为客户提供信息、资金、产品等全方位金融服务。（引自《国务院关于印发推进普惠金融发展规划

（2016—2020 年）的通知》）

③鼓励各类机构运用云计算、大数据等新一代信息技术，积极开展科技成果信息增值服务。（引自《国务院办公厅关于印发促进科技成果转移转化行动方案的通知》）

④支持重点企业利用互联网技术建立大数据技术平台，动态分析市场变化，精准定位消费需求，为开展服务创新和商业模式创新提供支撑。（引自《国务院办公厅关于发挥品牌引领作用 推动供需结构升级的意见》）

⑤积极运用互联网、物联网、大数据等信息技术，发展远程检测诊断、运营维护、技术支持等售后服务新业态。（引自《国务院关于加快发展生产性服务业 促进产业结构调整升级的指导意见》）

（5）以大数据提升工作效率

①依托大数据、云计算等信息技术手段，洞察和感知公众科普需求，创新科普的精准化服务模式，定向、精准地将科普信息送达目标人群。（引自《国务院办公厅关于印发全民科学素质行动计划纲要实施方案（2016—2020 年）的通知》

②鼓励有条件的大型零售企业开办网上商城，积极利用移动互联网、地理位置服务、大数据等信息技术提升流通效率和服务质量。（引自《国务院关于大力发展电子商务 加快培育经济新动力的意见》）

③鼓励快递企业充分利用移动互联、物联网、大数据、云计算等信息技术，优化服务网络布局，提升运营管理效率，拓展协同发展空间，推动服务模式变革，加快向综合性快递物流运营商转型。（引自《国务院关于促进快递业发展的若干意见》）

④推进有关部门、金融机构和国有企事业单位等与审计机关实现信息共享，加大数据集中力度，构建国家审计数据系统。（引自《关于加强审计工作的意见》）

⑤探索在审计实践中运用大数据技术的途径，加大数据综合利用力度，提高运用信息化技术查核问题、评价判断、宏观分析的能力。（引自《国务院关于加强审计工作的意见》）

4. 重视大数据基础研究和技术创新

大数据基础研究已被列为我国科技研究主题。

（1）2012 年，国家重点基础研究发展计划（973 计划）专家顾问组在前期项目部署的基础上，将大数据基础研究列为信息科学领域的 4 个战略研究主题之一。

（2）2013年，“973计划”将“面向网络信息空间大数据计算的基础研究”列为指南的重要支持方向。

（3）2014年，获批的国家自然科学基金立项项目，项目主题词含“大数据”的共144条，其中，200万以上经费的项目有18个。

（4）2014年，科技部基础研究司在北京组织召开“大数据科学问题”研讨会，邀请有关专家围绕“973计划”大数据研究布局、中国大数据发展战略、国外大数据研究框架与重点、大数据研究关键科学问题、重要研究内容和组织实施路线图等展开研讨。

（5）2016年，国家发展改革委正式印发《关于组织实施促进大数据发展重大工程的通知》，提出重点支持大数据示范应用、共享开放、基础设施统筹发展，以及数据要素流通等方面的工程。

5. 积极支持区域大数据发展

（1）2016年4月，为加快实施国家大数据战略，促进区域性大数据基础设施的整合和数据资源的汇聚应用，发挥示范带动作用，国家发展改革委、工信部、中央网信办函复贵州省人民政府，同意贵州省建设国家大数据（贵州）综合试验区。

（2）2016年10月8日，国家发展改革委、工信部、中央网信办3个部门发函批复，同意在京津冀等7个区域推进国家大数据综合试验区建设，包括2个跨区域类综合试验区（京津冀、珠江三角洲），4个区域示范类综合试验区（上海市、河南省、重庆市、沈阳市），1个大数据基础设施统筹发展类综合试验区（内蒙古）。

三、主要大数据政策

1.《促进大数据发展行动纲要》

行动纲要的整体框架：三位一体。一体指建设数据强国；三位指政府数据开放共享、健全安全保障体系、推动产业创新发展。

行动纲要的发展目标：五大目标。一是打造精准治理、多方协作的社会治理新模式；二是建立运行平稳、安全高效的经济运行机制；三是构建以人为本、惠及全民的民生服务新体系；四是开启大众创业、万众创新的创新驱动新格局；五是培育高端智能、新兴繁荣的产业发展新生态。

行动纲要的主要内容：十大工程、七大措施。十大工程分别是政府数据资源共享开放工程、国家大数据资源统筹发展工程、政府治理大数据工程、公共服务大数据工程、工业和新兴产业大数据工程、现代农业大数据工程、万众创新大数据工程、大数据关键技术及产品研发与产业化工程、大数据产业支撑能力提升工程、网络和大数据安全保障工程；七大措施分别是完善组织实施机制、加快法规制度建设、健全市场发展机制、建立标准规范体系、加大财政金融支持、加快专业人才培养、促进国际交流合作。

2.《国务院关于积极推进“互联网+”行动的指导意见》

“互联网+”是把互联网的创新成果与经济社会各领域深度融合，推动技术进步、效率提升和组织变革，提升实体经济创新力和生产力，形成更广泛的以互联网为基础设施和创新要素的经济社会发展新形态。

融合创新和变革转型是“互联网+”的重点，主要体现为以互联网促进产业转型升级，着力提高实体经济的创新力和生产力；以互联网培育发展新业态、新模式，着力形成新的经济增长点；以互联网增强公共服务能力，着力提升社会管理和民生保障水平。

该指导意见有如下 11 个重点行动。

（1）“互联网+”创业创新

充分发挥互联网的创新驱动作用，以促进创业创新为重点，推动各类要素资源聚集、开放和共享，大力发展众创空间、开放式创新等，引导和推动全社会形成大众创业、万众创新的浓厚氛围，打造经济发展新引擎。（发展改革委、科技部、工信部、人力资源和社会保障部、商务部等负责，列第一位者为牵头部门，下同）

（2）“互联网+”协同制造

推动互联网与制造业融合，提升制造业数字化、网络化、智能化水平，加强产业链协作，发展基于互联网的协同制造新模式。在重点领域推进智能制造、大规模个性化定制、网络化协同制造和服务型制造，打造一批网络化协同制造公共服务平台，加快形成制造业网络化产业生态体系。（工信部、发展改革委、科技部共同牵头）

（3）“互联网+”现代农业

利用互联网提升农业生产、经营、管理和服务水平，培育一批网络化、智能化、精细化的现代“种养加”生态农业新模式，形成示范带动效应，加快完善新型农业生产经营体系，培育多样化农业互联网管理服务模式，逐步建立农副产品、农资质量安全追溯体系，促进农业现代化水平明显提升。（农业部、发展改革委、科技部、商务部、质检总局、食品药品监管

总局、林业局等负责）

（4）“互联网+”智慧能源

通过互联网促进能源系统扁平化，推进能源生产与消费模式革命，提高能源利用效率，推动节能减排。加强分布式能源网络建设，提高可再生能源占比，促进能源利用结构优化。加快发电设施、用电设施和电网智能化改造，提高电力系统的安全性、稳定性和可靠性。（能源局、发展改革委、工信部等负责）

（5）“互联网+”普惠金融

促进互联网金融健康发展，全面提升互联网金融服务能力和普惠水平，鼓励互联网与银行、证券、保险、基金的融合创新，为大众提供丰富、安全、便捷的金融产品和服务，更好地满足不同层次实体经济的投融资需求，培育一批具有行业影响力的互联网金融创新型企业。（人民银行、银监会、证监会、保监会、发展改革委、工信部、网信办等负责）

（6）“互联网+”益民服务

充分发挥互联网的高效、便捷优势，提高资源利用效率，降低服务消费成本。大力发展以互联网为载体、线上线下互动的新兴消费产业，加快发展基于互联网的医疗、健康、养老、教育、旅游、社会保障等新兴服务，创新政府服务模式，提升政府科学决策能力和管理水平。（发展改革委、教育部、工信部、民政部、人力资源和社会保障部、商务部、卫生计生委、质检总局、食品药品监管总局、林业局、旅游局、网信办、信访局等负责）

（7）“互联网+”高效物流

加快建设跨行业、跨区域的物流信息服务平台，提高物流供需信息对接和使用效率。鼓励大数据、云计算在物流领域的应用，建设智能仓储体系，优化物流运作流程，提升物流仓储的自动化、智能化水平和运转效率，降低物流成本。（发展改革委、商务部、交通运输部、网信办等负责）

（8）“互联网+”电子商务

巩固和增强中国电子商务发展领先优势，大力发展农村电商、行业电商和跨境电商，进一步扩大电子商务发展空间。电子商务与其他产业的融合不断深化，网络化生产、流通、消费更加普及，标准规范、公共服务等支撑环境基本完善。（发展改革委、商务部、工信部、交通运输部、农业部、海关总署、税务总局、质检总局、网信办等负责）

（9）“互联网+”便捷交通

加快互联网与交通运输领域的深度融合，通过基础设施、运输工具、运行信息等互联网化，推进基于互联网平台的便捷化交通运输服务发展，显著提升交通运输资源利用效率和管理精细化水平，全面提高交通运输行业服务品质和科学治理能力。（发展改革委、交通运输部共同牵头）

（10）“互联网+”绿色生态

推动互联网与生态文明建设深度融合，完善污染物监测及信息发布系统，形成覆盖主要生态要素的资源环境承载能力动态监测网络，实现生态环境数据互联互通和开放共享。充分发挥互联网在逆向物流回收体系中的平台作用，促进再生资源交易利用便捷化、互动化、透明化，促进生产生活方式绿色化（发展改革委、环境保护部、商务部、林业局等负责）

（11）“互联网+”人工智能

依托互联网平台提供人工智能公共创新服务，加快人工智能核心技术突破，促进人工智能在智能家居、智能终端、智能汽车、机器人等领域的推广应用，培育若干引领全球人工智能发展的骨干企业和创新团队，形成创新活跃、开放合作、协同发展的产业生态。（发展改革委、科技部、工信部、网信办等负责）

3.《“十三五”国家战略性新兴产业发展规划》

该规划与大数据相关的内容如下。

我国要落实大数据发展行动纲要，全面推进重点领域大数据的高效采集、有效整合、公开共享和应用拓展，完善监督管理制度，强化安全保障，推动相关产业创新发展。

（1）加快数据资源开放共享

统筹布局建设国家大数据公共平台，制定出台数据资源开放共享管理办法，推动建立数据资源清单和开放目录，鼓励社会公众对开放数据进行增值性、公益性、创新性开发。加强大数据基础制度建设，强化使用监管，建立健全数据资源交易机制和定价机制，保护数据资源权益。

（2）发展大数据新应用新业态

加快推进政府大数据应用，建立国家宏观调控和社会治理数据体系，提高政府治理能力。推动大数据在工业、农业农村、创业创新、促进就业等领域的应用，促进数据服务业创新，促进数据探矿、数据化学、数据材料、数据制药等新业态、新模式的发展。加强海量数据存储、数据清洗、数据分析挖掘、数据可视化等关键技术研发，形成一批具有国际竞争力的大数据处理、分析和可视化软硬件产品，培育大数据相关产业，完善产业链，促进相关产业集聚发展，推进大数据综合试验区建设。

（3）强化大数据与网络信息安全保障

建立大数据安全管理制度，制定大数据安全管理办法和有关标准规范，建立数据跨境流动安全保障机制。加强数据安全、隐私保护等关键技术攻关，形成安全可靠的大数据技术体系。建立完善网络安全审查制度。采用安全可信产品和服务，提升基础设施关键设备安全可靠水平。建立关键信息基础设施保护制度，研究重要信息系统和基础设施网络安全整体解决方案。

整合现有资源，构建政府数据共享交换平台和数据开放平台，健全大数据共享流通体系、大数据标准体系、大数据安全保障体系，推动实现信用、交通、医疗、教育、环境、安全监管等政府数据集向社会开放。支持大数据关键技术的研发和产业化，在重点领域开展大数据示范应用，实施国家信息安全专项，促进大数据相关产业健康快速发展。

第二节　大数据人才培养

麦肯锡在《大数据》报告中指出，大数据人才短缺，将严重制约大数据行业发展，尤其是统计和机器学习方面的专业人才，以及懂得如何运用大数据来进行企业管理和分析的人才。仅在美国市场，2018 年大数据人才和高级分析专家的人才缺口就高达 19 万。此外，美国企业还需要 150 万位能够提出问题并运用大数据分析得出结果的大数据管理人才。

国内各大企业纷纷开拓大数据业务，对专业的大数据人才均有较高的需求量。当前，市场对大数据人才的需求表现出以下特点：需求量大、薪资水平高，需求呈现上升趋势。但是，作为新兴行业，我国大数据人才的积淀不够，相关专业领军人才、科技人才缺乏等问题已经成为产业快速发展的瓶颈；大数据行业的技术应用尚处于探索发展阶段，人才培养和培训体系相对滞后，大批产业发展所需专业人才严重短缺。

从广义上讲，大数据人才是应具备大数据处理能力的科学家和工程师。大数据人才需要具备成熟的数据思维、熟练的大数据操作技能、丰富的跨学科知识、自觉的团队协作意识、较强的创新意识和业务沟通能力。

一、最新大数据职业

2019 年 4 月 1 日，《人力资源社会保障部办公厅 市场监管总局办公厅 统计局办公室关于发布人工智能工程技术人员　等职业信息的通知》（人社厅发〔2019〕48 号）中指出，根据《中华人民共和国劳动法》有关规定，为贯彻落实《国务院关于推行终身职业技能培训制度的意见》提出的“紧跟新技术、新职业发展变化，建立职业分类动态调整机制，加快职业标准开发工作”要求，加快构建与国际接轨、符合我国国情的现代职业分类体系，确定了与大数据密切相关的新职业。这些新职业分别是大数据工程技术人员、数字化管理师、云计算工程技术人员、人工智能工程技术人员、物联网工程技术人员和物联网安装调试员。下面就两个重要的大数据相关职业进行阐述。

1. 大数据工程技术人员

大数据工程技术人员是从事大数据采集、清洗、分析、治理、挖掘等技术研究，并加以利用、管理、维护和服务的工程技术人员。其主要工作任务包括：研究和开发大数据采集、清洗、存储及管理、分析及挖掘、展现及应用等有关技术；研究、应用大数据平台体系架构、技术和标准；设计、开发、集成、测试大数据软硬件系统；大数据采集、清洗、建模与分析；管理、维护并保障大数据系统稳定运行；监控、管理和保障大数据安全；提供大数据的技术咨询和技术服务。

2. 数字化管理师

数字化管理师是使用数字化智能移动办公平台，进行企业或组织的人员架构搭建、运营流程维护、工作流协同、大数据决策分析、上下游在线化连接，实现企业经营管理在线化、数字化的人员。其主要工作任务包括：制定数字化办公软件推进计划和实施方案，搭建企业及组织的人员架构，进行扁平透明可视化管理；进行数字化办公模块的搭建和运转流程的维护，实现高效、安全的沟通；制定企业及组织工作流协同机制，进行知识经验的沉淀和共享；进行业务流程和业务行为的在线化，实现企业的大数据决策分析；打通企业和组织的上下游信息通道，实现组织在线、沟通在线、协同在线、业务在线，降低成本，提升生产、销售效率。

二、大数据课程体系

这里的课程体系以贵州师范大学的数据科学与大数据技术专业为例。贵州师范大学联合印度国家信息学院（以下简称 NIIT）共建数据科学与大数据技术专业，打造“校企联合+国际化教学”大数据人才培养新模式。设置的课程体系突出国际化与职业素养，突出先进的教学体系，并重点突出工程实践能力，见表 7-1。

表 7-1　　大数据课程体系

课程模块	主要课程
相关学科基础课程	高等数学Ⅱ（一、二）、线性代数、概率论与数理统计、多元统计分析与 R 语言建模
本学科基础课程	程序设计基础、信息搜索和分析技能、企业级应用开发、数据库原理、离散数学、算法与数据结构、操作系统原理、计算机网络与通信
专业核心课程	图像处理基础、分布式计算原理、高级数据库、机器学习、互联网数据获取技术、数据可视化技术、ETL 技术、大数据安全技术
发展方向课程	大数据工程：Linux 操作系统（内核）、高性能系统架构、物联网技术基础、虚拟化技术、教育大数据 大数据分析：Spark 与集群技术、数据仓库与数据挖掘、大数据与舆情分析、自然语言处理、前沿技术运用

相关学科基础课程：掌握本专业所需的高等数学、数理统计的基本理论和基础知识，具有良好的科学素养。

本学科基础课程：掌握信息科学和数理统计的基础知识、基本原理和基本实验技能；了解各学科之间的内在联系，形成较完整的自然科学知识结构；了解数据科学和大数据技术的最新发展动态，掌握相关文献检索和分析方法，具有基本的专业资料分析与综合的能力，良好的文档与科学论文撰写能力，以及较强的创新意识、一定的创新创业能力和工程实践能力；全英文教学或者双语教学使学生具备一定的国际交流能力，能够在跨文化背景下进行沟通和交流。

专业核心课程：能够将数学、信息科学、工程基础和专业知识进行融合，具有解决大数据技术相关的实际项目开发能力；具有选择与使用恰当技术、资源、现代工程工具和信息技术工具的能力，并能够理解其局限性；具有数据采集、数据预处理、数据处理、数据分析、数据可视化，以及数据安全等方面的基本能力；通过系统学习所选课程，初步掌握信息科学和数理统计的基础理论，熟练掌握数据科学和大数据技术专业的核心知识和技术。

发展方向课程：与大数据工程和数据分析相关的系列课程，拓宽学生专业知识面，培养学生在大数据工程和数据分析两个方向的专业能力，使学生掌握大数据相关基础应用实践能力，具备在某一学科方向上继续发展的能力。

三、人才培养发展规划

未来“大数据”将引领智慧科技时代。社交网络趋于成熟，移动带宽迅速提升，物联网、云计算的应用更加丰富，更多的传感设备、移动终端接入网络。由此产生的数据量及其增长速度将比历史上的任何时期都要更多、更快。行业对大数据技术的更新和迭代要求更为强烈，人才培养也需要紧跟时代步伐。

1. 强化师资队伍建设

努力促进“双师型”师资队伍建设，鼓励支持高校授课教师深入大数据企业一线学习、实战，掌握更新、更贴合实际的大数据技术，逐渐形成一支理论与实战兼备的教师队伍。教育主管部门可制定大数据技术科研人才培养机制，培养一批专业理论知识扎实、专业技能高和科研能力相对较强的专业骨干教师，建立一支年龄结构、专业结构及学历结构相对合理的专业科研队伍。

2. 加强校企合作

加快大数据专业建设步伐，在确保人才培养质量与效率的同时，注重人才与产业的结合，加强校企合作。政府发挥其引领作用，由政府牵线搭桥，积极撮合国内外知名企业与高校开展合作，培养本土的大数据技术人才。

3. 注重实训实验

大数据技术实验室总体目标是建立一个以 IT 为核心、面向产业界、具有特色的大数据分析技术的研究中心，研究内容涵盖数据模型、关键技术及应用方法等。致力于海量数据的智能分析技术的研究和应用，包括大数据、数据库、数据仓库、数据挖掘，以及知识管理等基础理论、关键技术，并可与企业合作，服务于各个行业的决策支持，促进行业信息化的进程。

4. 不断完善课程设置

课程设置应根据培养单位自身的定位和时代的发展，贯彻理论教学与实践教学并重的原则，不断完善课程设置，适应社会对大数据人才的需求。

第三节 大数据标准化

标准化指在经济、技术、科学和管理等社会实践中，对重复性的事物和概念，通过制定、发布和实施标准达到统一，以获得最佳秩序和社会效益。大数据标准体系是为实现大数据领域的标准化而形成的体系，大数据标准化的制定和实施，能让大数据产业发展有据可依，消除信息孤岛，实现复用和互融互通。

2015 年 9 月，国务院印发的《促进大数据发展行动纲要》，明确提出“建立标准规范体系：推进大数据产业标准体系建设，加快建立政府部门、事业单位等公共机构的数据标准和统计标准体系，推进数据采集、政府数据开放、指标口径、分类目录、交换接口、访问接口、数据质量、数据交易、技术产品、安全保密等关键共性标准的制定和实施。加快建立大数据市场交易标准体系。开展标准验证和应用试点示范，建立标准符合性评估体系，充分发挥标准在培育服务市场、提升服务能力、支撑行业管理等方面的作用。积极参与相关国际标准制定工作”。2016 年 3 月，我国“十三五”规划指出要“完善大数据产业公共服务支撑体系和生态体系，加强标准体系和质量技术基础建设”。

一、大数据标准体系框架

结合大数据参考架构、国内外大数据标准化工作部署、大数据标准体系研究现状及标准化需求，根据数据自身标准化特点、数据生命周期管理、当前各领域推动大数据应用的初步实践及未来大数据发展的趋势，我国学者初步构建了大数据标准体系框架，如图 7-1 所示。

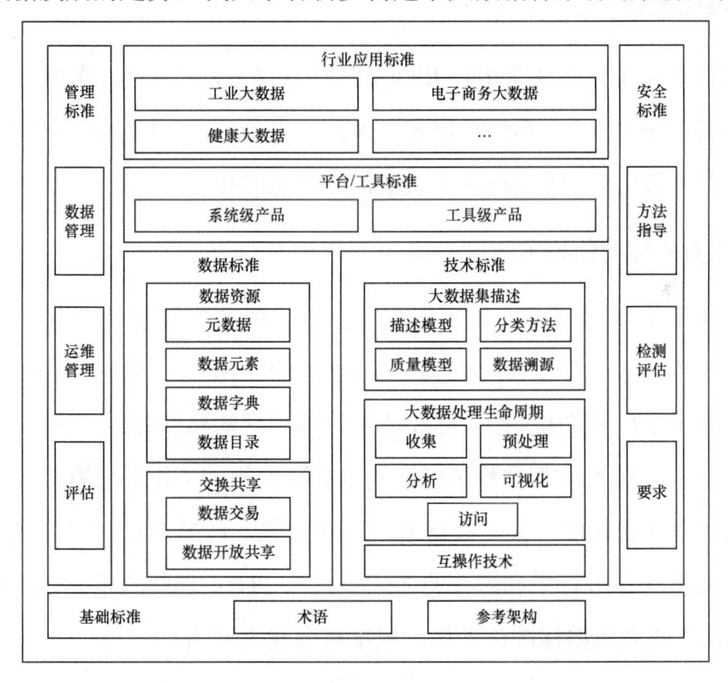

图 7-1 大数据标准体系框架[①]

大数据标准体系框架由 7 个类别的标准组成，分别为基础标准、数据标准、技术标准、平台/工具标准、管理标准、安全标准和行业应用标准。

基础标准为整个标准体系提供包括术语、参考架构等基础性标准。数据标准主要针对底

① 引自中国电子技术标准化研究院，张群、吴东亚、赵菁华的“[2017 年第 4 期] 大数据标准体系”。

层数据相关要素进行规范，也包括数据交易、数据开放共享等方面的标准。技术标准则主要对应大数据参考架构中大数据应用提供者的相关活动，针对大数据集描述、大数据处理生命周期和互操作技术等大数据相关技术进行规范。平台/工具标准主要对应大数据参考架构中大数据框架提供者的相关活动，针对系统级产品、工具级产品等大数据相关平台、工具及相应的测试方法和要求进行规范。管理标准及安全标准作为数据标准的支撑体系，贯穿于数据整个生命周期的各个阶段，主要对应用大数据参考架构中的数据管理、检测评估等相关活动进行管理规范。行业应用标准主要是从大数据为各个行业提供的服务角度出发制定的规范。

二、标准化现状

大数据技术的发展与应用不断扩大，大数据标准研制已成为国际各标准化组织共同关注的热点，然而尚处于初期发展阶段。

1. 国际标准化现状

国际大数据标准化工作主要集中在ISO/IEC JTC1/WG9大数据工作组（以下简称WG9）。除此之外，ISO/IEC JTC1/SC32数据管理和交换分技术委员会（以下简称SC32）和国际电信联盟电信标准分局（ITU-T）等也在从事大数据标准化的相关工作。

（1）WG9大数据标准化相关情况

WG9于2014年11月正式成立。工作重点包括：聚焦和支持JTC1的大数据标准计划；编制大数据基础标准，以指导JTC1中其他大数据标准的编制；编制建立在基础标准上的其他大数据标准（当JTC1下属相关组不存在或不能编制这些标准时）；识别大数据标准化中的差距；建立和维护与JTC1中那些将来可能提出大数据相关工作的所有相关实体及任何下属组的联络；识别那些正在编制有关大数据的标准和相关资料的JTC1（和其他组织）实体，并适时调查有关大数据正在进行中和潜在的新工作；与JTC1之外的相关社区共同提升意识，并鼓励其参与JTC1的大数据标准化工作，根据需要建立联络。

目前，WG9的国家成员有22个，各国代表超过190名。正在研制如下国际标准：《信息技术大数据概述和术语（*Information Technology-big Data-overview and Vocabulary*）》《信息技术大数据参考架构第1部分：框架和应用（*Information Technology-big Data Reference Architecture-part 1:Framework and Application Process*）》《信息技术大数据参考架构第2部分：用例和需求（*Information Technology-big Data Reference Architecture-part 2:Use Cases and Derived Requirements*）》《信息技术大数据参考架构第3部分：参考架构（*Information*

Technology-big Data Reference architecture-part 3:Reference Architecture)》《信息技术大数据参考架构第 5 部分：标准路线图（*Information Technology-big Data Reference Architecture-part 5:Standards Roadmap*)》。

（2）SC32 大数据标准化相关情况

SC32 是与大数据关系最为密切的标准化组织，持续致力于研制信息系统环境，以及环境之间的数据管理和交换标准，为跨行业领域协调数据管理能力提供技术性支持。其工作内容包括研制开发和维护有利于规范、管理的元数据、元模型、本体的标准，此类标准有助于人们理解和共享数据、信息和过程，支持互操作性、电子商务，以及基于模型和基于服务的开发。

2012 年，SC32 成立了下一代分析技术与大数据研究组。2014 年 6 月，它启动了为大数据提供标准化支持的新工作项目，包括结构化查询语言（Structured Query Language，SQL）对多维数组的支持、SQL 对 JS 对象标记（JavaScript Object Notation，JSON）的支持、数据集注册元模型、数据源注册元模型。SC32 现有的标准制定和研究工作为大数据的发展提供了良好基础。

（3）ITU-T 大数据标准化相关情况

ITU-T 正在开展的标准化工作内容包括：高吞吐量、低延迟、安全、灵活和规模化的网络基础设施；汇聚数据机和匿名；网络数据分析；垂直行业平台的互操作；多媒体分析；开放数据标准。

目前，ITU-T 大数据标准化工作主要是在第 13 研究组（SG13）开展，并由第 17 课题组（Q17）牵头开展 ITU-T 大数据标准化工作。2015 年 8 月，ITU-T 发布“基于云计算的大数据需求和能力”，正在研究的课题包括“针对大数据的物联网具体需求和能力要求”“大数据交换需求和框架”“大数据即业务的功能架构”。

（4）NIST 大数据标准化相关情况

NIST（美国国家标准技术研究所）是最早进行大数据标准化研究的机构，并专门成立了大数据公共工作组（NBD-PWD）对大数据的发展、应用及标准化进行研究。工作组最重要的输出是被广泛参考的大数据互操作性框架（NBDIF）报告。大数据互操作性框架的核心是面向各个角色（系统协调者、数据提供者、大数据应用提供者、大数据框架提供者、数据消费者等）定义一个由标准接口互联的、不绑定技术和厂商实现的、模块可替换的大数据参考架构（NBDRA）。这一报告目前有两个版本：第一个版本（已经发布）包括 7 卷，即定义、分类、用例和要求、安全和隐私、架构调研“白皮书”、参考架构、标准路线；第二个版本在征求意见阶段，除了修改、完善第一个版本中的内容，又增加了两卷，即大数据参考架构接口、采用和（传统系统的）现代化。NIST 的这一系列报告，包括对大数据术语的定义、参考架构、应用案例、标准路线等的分析是大数据标准化工作的重要参考。

（5）IEEE BDGMM 大数据标准化相关情况

在 IEEE 新倡议委员会（NIC）的 IEEE 大数据倡议（BDI）下，IEEE 大数据治理和元数据管理（BDGMM）工作组于 2017 年 6 月成立，主导大数据标准化工作。BDGMM 工作组的工作是指导如何开展大数据治理和大数据交换工作，使大数据消费者能更好地了解和访问可用数据，帮助大数据生产者正确设定期望值并确保按照期望值维护和共享数据集，帮助拥有大数据的组织做出存储、策划、提供和治理大数据的决策，以便更好地服务于大数据消费者和生产者。

BDGMM 工作组的目标是整合来自不同领域的异构数据集，通过可器读和可操作的规范的基础设施，使数据变得可发现、可访问和可利用。BDGMM 工作组期望的可交付成果包括：①通过 IEEE 发起的研讨会和 Hackathons 或者其他会议收集、分析和识别相关用例、要求和解决方案，并形成文档；②基于上述文档，更详细地框定问题、找出课题，形成“白皮书”；③来自大数据元数据管理相关最佳实践的参考架构概念和解决方案，用以规划数据互操作基础设施，使不同领域数据库之间的数据集成成为可能；④识别和启动大数据元数据管理相关的 IEEE 标准活动。

2. 我国标准化现状

大数据领域的标准化工作是支撑大数据产业发展和应用的重要基础，为了推动和规范我国大数据产业快速发展，建立大数据产业链，与国际标准接轨，全国信标委大数据标准工作组（以下简称“工作组”）于 2014 年 12 月 2 日正式成立。2016 年 4 月，全国信安标委大数据安全标准特别工作组正式成立。该工作组主要负责制定和完善我国大数据领域标准体系，组织开展大数据相关技术和标准的研究，申报国家、行业标准，承担国家、行业标准制订与修订计划任务，宣传、推广标准的实施，组织推动国际标准化活动。该工作组对口 ISO/IEC JTC1/WG9 大数据工作组。

根据大数据产业发展现状和标准化需求，为更好地开展相关标准化工作，2017 年 7 月，工作组在第二届组长会议上决议下设 7 个专题组，包括总体专题组、国际专题组、技术专题组、产品和平台专题组、工业大数据专题组、政务大数据专题组、服务大数据专题组，负责大数据领域不同方向的标准化工作。目前，工作组已发布 6 项国家标准，3 项国家标准正在报批阶段，15 项国家标准正在研制，详见表 7-2。

工作组积极研究和参与大数据领域国际标准化工作，全面参与 WG9 和 SC32 相关工作。此外，工作组还重点关注 NIST NBD-PWG 大数据公共工作组，同时，对 ITU 的动态进行研究和跟踪。

表 7-2　　工作组标准研制情况

序号	标准号	标准名称	状态	所属专题组
1	GB/T 35295-2017	信息技术 大数据 术语	发布	总体专题组
2	GB/T 35589-2017	信息技术 大数据 技术参考模型	发布	总体专题组
3	GB/T 34952-2017	多媒体数据语义描述要求	发布	技术专题组
4	GB/T 34954-2017	信息技术 数据溯源描述模型	发布	技术专题组
5	GB/T 35294-2017	信息技术 科学数据引用	发布	技术专题组
6	GB/T 36073-2018	数据管理能力成熟度评估模型	发布	总体专题组
7	GB/T 36343-2018	信息技术 数据交易服务平台 交易数据描述	发布	总体专题组
8	20141201-T-469	信息技术 数据交易服务平台 通用功能要求	通过评审	总体专题组
9	20141203-T-469	信息技术 数据质量评价指标	报批	技术专题组
10	20141204-T-469	信息技术 通用数据导入接口规范	报批	产品平台专题组
11	20160597-T-469	信息技术 大数据 分析系统基本功能要求	征求意见	产品平台专题组
12	20160598-T-469	信息技术 大数据 存储与处理平台技术要求	草案	产品平台专题组
13	20171083-T-469	信息技术 大数据 基于参考架构下的接口框架	草案框架	总体专题组
14	20171082-T-469	信息技术 大数据 分类指南	草案框架	技术专题组
15	20171084-T-469	信息技术 大数据 系统通用规范	草案	总体专题组
16	20171081-T-469	信息技术 大数据 存储与处理系统功能测试规范	草案框架	产品平台专题组
17	20171065-T-469	信息技术 大数据 分析系统功能测试规范	草案框架	产品平台专题组
18	20171066-T-469	信息技术 大数据 面向应用的基础计算平台基本性能要求	草案框架	产品平台专题组
19	20171067-T-469	信息技术 大数据 开放共享 第 1 部分：总则	草案	总体专题组
20	20171068-T-469	信息技术 大数据 开放共享 第 2 部分：政府数据开放共享基本要求	草案	总体专题组
21	20171069-T-469	信息技术 大数据 开放共享 第 3 部分：开放程度评价	草案	总体专题组
22	20173818-T-469	信息技术 大数据 系统运维和管理功能要求	草案框架	产品平台专题组
23	20173819-T-469	信息技术 大数据 工业应用参考架构	草案框架	工业大数据专题组
24	20173820-T-469	信息技术 大数据 产品要素基本要求	草案框架	工业大数据专题组

注：资料来源于中国电子技术标准化研究院的《大数据标准化白皮书（2018）》。

大数据技术更新快速，为了适应新形势下标准化工作的新需求，大数据标准工作组不断加强标准的试验验证，快速迭代标准化验证和制定工作，积极推动标准化工作的快速成熟与落地。

三、大数据标准化面临的问题

大数据涉及各方面的内容越来越多，标准化工作的广泛性、复杂性主要体现在以下 5 个方面。

1. 数据开放共享标准化缺乏顶层设计

数据开放、共享是数据运用的前提。政府开放数据不是政府信息公开，开放数据要把底层的、原始的数据进行开放，更多是要保障公众对政府数据的利用。真正的开放数据要满足完整性、可机读、一手、非歧视、及时、非私有、可获取、面授权等标准。我国政府数据开放共享时存在数据量少、价值低、可机读比例低、开放的数据多为静态数据等问题。因此，数据开放共享标准化缺乏顶层设计及自上而下的执行标准、开放标准等。

2. 大数据交易缺少标准

在大数据上升为国家战略的背景下，数据交易拥有了市场和政策的双重机遇。但数据交易的发展机遇与困难同在，数据交易、交换和服务发展面临一些问题：数据商品化需要先解决标准化问题，缺乏经过实践检验的有效的数据交易市场机制和运营模型，数据商品定价和数据资产估值困难，数据隐私保护和数据安全仍需加强，政府与企业的数据开放与商品化动机不强。在数据标准化方面，交易所产品的重要特点就是交易产品的标准化。而大数据由于数据种类繁多，格式多样，难以形成一种普适的标准化方法，直接影响到其成为一种集中化、大规模交易的产品。由于数据的应用场景和价值不容易标准化，数据应用水平和程度有限，数据标准化程度很低，无法按照传统的商品销售模式进行销售。

3. 数据质量缺少规范

数据质量是影响大数据产业健康有序发展的重要因素之一。是否能从海量数据中快速分析出有价值的信息，很大程度上取决于分析处理的数据能否真实地反映实际情况、分析的数据是否按一定要求在相同条件下收集、不同数据之间是否具有同质性、最终获得的数据是否具备合并统计分析的基础。然而，大数据时代下的数据质量应满足什么样的规范、是否达到规范的要求、大数据时代的数据质量与普通的数据质量之间的区别是什么、大数据时代的数据质量评估维度是什么，这些都是需要从标准的角度去解决的问题。

4. 大数据系统评估标准缺乏

面向大数据需求的新硬件、软件和服务将具有巨大的市场空间。目前，开源软件平台为大数据存储管理和处理提供了基础，国内外主流解决方案提供商纷纷基于这些开源软件推出商用解决方案。在国家层面建立统一的测试方法，对大数据技术平台产品与服务的功能进行评价，是技术研发、系统建设、系统调优、采购选型等工作顺利开展，促进大数据产品成熟的关键。为此，需要建立一套评价大数据系统产品的指标体系和评价方法。同时，还需要广泛吸取学术界和开源测试软件的成果，联合国内外厂商和用户，共同建立一套评价大数据系统和服务的测试标准，在确保测试结果能够充分反映系统特性的同时，简化测试配置，降低测试成本。

5. 工业大数据问题突出

纵观大数据产业生态体系，我国工业大数据正面临一系列问题，阻碍产业化进程："重硬件轻软件"变为"重软件轻数据"，工业大数据意识淡薄；工业大数据基础设施薄弱，企业数据安全问题突出；工业大数据标准尚未建立，数据获取效率低下；工业大数据技术创新与应用能力滞后，难以满足转型升级需求。

对国内制造业企业来说，虽然很多企业已开始意识到要将物联网和大数据技术应用到产品和服务中去，并积极地进行了初步的应用实践，但因为在建设过程中只强调数据获取的途径、性能、量级，没有考虑到数据的具体分析和利用，以及相应的功能与目标，造成许多数据采集回来后没有可用之处或使用不充分，甚至一些关键数据反而没有采集。由于各领域的大数据标准化工作将为大数据相关技术在领域中的应用和发展提供重要的规范，因此十分有必要开展各领域的大数据标准化工作。

综上所述，针对大数据，我国在数据管理、信息安全等方面已经发布和在研一些标准，为适用于大数据环境，提供了一定的基础。但是，由于缺乏标准化整体规划，导致数据开放共享、数据交易、数据安全、系统级产品，以及管理和评估类的标准较为缺乏，急需研制。我国需要进一步完善大数据标准化工作平台建设，使工作平台更人性化、更便利，加强重点标准的研制和验证推广，推进标准国际化。

小结

本讲主要介绍了大数据的其他重要话题，如国家大数据政策、大数据人才培养、大数据标准化。除此之外，大数据的重要话题还有很多，如大数据企业评估等。由于篇幅所限，这里就不再继续阐述。

参考文献

[1] [英]维克托·迈尔-舍恩伯格，[英]肯尼思·库克耶.大数据时代[M]．盛杨燕，周涛，译．浙江：浙江人民出版社，2013.

[2] [美]丹尼尔·迈诺里（Daniel Minoli）．构建基于 IPv6 和移动 IPv6 的物联网：向 M2M 通信的演进[M]．郎为民，王大鹏，陈俊，等译．北京：机械工业出版社，2015.

[3] 刘少强，张靖．现代传感器技术：面向物联网应用 [M]．2 版．北京：电子工业出版社，2016.

[4] 张艳，姜薇．大学计算机基础[M]．北京：清华大学出版社，2016.

[5] 杨峰义，谢伟良，张建敏，等．5G 无线网络及关键技术[M]．北京：人民邮电出版，2017.

[6] 连玉明．重新定义大数据[M]．北京：机械工业出版社，2017.

[7] 刘鹏．大数据[M]．北京：电子工业出版社，2017.

[8] 刘鹏．云计算[M]．北京：电子工业出版社，2017.

[9] 张鸿涛，徐连明，刘臻．物联网关键技术及系统应用[M]．北京：机械工业出版社，2017.

[10] [美]威廉·斯托林斯（William Stallings）．现代网络技术[M]．胡超，邢长友，陈鸣，等译．北京：机械工业出版社，2018.

[11] 刘鹏．深度学习[M]．北京：电子工业出版社，2018.

[12] 林子雨，赖永炫，陶继平．Spark 编程基础（Scala 版）[M]．北京：人民邮电出版社，2018.

[13] 黄长著．大数据时代需注重数据管控[N] ．人民日报，2015（007）.

[14] 李国杰，程学旗．大数据研究：未来科技及经济社会发展的重大战略领域——大数据的研究现状与科学思考[J]．中国科学院院刊，2012（06）.

[15] 孟小峰，慈祥．大数据管理：概念、技术与挑战[J]．计算机研究与发展，2013，50(01)：146-169.

[16] Zhuyuan Fang，Xiaowei Fan，Gong Chen．A study on specialist or special disease clinics based on big data[J]．Frontiers of Medicine，2014（3）.

[17] Jianqing Fan，Fang Han，Han Liu．Challenges of Big Data analysis[J]．National Science Review，2014（02）.

[18] 杨燕艳，朱春燕，韩业俭．大数据环境下的信息处理[J]．电子技术与软件工程，2014（23）.

[19] 程学旗，靳小龙，王元卓，等．大数据系统和分析技术综述[J]．软件学报，2014（9）:1889-1908.

[20] 郭建锦，郭建平．大数据背景下的国家治理能力建设研究[J]．中国行政管理，2015（06）.

[21] 刘雅辉，张铁赢，靳小龙，程学旗．大数据时代的个人隐私保护[J]．计算机研究与发展，2015（01）.

[22] 李学龙，龚海刚．大数据系统综述[J]．中国科学：信息科学，2015，45（1）：1-44.

[23] 王剑．论贵州省发展大数据产业的优势和意义[J]．丝路视野，2016（15）:79-80.

[24] 孟小峰，杜治娟．大数据融合研究：问题与挑战[J]．计算机研究与发展，2016（02）.

[25] 杨春明．应用大数据技术，提升国家治理能力[J]．辽宁行政学院学报，2016（12）.

[26] 于志刚，李源粒．大数据时代数据犯罪的类型化与制裁思路[J]．政治与法律，2016（09）.

[27] 李慧，吕欣．信息传播下的个人数据隐私保护架构研究[J]．信息安全研究，2016（10）.

[28] 杨虹，钟小飞．电子商务消费者个人数据安全危机的对策研究[J]．图书情报导刊，2017（03）.

[29] 刘双喜．中国特色新型高校智库建设路径分析[J]．黑龙江高教研究，2017（12）.

[30] 潘明波．浅谈大数据环境下技术创新管理[J]．信息系统工程，2017（09）.

[31] 张磊．大数据环境下高校智慧校园建设应用探讨[J]．智能建筑与智慧城市，2017（09）.

[32] 徐辉．基于大数据的公共部门人员绩效提升与管理模式创新[J]．中国软科学，

2017（01）.

[33] 郑大庆，黄丽华，张成洪，张绍华．大数据治理的概念及其参考架构[J]．研究与发展管理，2017（04）.

[34] 郑大庆，范颖捷，潘蓉，蔡会明．大数据治理的概念与要素探析[J]．科技管理研究．2017（15）.

[35] 洪学海，王志强，杨青海．面向共享的政府大数据质量标准化问题研究[J]．大数据，2017（03）.

[36] 王斌．“大数据”在“共享经济”模式中的应用[J]．智库时代，2017（12）.

[37] 安晖．国家大数据政策及发展方向解读[J]．软件和集成电路，2017（1）：53-55.

[38] 谭林海．大数据行业人才培养探究[J]．中国信息化，2017（10）：91-94.

[39] 黄永刚，滕伟．综合型医院无线网络医疗信息安全管理仿真[J]．计算机仿真，2018（05）.

[40] 刘晓燕．大数据时代侦查模式的转型[J]．云南警官学院学报，2018（01）.

[41] 董肃哲．美国智库发展对我国高校智库建设的启示[J]．创新科技，2018（06）.

[42] 刘辉，李柯凝．高校智库的三重面向：内涵、挑战与发展路径[J]．情报杂志，2018（08）.

[43] 张晓彤．高校智库建设的独特优势及相关问题分析[J]．产业与科技论坛，2018（02）.

[44] 王德文，刘庭辉．电力全业务统一数据中心突发性数据处理任务调度方法[J]．电力系统自动化，2018（08）.

[45] 刘海英．“大数据+区块链”共享经济发展研究——基于产业融合理论[J]．大数据时代，2018（03）.

[46] 施康，朱超平．基于大数据技术下智能电网配用电数据存储技术研究[J]．自动化与仪器仪表，2018（02）.

[47] 李锋．运用大数据技术促进国家治理科学化精细化智能化[J]．国家治理，2018（13）.

[48] 汤正仁．大数据发展的贵州样本[J]．贵州省党校学报，2018（01）.

[49] 赵刚．“大数据引领”的贵州模式[J]．当代贵州，2018（20）.

[50] 王法．大数据改变贵州[J]．当代贵州，2018（20）.

[51] 李树先，刘静．贵州发展大数据产业的思考[J]．信息技术与信息化，2018（07）.